高等职业教育机电类专业

机械装配与维修技术

主　编　李淑芳

副主编　李宏策　申　俊

参　编　周小蓉　许明智　唐秀永

主　审　刘茂福

机械工业出版社

本书包括九个项目，内容涵盖机械装配（含虚拟装配）与维修基础知识，典型零部件、常用传动机构及典型机械设备的拆卸、装配和维修技术，失效机械零件修复技术，机械设备故障诊断技术，机械设备精度检测与试车验收技术，机械组件虚拟装配技术等多个方面。通过上述知识点和技能点的学习，使学生初步具备在机械装配和设备维修方面的职业素养。

本书项目基于装配和维修的典型工作过程，均来源于工程实践，内容循序渐进、深入浅出、图文并茂，便于学生学习。每个项目后面都附有项目作业，可以帮助学生巩固知识，提高学习效率和学习兴趣。另外，书中的重要知识点配有讲解视频，可通过扫描二维码学习，还可通过本书配套的网络课程学习。

本书可作为高职院校机械制造与自动化专业及其他机械大类专业的教材，也可供相关从业人员参考使用。

图书在版编目（CIP）数据

机械装配与维修技术/李淑芳主编. —北京：机械工业出版社，2021.3
（2025.1重印）

高等职业教育机电类专业系列教材

ISBN 978-7-111-67627-0

Ⅰ.①机…　Ⅱ.①李…　Ⅲ.①装配（机械)-高等职业教育-教材②机械维修-高等职业教育-教材　Ⅳ.①TH163②TH17

中国版本图书馆 CIP 数据核字（2021）第 036429 号

机械工业出版社（北京市百万庄大街 22 号　邮政编码 100037）
策划编辑：王　丹　责任编辑：王　丹　陈　宾
责任校对：张　征　封面设计：张　静
责任印制：常天培
固安县铭成印刷有限公司印刷
2025 年 1 月第 1 版第 7 次印刷
184mm×260mm · 16.25 印张 · 399 千字
标准书号：ISBN 978-7-111-67627-0
定价：49.80 元

电话服务　　　　　　　　　　　网络服务
客服电话：010-88361066　　　　机 工 官 网：www.cmpbook.com
　　　　　010-88379833　　　　机 工 官 博：weibo.com/cmp1952
　　　　　010-68326294　　　　金 书 网：www.golden-book.com
封底无防伪标均为盗版　　　　机工教育服务网：www.cmpedu.com

前　言

"机械装配与维修技术"是高职院校机械大类专业学生的主要课程，也是机械制造与自动化专业的核心专业课程。该课程的教学目标是使学生系统地掌握机械装配（含虚拟装配）与维修的有关理论知识，熟练掌握高精度装配与现代机械设备维修的操作技能和技巧，掌握机械组件虚拟装配技术，养成良好的职业习惯。

本书包括九个项目：截止阀拆卸与组装、千斤顶拆卸与组装、齿轮泵装配与调整、减速器装调与检修、卧式车床导轨装调与检修、卧式车床主轴箱检修、卧式车床整机检修、滑轮组件虚拟装配及螺旋千斤顶虚拟装配。使用本书教学建议采用理实一体化教学模式。

通过学习本书，学生应达到以下要求：

1）能进行装配方法、装配工艺和装配组织形式的选择和应用。

2）能识读和绘制装配单元系统图，能识读和编制装配工艺和维修工艺，能将装配尺寸链及装配方法相关知识应用到装配及维修精度控制中。

3）能使用通用拆装工具和测量工具进行机械设备拆卸、装配及维修操作。

4）能选择和应用失效机械零件修复技术，完成机械零部件的失效分析与修复。

5）能完成简单的机械故障诊断与排除。

6）能使用正确方法和程序完成设备试车、检验和调整。

7）能运用三维软件完成机械产品的虚拟装配。

8）能严格执行操作规范。

本书由李淑芳任主编，副主编及参编人员为湖南机电职业技术学院"机械装配与维修技术"课程建设团队成员。全书由刘茂福教授主审。

由于编者水平有限，特别是本书教学内容均以项目导入，在知识的系统性、操作的实践性和内容的全面性方面难免欠缺，希望广大读者批评指正。

与本书配套的"机械装配与维修技术"课程已经在超星泛雅平台上建成网络课程，每个项目配有知识点讲解视频及项目实施视频，学习教案、课件、题库、虚拟装配素材资源等教学资料完整，可供老师和学生学习、下载。

课程网址：http://mooc1.chaoxing.com/course/81320479.html。

编　者

二维码索引

（续）

（续）

目 录

项目一

截止阀拆卸与组装

📐 学习目标

（1）掌握与装配有关的基本概念，理解机械装配和拆卸工艺过程。
（2）会识读装配单元系统图，会使用扳手、螺钉旋具等常用拆装工具。
（3）掌握固定连接件的拆装技术，会拆装螺纹连接、键销连接等固定连接件。
（4）掌握填料密封、密封垫密封装配技术，能完成填料密封及密封垫拆装。

📐 项目任务

（1）识读截止阀装配单元系统图。
（2）完成图 1-1 所示截止阀的拆卸与组装。

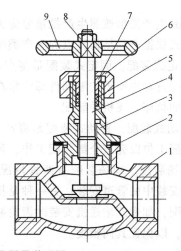

图 1-1 某截止阀实物图及装配图

1—阀体 2—垫片 3—阀盖 4—阀杆 5—填料 6—压盖螺母 7—填料压盖 8—六角螺母 9—手轮

📐 知识技能链接

一、装配工艺过程

（一）装配简介

1. 装配及与装配有关的几个基本概念

装配是将若干零件或部件按规定的技术要求组装起来，并经过调试、检验使之成为合格

1. 装配、
部装和总装

1

产品的过程，以下为与装配有关的几个基本概念：

（1）零件、部件、组件、分组件。零件是组成机器的基本元件；两个或两个以上零件结合成机器的一部分，称为部件；部件的划分是多层次的，直接进入产品总装的部件称为组件，直接进入组件装配的部件称为一级分组件，直接进入一级分组件装配的部件称为二级分组件，依此类推。

（2）装配单元。可以独立进行装配的部件称为装配单元，任何一个产品一般都能分为若干个装配单元。卧式车床总装时，进给箱部件、溜板箱部件、主轴箱部件、尾座部件、刀架部件等就是独立进行装配的装配单元。

（3）装配基准件及装配顺序。装配基准件即最先进入装配的零件或部件，其作用是连接需要装在一起的零件或部件，决定这些零部件间正确的相互位置。卧式车床的主轴箱部件装配就是以箱体作为装配基准件的。

装配涉及许多操作，如零件的准确定位、紧固、固定前调整和校准等，这些操作必须以一个合理的顺序进行。安排装配顺序的一般原则是：首先选择装配基准件，然后根据装配结构的具体情况和零件之间的连接关系，按先下后上、先内后外、先难后易、先重后轻、先精密后一般的原则确定其他零件或部件的装配顺序。

（4）装配工序、装配工步。由一个工人或一组工人在不更换设备或地点的情况下完成的装配工作称为装配工序；用同一工具，不改变工作方法，并在固定的位置上连续完成的装配工作称为装配工步。

2. 装配工作的组织形式

机械装配生产类型按照生产批量分为大批大量生产、成批生产和单件小批生产；装配工作的组织形式根据产品结构特点和生产类型分为固定式装配、移动式装配和现场装配。

（1）固定式装配。固定式装配是将产品或部件固定在一个工作地上进行的，产品的位置不变，装配过程中所需的零部件都汇集在固定场地的周围。这种方式用于成批生产或单件小批生产，如机床、飞机的装配。

（2）移动式装配。移动式装配是将产品置于装配线上，通过连续或间歇的移动使其顺序经过各装配工位以完成全部装配工作。移动式装配一般用于大批大量生产。

（3）现场装配。现场装配有两种情况，一种是指在现场进行部分制造、调整和装配，如化工设备安装中的管道安装；另一种是指与其他现场设备有直接关系的零部件必须在工作现场进行装配，如带式输送机安装时齿轮减速器输出轴与工作机输入轴之间的联轴器必须进行现场校准，以保证其同轴度。

（二）装配工艺过程

1. 装配前的准备工作

（1）熟悉装配图，了解产品的结构、零件的作用以及相互连接关系。

（2）检查装配用的资料与零件是否齐全。

（3）确定正确的装配方法与顺序。

（4）准备装配所需的工具与设备。

（5）整理装配工作场地，清洗待装零件，去掉零件上的毛刺、锈斑、切屑和油污；对某些零件还需要进行修配、密封试验或平衡工作。

（6）采取安全措施。

2. 装配工作

结构复杂的产品的装配工作一般分为部装和总装。部装就是指把零件装配成部件的装配过程；总装就是把零件和部件装配成最终产品的过程。

3. 调整、精度检验和试车

（1）调整是指调节零件或机构的相互位置、配合间隙、结合程度等，目的是使机构或机器工作协调，如轴承间隙、镶条位置、蜗轮轴向位置的调整。

（2）精度检验是指几何精度和工作精度的检验，以保证装配质量满足设计要求或产品说明书的要求，如卧式车床几何精度和工作精度的检验。

（3）试车是指设备装配后试验机构或机器运转的灵活性、工作温升、密封性、转速、功率、振动和噪声等性能是否符合要求。

4. 涂漆、涂油和装箱

机器装配好之后，为了使其美观、防锈和便于运输，还要做好涂漆、涂油和装箱工作。

（三）装配工艺规程

1. 装配工艺规程及其编制步骤

装配工艺规程是规定产品或部件装配工艺过程和操作方法等的工艺文件，是制订装配计划和技术准备、指导装配工作和处理装配工作问题的重要依据，其必须包括以下内容：

2. 装配单元系统图及其识读

（1）规定所有零件和部件的装配顺序。

（2）对所有装配单元和零件制订出既能保证装配精度，又使得生产率最高和最经济的装配方法。

（3）划分工序，确定装配工序内容。

（4）确定必需的工人技术等级和工时定额。

（5）选择完整的装配工作所必需的工夹具及装配用的设备。

（6）确定验收方法和装配技术条件。

装配工艺规程的基本编制步骤如下：

（1）准备原始资料。审查产品装配图样的完整性、正确性，分析产品结构工艺性，明确各零部件之间的装配关系，审查产品装配技术要求和检查验收方法，找出装配中的关键技术，并制订相应技术措施，分析与计算产品装配尺寸链，明确产品生产纲领和现有生产条件等。

（2）确定产品或部件的装配方法及装配的组织形式。需考虑的主要因素有机器的结构特点及技术要求、生产类型、生产条件、装配的组织形式等。

（3）划分装配单元，规定装配顺序。

（4）确定装配工序内容、装配规范及工夹具。

（5）编制装配工艺系统图。装配工艺系统图是在装配单元系统图的基础上加注必要的工艺说明（如焊接、配钻、攻螺纹、铰孔及检验等说明）。

（6）确定工序的时间定额。它包括估算装配周期，安排作业计划、工时定额，确定工人等级。

（7）编制装配工艺文件。文件内容有装配图、装配工艺流程图、装配工艺过程卡片、装配工艺说明书以及产品检测与试验规范。单件小批生产中，通常只绘制装配工艺系统图；

成批生产中，通常还要编制部装、总装工艺卡；大批量生产中，还需要编制装配工序卡。

2. 装配单元系统图及其识读

装配单元系统图是用来表示产品装配单元的划分及其装配顺序的。图 1-2 所示是机械产品装配单元系统图的基本格式：中间一条横线，横线左端代表装配基准件，右端代表装配产品；横线上方按装配顺序从左向右代表直接装到产品上的零件，横线下方代表依次进入装配的组件（或各级分组件）；长方格内为零件或组件（分组件）的名称、编号和件数。

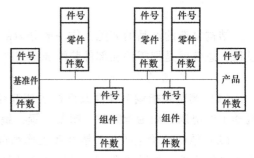

图 1-2　机械产品装配单元系统图的基本格式

图 1-3 所示为图 1-1 所示截止阀的装配单元系统图，其识读内容及识读步骤如下：

（1）读出装配基准件及装配单元划分。横线左端代表装配基准组件阀体组件101，右端代表装配产品截止阀；横线上方代表直接装到产品上的零件手轮9和六角螺母8，横线下方代表阀盖组件102。零件或组件件数均可从长方格中读出。装配单元有阀体组件 101 和阀盖组件 102。阀体组件 101 由阀体 1 与垫片 2 组成，阀体 1 为其基准件；阀盖组件 102 由阀盖 3、阀杆 4、填料 5、填料压盖 7、压盖螺母 6 组成，阀盖 3 为其基准件。

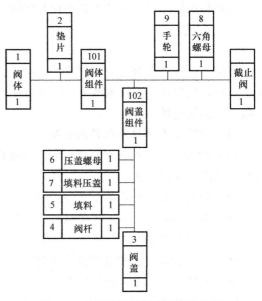

图 1-3　某截止阀的装配单元系统图

（2）读出装配顺序。先读组件装配顺序。阀体组件 101 的装配顺序是阀体 1→垫片 2；阀盖组件 102 的装配顺序是阀盖 3→阀杆 4→填料 5→填料压盖 7→压盖螺母 6；再读总装装配顺序。截止阀的总装装配顺序是阀体组件 101→阀盖组件 102→手轮 9→六角螺母 8。

图 1-4 所示为某锥齿轮轴组件的装配图及爆炸图。图 1-5 所示为该组件的装配单元系统图。请识读其装配单元的划分及装配顺序。

3. 装配技术术语

装配技术术语是描述装配操作方法时使用的一种通用技术语言，具有通用性、功能性和准确性。表 1-1 所列为部分装配操作名称及其解释。

表 1-1　部分装配操作名称及其解释

装配操作名称	装配操作解释	装配操作名称	装配操作解释
熟悉任务	装配之前阅读与装配有关的资料以熟悉装配任务	初检	初检着重于装配前对装配准备工作情况进行检查
整理工作场地	准备一块装配场地并进行认真整理、清扫，将必需的工具和附件备齐、定位放置	过程检查	过程检查是确定装配过程或操作是否依照预定的要求进行

（续）

装配操作名称	装配操作解释	装配操作名称	装配操作解释
清洗	去除影响装配或零件功能的污物,如切屑、油脂和污垢	最后检查	最后检查是确定在装配结束时各项操作的结果是否符合产品说明书的要求
采取安全措施	包含个人安全措施和预防损坏装配件的措施	紧固	紧固是通过紧固件来连接两个或多个零件的操作
定位	将零件或工具放在正确的位置上以进行后续装配	拆松	是与紧固相反的操作
调整	指为了达到参数上的要求而采取的操作,如距离、时间、转速、温度、电流、电压和压力等	固定	用工具紧固那些在装配中用手拧紧的零件,其目的是防止零件松动
夹紧	指利用压力或推力使零件固定在某一位置上	密封	为了防止气体或液体的渗漏或预防污物的渗透
按压(压入/压出)	利用压力工具或设备使装配或拆卸的零件在一个持续推力下移动	填充	用糊状物、粉末或液体来完全或部分地填满一个空间
选择工具	有几种工具可以用来进行操作时,则选择其中某种更适合的工具	腾空	从一个空间中去除填充物,是填充的相反操作
测量	借助测量工具进行量的测定,如长度、时间、速度和温度等	标记	在零件上做标记

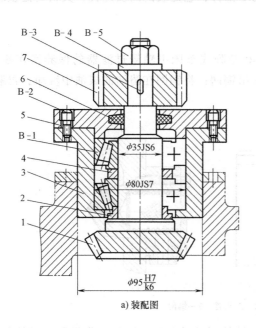

a) 装配图

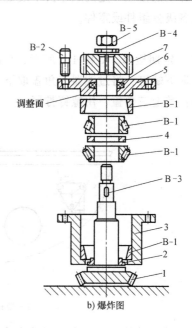

b) 爆炸图

图 1-4　某锥齿轮轴组件

1—锥齿轮轴　2—衬垫　3—轴承套　4—隔圈　5—轴承盖　6—毛毡圈　7—圆柱齿轮

B-1—圆锥滚子轴承　B-2—螺钉　B-3—键　B-4—垫圈　B-5—螺母

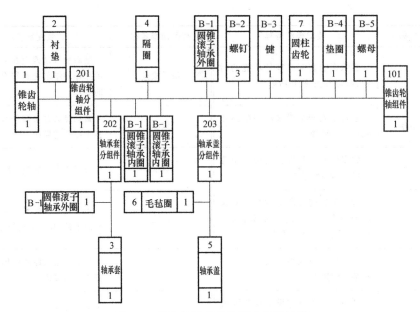

图 1-5　锥齿轮轴组件装配单元系统图

二、拆卸工艺过程

（一）拆卸目的与应用

1. 拆卸目的

拆卸就是按照一定的顺序拆下装配好的零部件，它是装配的反过程，其目的是重新获得单独的各级分组件或零件。

2. 拆卸应用场合

（1）定期检修。如图 1-6 所示，CA6140 型卧式车床主轴箱过滤器的保养操作步骤为：松开并取下螺钉，将过滤器三角盖取下，拆出铜网；将铜网在清洁的煤油中洗净，再装入过滤器中；盖上三角盖，用螺钉拧紧。

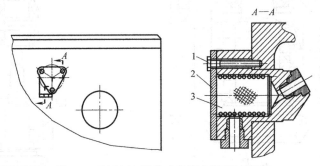

图 1-6　CA6140 型卧式车床主轴箱过滤器

1—螺钉　2—三角盖　3—铜网

（2）故障检修。例如发现卧式车床的主轴箱制动带断裂，维修人员需要分析故障原因，打开主轴箱更换制动带并调整好。

（3）设备搬迁。如为了将设备搬迁至另一地点而进行的拆卸。

（二）拆卸过程

1. 拆卸准备阶段

（1）阅读装配图、拆卸指导书等技术资料。

（2）掌握设备的使用情况，研究分析机器设备出现的问题，掌握其现有的工作性能和特点，分析设备的故障原因（故障检修时）。

（3）明确拆卸顺序及所拆零件的拆卸方法。

（4）检查所需要的工具、设备和装置。

（5）如有要求，应按拆卸顺序在所拆零部件上进行标记。

（6）确定零部件清洗方法和清洗剂。

（7）整理好工作场地。

（8）做好安全措施。

2. 拆卸实施阶段

（1）按装配的反顺序将设备拆卸成组件、各级分组件和零件。

（2）按组件、各级分组件、零件做好拆卸记录，并做好顺序编号。

（3）合理放置拆卸件。小件系在大件上，轴尽量悬挂放置，精密零件应合理存放。

（4）清洗零部件。对拆卸的零部件要尽快清洗干净，以便检查零件磨损与损坏的程度。

（5）检查、检测拆下的零部件。外观检查主要是查看零件是否有裂纹、损伤、锈蚀、扭曲和弯曲变形等，重要的零件需进行探伤检查；对零件的尺寸和几何形状进行检测，以确定哪些需要更换，哪些需要修复。

（三）机械产品的拆卸原则

1. 拆卸的基本原则

拆卸的基本原则是按照与装配相反的顺序进行作业，即从外部到内部、从上部到下部、从组件到各级分组件，直至零件；在具体拆卸中应从实际出发确定拆卸部位，能不拆的尽量不拆，该拆的必须拆，避免不必要的拆卸。

依据拆卸的基本原则，结合装配图等资料可以分析出装配件的拆卸顺序。图1-7所示为某矿车车轮的装配图，可分析其从轮盖3直至轴4的拆卸顺序。需要说明的是，在通常情况下滚动轴承7和油封10都尽量不拆。

2. 拆卸的其他原则

（1）尽量避免拆卸不易拆卸或拆后会降低连接质量和损坏连接零件的连接。

（2）在拆装中冲击力较大时应加软垫或用软材料（如纯铜）制成的工具。

（3）拆卸时用力恰当，注意保护主要结构件，不使其发生任何损坏。对于相配合的两零件，在不得已必须拆坏一个零件时，应保存价值较高或难以制造或本身质量较好的零件。

（4）长径比较大的零件，如较精密的细长轴、丝杠等，在拆下后应立即清洗涂油、垂直悬挂。重型零件可用多支点支承卧放，以免变形。

（5）细小而易丢失的零件在拆下清洗后应尽可能再装到主要零件上，以防遗失。

（6）对于拆下的润滑或冷却用的油（气、水）路零件、各种液压件，清洗后应将进出口封好。

（7）在拆卸旋转零部件时，应尽量避免破坏旋转零部件原来的平衡状态。

（8）容易产生位移而又无定位装置或有方向性的相配件，在拆卸时应先做好标记。

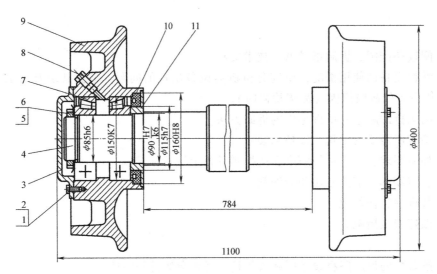

图 1-7　某矿车车轮装配图

1—螺栓（6件）　2—弹簧垫圈（6件）　3—轮盖（2件）　4—轴　5—止动垫圈（2件）　6—圆螺母（2件）

7—滚动轴承（4件）　8—螺塞（2件）　9—车轮（2件）　10—油封（2件）　11—压盖（2件）

三、螺纹连接件拆装

（一）螺纹连接件拆卸

1. 小型组件拆装常用工具

机械组件拆装必须配置的设备有钳桌、台虎钳、台钻和简单起重设备（如千斤顶、单梁起重机等）。常用工具如图 1-8 所示，其中各种扳手和螺钉旋具是拆装螺纹连接件的常用工具，使用时应根据具体情况合理选用。

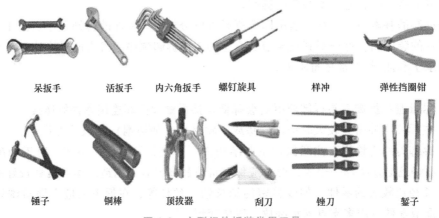

图 1-8　小型组件拆装常用工具

2. 螺纹连接件拆卸方法

在一般情况下，螺纹连接件的拆卸要点为"认清旋向，工具合适，用力均匀"，受力大的特殊螺纹允许用加长杆；在特殊情况下，如断头螺钉、打滑螺钉和锈死螺钉的拆卸有所不同。

如果是断头螺钉或打滑螺钉，如图 1-9 所示，可采用下列不同的拆卸方法：

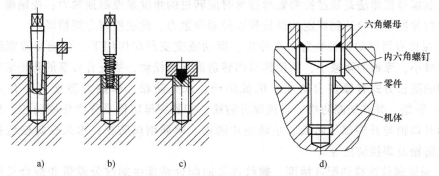

图 1-9　断头螺钉及打滑内六角螺钉的拆卸方法

（1）在螺钉上钻孔，打入多角淬火钢杆，再把断头螺钉拧出，如图 1-9a 所示。

（2）在断头端的中心钻孔，攻反向螺纹，拧入反向螺钉拧出，如图 1-9b 所示。

（3）在断头上加焊螺母（或弯杆）拧出，如图 1-9c 所示，或把断头加工成扁头或方头，用扳手拧出。

（4）当螺钉的内六角磨圆后出现打滑时，可用一个孔径比螺钉头外径稍小些的六角螺母放在内六角螺钉头上，将螺母和螺钉焊接成一体，用扳手拧螺母即可拧出螺钉，如图 1-9d 所示。

如果遇到锈死螺钉，则有如下多种拆卸方法：

（1）可向拧紧方向拧动一下，再拧松，如此反复，逐步拧出。

（2）用锤子敲击螺钉头、螺母及四周，锈层震松后即可拧出。

（3）可在螺纹边缘处浇一些煤油或柴油，浸泡 20min 左右，待锈层软化后可逐步拧出。

（4）可在许可条件下快速加热包容件，使其膨胀，再拧出。

（5）还可用錾、锯、钻等方法破坏螺纹连接件。

对于成组螺纹连接件的拆卸，还要注意以下几个要点：

（1）拆卸顺序一般为先四周后中间，按对角线方向轮换。

（2）先将其拧松少许或半周，然后再顺序拧下，以免应力集中到最后的螺钉上，损坏零件或使被连接件变形，造成难以拆卸的困难。

（3）要注意先拆难以拆卸部位的螺纹连接件。

（二）螺纹连接件装配

1. 螺纹连接件装配技术要求

螺纹连接件的装配技术要求主要有保证一定的拧紧力矩、保证有可靠的防松装置和保证其规定的配合精度。

（1）保证有一定的拧紧力矩。为了达到螺纹连接的紧固和可靠，对螺纹副施加一定的拧紧力矩，使螺纹间产生相应的摩擦力矩，这种措施称为预紧。

首先确定拧紧力矩。拧紧力矩取决于连接表面的摩擦因数大小，而摩擦因数大小与螺纹类型、螺纹材料及表面处理、润滑状态等有关，其值可查，再根据螺纹直径及性能等级即可查到在某种摩擦因数下的装配预紧力和拧紧力矩。

然后控制拧紧力矩。规定预紧力的螺纹连接常用控制扭矩法、控制螺母扭角法和控制螺栓伸长法三种方法来控制拧紧力矩。控制扭矩法是指用指示式扭力扳手或定扭矩扳手控制拧紧力；控制螺母扭角法是通过控制螺母拧紧时应转过的角度来控制预紧力；控制螺栓伸长法是用液力拉伸器使螺栓达到规定的伸长量以控制预紧力，此法控制力矩精确。

（2）保证有可靠的防松装置。在冲击、振动或交变载荷作用下，可能导致螺纹牙间正压力突然减小，摩擦力矩减小，致使螺母回转造成连接松动，故应有可靠的防松装置。

常用的防松方式有摩擦力防松、机械防松、永久防松。摩擦力防松主要有锁紧螺母（双螺母）防松、弹簧垫圈防松、自锁螺母防松、扣紧螺母防松及弹性垫圈防松；机械防松主要包括开口销与开槽螺母防松、止动垫片防松、串联钢丝防松；永久性防松包括胶接防松、冲点防松及焊接防松等。

（3）保证螺纹连接的配合精度。螺纹连接的配合精度由螺纹公差带和旋合长度两个因素确定，分为精密、中等和粗糙三种。

2. 常用螺纹连接件装配

（1）螺栓与螺母的装配。螺栓和螺母的装配要点包括：零件的接触表面应光洁、平整；并紧连接件时，要拧螺母，不拧螺栓；成组螺栓或螺母拧紧时，应根据被连接件形状和螺栓的分布情况，按一定的顺序（长方形布置时应从中间开始，逐渐向两边对称地扩展；圆形或方形布置时，应对称进行；如有定位销，从靠近销的位置开始）分2~3次拧紧螺母；有振动或受冲击力的螺纹连接必须采用防松装置；一般情况下凭经验用扳手紧固，对拧紧力矩有特殊要求时，用定扭矩扳手紧固；沉头螺栓拧紧后，螺栓头不应高于沉孔外表面。

图1-10所示为螺母、螺栓装配。螺栓和螺母的装配步骤如下：首先读图，图中的防松装置为弹簧垫圈；其次选择工具，包括呆扳手和活扳手；然后检查装配零件，要求尺寸正确、表面无毛刺、无伤，若螺栓或螺母与零件相接触表面不平整、不光洁，则应用锉刀修至要求质量，并清洗零件；最后装配，将六角头螺栓穿入光孔中，并用手将垫圈套入螺栓，再将螺母拧入螺栓，然后拧紧，拧紧时左手扶螺栓头，右手拧螺母，轻压在弹簧垫圈上，用活扳手卡住螺栓头，用呆扳手卡住螺母，逆时针方向、对角、顺次拧紧。完成后检查装配质量。

（2）双头螺柱的装配。双头螺柱的装配要点包括：双头螺柱与机体螺纹的连接必须紧固并固定；双头螺柱的轴线必须与机体表面垂直；双头螺柱拧入时，必须加注润滑油。

图1-11所示为双头螺柱装配，其装配步骤是：首先读图，采用弹簧垫圈防松；然后选择工具，包括呆扳手、活扳手和直角尺，L-AN32全损耗系统用油适量；再检查装配零件，要求尺寸正确、表面无毛刺、无伤、无脏物；最后完成装配，见表1-2。

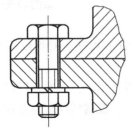

图1-10　螺母、螺栓装配

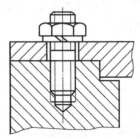

3. 螺栓及双头螺柱装配技术

图1-11　双头螺柱装配

表 1-2 双头螺柱的装配过程

步骤	双螺母装配		长螺母装配	
	图示	操作方法	图示	操作方法
1		机体螺孔内加注润滑油后用手将螺柱拧入		机体螺孔内加注润滑油后用手将螺柱拧入
2	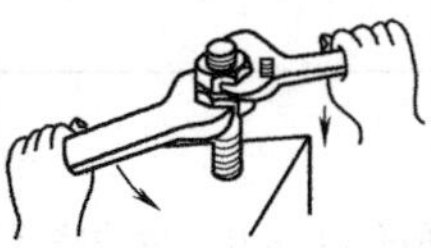	先用手将螺母旋入并稍微拧紧,然后右手用扳手卡住上螺母顺时针方向旋转,左手用扳手卡住下螺母逆时针方向旋转,锁紧螺母	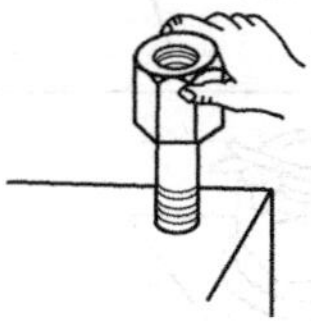	将长螺母旋入双头螺柱,深度约为螺母高度的1/2
3	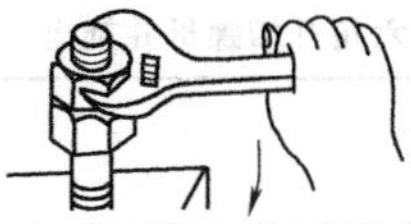	用扳手按顺时针方向扳动上螺母,将双头螺柱锁紧在机体上	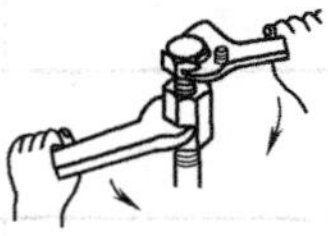	在长螺母上再旋入一个止动螺钉,并用扳手拧紧
4	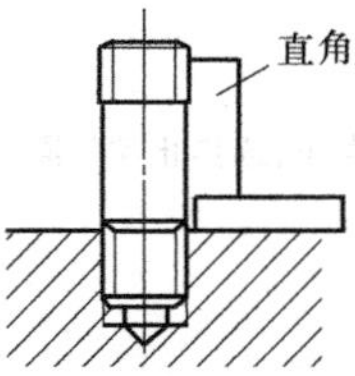	卸下螺母,用直角尺检查双头螺柱轴线与机体表面垂直(或目测)	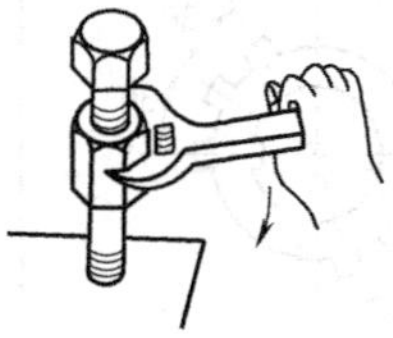	用扳手按顺时针方向拧动长螺母,将双头螺柱拧紧在机体上
5	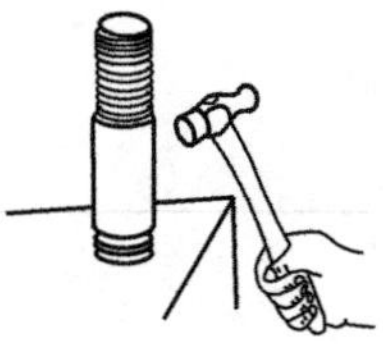	若稍有偏差可用锤子锤击光杆部位校正,或拆下螺柱用丝锥回攻校正螺孔	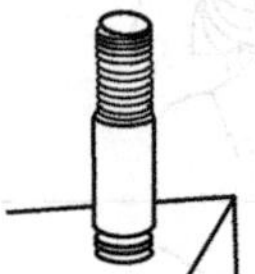	用扳手按逆时针方向拧松止动螺钉,用手旋出止动螺钉和长螺母

3. 防松装置装配

弹簧垫圈的装配方法是：首先将弹簧垫圈套在螺柱上；再用手将六角螺母旋入螺柱；最后用扳手卡住螺母,按顺时针方向旋转,使螺母将弹簧垫圈压平,防止螺母松动。

开口销与开槽螺母、止动垫圈、串联钢丝的装拆方法分别见表1-3、表1-4及表1-5。

表 1-3 开口销与开槽螺母的装拆方法

步骤		图　示	操作方法
装配	1		在已装配好工件的螺栓上套上垫圈,旋上六角开槽螺母,并用扳手拧紧,将工件压紧
	2	钻头	选择与开口销直径相等的钻头装夹在手电钻上,插入六角开槽螺母的任一槽内,并使钻头外径贴住槽底,钻头轴线垂直并通过螺栓轴线;起动手电钻,在螺栓上钻通孔
	3		将开口销插入已配钻好的孔内,并用尖嘴钳将开口处拨开
拆卸	1		用尖嘴钳将拨开的开口处合拢
	2		拔出开口销,用扳手松开六角开槽螺母并旋出

表 1-4 止动垫圈的装拆方法

步骤		图　示	操作方法
装配	1	30° 30° 15° 30° 30°	根据螺母的形状和螺栓的大小,选择止动垫圈
	2		将止动垫圈套入已装配好工件的带槽螺柱上,止动垫圈的内翅应套入螺栓的槽中
	3		用手将螺母旋入螺栓,用扳手将螺母拧紧
	4		选择止动垫圈上一个外翅与圆螺母槽口对齐,用一字螺钉旋具把外翅撬起弯入圆螺母槽内
拆卸			先将外翅从槽内扳出、压平,再用扳手拧松螺母

表 1-5 串联钢丝的装拆方法

步骤		图 示	操作方法
装配	1	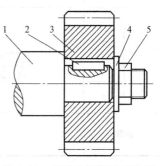	将一组螺母套入螺栓,分别按装拆螺母的方法拧紧
	2		按图样要求选择钻头,用手电钻配钻螺母、螺栓上的孔
	3		用钢丝穿过一组螺母的小孔,并用尖嘴钳或钢丝钳扎牢,利用钢丝的牵制作用即可防松
	4		注意,钢丝穿绕的方向与螺纹旋紧的方向应相同图中虚线所示的钢丝穿绕方向是错误的
拆卸			拆卸时,先将钢丝扭松、抽出,再用扳手松开螺母即可

四、键销连接件拆装

(一) 键连接装配

1. 平键连接装配要点

键的棱边要倒角,键的两端倒圆后,长度方向应与轴槽留有适当的间隙;要保证键侧与轴槽、孔槽的配合正确;键的底面要与轴槽底接触,顶面与零件孔槽底面应留有一定的间隙;穿入孔槽时,平键要与轮槽对正。

图 1-12 所示为平键连接装配示意图。该平键连接的装配步骤:首先读图,确认键的两侧面与轴槽两面的配合性质,以及键的类型;然后准备装配工具、量具,包括 300mm 锉刀、平刮刀各一把,铜棒一根,锤子一把,游标卡尺(或千分尺)一把,内径百分表一块;再检查装配零件,如分别用千分尺和内径百分表检查轴和齿轮轴孔的配合尺寸;最后装配,见表 1-6。

图 1-12 平键连接装配示意图
1—轴 2—平键 3—齿轮
4—挡圈 5—螺母

表 1-6 平键的装拆过程

步骤		图 示	操作方法
装配	1		用锉刀去除轴槽上的锐边
	2		试装配轴和轴上的齿轮,要求配合稍紧
	3		修磨平键与键槽的配合部分,要求配合稍紧

（续）

步骤		图　示	操作方法
装配	4	平键	按轴上键槽的长度，配锉平键半圆头，使其与轴上键槽间留有 0.1mm 左右的间隙，将平键的棱边倒角，去除锐边。将平键安装于轴的键槽中，在配合面上加注 L-AN32 全损耗系统用油，用铜棒敲击，将键压入轴上键槽内，并与槽底接触
	5	$A^{+0.15}_{0}{}^{-0.25}$　$A^{-0.25}_{-0.15}$	用游标卡尺测量平键装入后的高度，其高度应小于孔内槽深度，公差为 0.3~0.5mm
	6		将装配完平键的轴，夹在带有软钳口的台虎钳上，并在轴和孔表面加注润滑油
	7	B　A	把齿轮上的键槽对准平键，目测齿轮端面与轴的轴线垂直后，用铜棒、锤子敲击齿轮，慢慢地将其装入到位（应在 A、B 两点轮换敲击）
	8		装上垫圈，旋上螺母
拆卸			用扳手松开螺母，取下挡圈，将齿轮用拉卸工具拆下即可

2. 楔键连接装配要点

图 1-13 所示为楔键连接装配示意图，其装配要点是：楔键结合面接触良好，键侧留有一定间隙；楔键的钩头应与轮件的端面保持一定的距离；楔键的斜面应楔紧。

该装配所需工量具包括 300mm 锉刀、刮刀各一把，铜棒一根，锤子一把，游标卡尺一把，内径百分表一块，红丹粉适量。装拆过程见表 1-7。

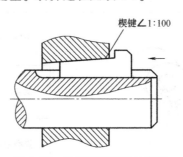

图 1-13　楔键连接装配示意图

表 1-7　楔键的装拆过程

步骤		图　示	操作方法
装配	1		用锉刀去除键槽上的锐边,以防造成过大过盈
	2		将轴与轴上的配件试装,使轴孔配合适当
	3		根据键的宽度,修配键槽槽宽,使键与键槽保持一定的配合间隙
	4		将轴上配件的键槽与轴上键槽对齐,在楔键的斜面上涂色后稍敲入键槽内
	5		拆卸楔键,根据接触斑点来判断斜度配合是否良好,用锉削或刮削方法进行修整,使键与键槽的上、下结合面紧密贴合
	6		用煤油清洗楔键和键槽
	7		将轴上配件的键槽与轴上键槽对齐,将楔键加注全损耗系统用油(L-AN32)后,用铜棒和锤子敲入键槽中
拆卸			用专用拉卸工具拆下即可

3. 花键连接装配要点

外花键在内花键中应滑动自如,无忽松忽紧、阻滞现象;转动轴时,不应感觉有较大的间隙。

首先读图,了解装配关系、技术要求和配合性质;然后准备装配工量具,包括铜棒一根、锤子一把、游标卡尺一把、规格适当的花键推刀一把、刮刀一把;再检查装配件,用游标卡尺检查花键各配合尺寸是否正确;最后完成装配,见表 1-8。

表 1-8　花键的装配过程

步骤	图　示	操作方法
1		将花键推刀前端的锥体部分塞入内花键中,并用铜棒敲击花键推刀的柄部,使花键推刀的轴线与内花键的轴线保持一致,垂直度目测合格

（续）

步骤	图 示	操作方法
2	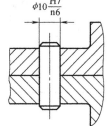	把装有花键推刀的花键放在压力机的工作台中间,将内花键与工作台的孔对齐
3		按下压力机的起动按钮,将花键推刀从内花键的上端面压入,从下端面压出
4		将花键推刀转换一个角度再次从内花键的上端面压入,从下端面压出,重复 2~4 次,使内花键达到要求
5		将外花键与内花键装配,并来回抽动外花键,要求运动自如,但又不能有晃动现象
6		如有阻滞现象,应在外花键上涂上红丹粉,用铜棒敲入,以检查接触点
7		用刮削方法,将接触点刮去,刮削 1~2 次,至符合要求
8		将外花键清洗、加油并装入内花键

（二）销连接件装配

1. 圆柱销连接装配要点

圆柱销连接靠过盈配合固定,装配时要保证被连接件间的位置度,保证圆柱销在销孔内有 0.01mm 左右过盈量,保证圆柱销外圆与销孔的接触精度。安装不通孔销钉时,应磨出排气孔。

图 1-14 所示某圆柱销连接的装配步骤:首先读图,可知销与孔为过盈配合,销孔表面粗糙度为 $Ra0.8\mu m$;然后准备工量具,包括锉刀、锤子各一把,铜棒一根,$\phi10mm$ 圆柱铰刀一把,$\phi9.8mm$ 钻头一支,游标卡尺、千分尺各一把;再检查装配零件,用千分尺测量圆柱销的直径;最后装配。具体装配操作如下:

（1）经测量合格后,用锉刀去除圆柱销倒角处的毛刺。

（2）按图样要求对两个连接件进行精确调整,使位置度达到公差要求,并将它们叠合在一起装夹,在钻床上钻 $\phi9.8mm$ 的孔。

（3）对已钻好的孔用手铰刀分粗、精铰两次加工,使表面粗糙度达到 $Ra0.8\mu m$。

（4）用煤油清洗销孔,并在销表面涂上 L-AN32 全损耗系统用油,将铜棒垫在销的端面上,用锤子将销敲入孔中。

（5）检查。

图 1-14 某圆柱销连接

2. 圆锥销连接装配要点

圆锥销与销孔的配合必须有过盈量;圆锥销与销孔的表面接触率要大于 75%;圆锥销大小端应保持少量的长度露出销孔表面。圆锥销的销孔是用不同直径的钻头分步钻出,再采用圆锥铰刀铰出锥孔,铰孔时用相配的圆锥销来检查孔的深度或在铰刀上做出标记。在装配时应先试装,并检查圆锥孔深度,以销能自由插入销长的 80% 为宜,如图 1-15 所示。

五、过盈连接件装配

过盈连接通过包容件（孔）和被包容件（轴）配合后的过盈量达到紧固连接的目的。

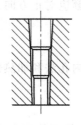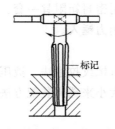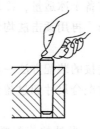

图 1-15　圆锥销的装配过程

（一）圆柱面过盈连接装配

如图 1-16 所示，圆柱面过盈连接的装配方法一般有锤击装配、压合装配、温差装配等，可根据零件配合尺寸和过盈量大小来选择装配方法。

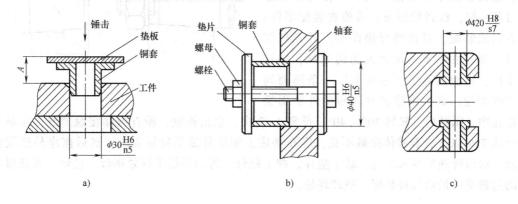

图 1-16　圆柱面过盈连接装配方法示意

1. 锤击装配法

装配要点：装配前孔端、轴端应倒角；配合表面应涂润滑油；锤击时应在工件锤击部位垫上软金属垫；锤击力要均匀，沿四周对称施加力，不要使工件产生偏斜。

装配步骤：如图 1-16a 所示，首先读图，了解装配关系、技术要求和配合性质；然后准备装配工量具，包括锤子、垫板，锉刀和千分尺各一把，内径百分表一块；再检查装配件，用千分尺测量铜套外径，用内径百分表测量工件孔径；最后完成装配。

具体装配过程：首先用锉刀在铜套压入端外圆修出倒角，去除铜套、工件表面毛刺，擦净，并在铜套外圆上涂润滑油；然后将铜套压入端插入工件孔，放正，将垫板放在铜套端面上摆平；用锤子轻轻锤击垫板，锤击时锤击力不要偏斜，保持四周 A 尺寸一致，锤击四周；最后按装配要求检查是否合格，整理现场。

2. 压合装配法

装配步骤与锤击法基本一致，但需要准备一套图示压入铜套附具，在铜套先被轻轻锤入轴套一小部分后，用扳手拧紧螺母，强迫铜套慢慢被压入至装配位置，如图 1-16b 所示。

3. 温差装配法

装配要点：冷却铜套，要使其产生足够的收缩量；装配铜套，动作要准确、迅速，否则会使装配进行到一半而卡住，造成废品。

在采用温差装配法装配图 1-16c 示铜套至床身铜套孔内时，除锤击装配法所采用的一般工量具外，还需准备干冰适量，冷却用密封箱附具一套，铜套应对正方向，摆正位置，迅速插入床身铜套孔内，再用锤击法均匀用力锤入。

（二）圆锥面过盈连接装配

圆锥面过盈连接的装配方法一般有螺纹拉紧法、液压胀内孔法和加热包容件使内孔胀大法等，可根据零件配合尺寸和过盈量大小来选择装配方法。

1. 螺纹拉紧法

如图 1-17 所示，此法的装配要点是：螺母拧紧的程度要保证使配合表面间产生足够的过盈量；配合表面的表面粗糙度值应达 $Ra0.8\mu m$，要保证接触面积达 75% 以上。

装配步骤：首先读图；然后准备装配工具，包括活扳手、游标卡尺、内孔刮刀和细锉刀各一把，红丹粉适量；再检查装配零件；最后完成装配。具体装配操作是：首先用细锉刀、刮刀去除零件配合表面的毛刺，擦拭干净后，在轴的外锥侧素线上涂一条薄而均匀的红丹粉；其次将涂过红丹粉的外锥面插

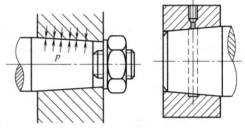

图 1-17　螺纹拉紧法装配圆锥面过盈

入锥孔中，压紧后，轻转 30°~ 40°，反复 1~2 次，取出锥轴，检查锥体接触情况，接触面积应达 75% 以上，若锥体接触不良，应在磨床上配磨外锥至接触要求；然后擦净外锥配合表面，涂润滑油后装入锥孔，装上垫片，拧上螺母，再用活扳手拧紧螺母，使轴、孔获得足够的过盈量；最后检查装配，整理现场。

2. 液压胀内孔法

液压胀内孔法适用于配合精度较高的场合。如图 1-18 所示，液压胀内孔法的工作原理是：将手动泵产生的高压油经管路送进轴颈或孔颈上专门开出的环形槽中，由于锥孔与锥轴贴合在一起，使环形槽形成一个密封的空间，高压油进入后，将孔胀大，此时，施以少量的轴向力，使轴和孔相对轴向位移，撤掉高压油，锥孔和锥轴间相互压紧而获得过盈配合。

3. 加热包容件使内孔胀大法

加热包容件使内孔胀大法即对包容件加热使内

图 1-18　液压胀内孔法装配圆锥面过盈

孔胀大，套入被包容件，待冷却收缩后两配合面获得要求的过盈量。

六、填料密封及密封垫拆装

密封件主要起着阻止介质泄漏和防止污物侵入的作用，其装配技术要求主要是密封件所造成的磨损和摩擦力应尽量地小，但要能长期地保持密封功能。常用的密封件主要有填料密封、密封垫、密封毡圈、O 形密封圈、Y 形密封圈和油封。

（一）填料密封装配技术

1. 填料密封的密封机理

填料密封又称为压盖填料密封，主要用于机械行业中的动密封。

4. 填料密封

装配技术

如图 1-19 所示，填料密封通常由填料（俗称盘根）、填料压盖和压盖螺母组成。填料的尺寸在安装时确定，其横截面 $=(B-A)/2$，A 为轴外径，B 为填料箱内孔孔径，如图 1-20 所示。

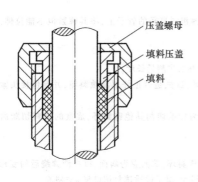

图 1-19　填料密封的结构

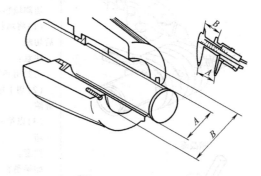

图 1-20　填料尺寸的确定

填料的密封机理：填料装入填料腔以后，经压盖对它做轴向压缩，当轴与填料有相对运动时，由于填料的塑性，使它产生径向力，并与轴紧密接触。与此同时，填料中浸渍的润滑剂被挤出，在接触面之间形成油膜。由于接触状态并不是特别均匀的，接触部位便出现边界润滑状态，称为轴承效应；而未接触的凹部形成小油槽，有较厚的油膜，接触部位与非接触部位组成一道不规则的迷宫，起阻止液流泄漏的作用，称为迷宫效应。

填料密封良好的机制在于维持"轴承效应"和"迷宫效应"，即保持良好的润滑和适当的压紧。为此，需要经常对填料的压紧程度进行调整，以便填料中的润滑剂在运行一段时间流失之后，再挤出一些进行补充，同时补偿填料因体积变化所造成的压紧力松弛。显然，这样经常挤压填料，最终将使浸渍的润滑剂枯竭，所以定期更换填料是必要的。此外，为了维持液膜和带走摩擦热，有意让填料处有少量泄漏也是必要的。

2. 装配前的准备工作

（1）先将旧填料用专用工具（如填料螺杆）全部取出，把填料箱擦干净。

（2）清洗轴、杆或主轴，清除旧填料残余物，做到填料腔清洁、光滑。

（3）观察填料箱各部位有无损伤、偏心等缺陷，损伤的阀杆、轴套和填料箱将影响填料密封的性能。

（4）检查其他部件是否还可应用，换掉所有破损部件。

（5）选择与工况及填料性能要求相吻合的填料，并正确选择填料尺寸。

3. 填料密封的装配步骤

表 1-9 所列为填料的装配步骤，主要包括切割填料、装填填料和调整填料。

4. 填料的磨合

多数泵的填料压盖是用合成材料制成，在高温时很快会烧毁，故须严格控制热量的产生。当发觉填料过热时，设备必须停车，经短时间冷却，出现均衡的泄漏后，才可让设备重新运行。此过程需多次重复，使轴的泄漏量达到要求，且温度保持不变。这就是填料的磨合过程。

表 1-9 填料的装配步骤

图例	步骤说明
横截面 45°斜面接头	切割填料： (1)将填料缠绕在和轴相同直径的管子上，将其缠紧但不能拉伸，对齐后切断。 注意： 切勿用环绕填料箱的办法来测量长度。 (2)切下第一个密封环，试试是否正好填满填料箱，并确保接头紧密无缝隙。 (3)以第一个密封环为标准切割其他密封环，成批的填料切断后装成一箱。 注意： 如果是在平面上切割密封环，端面应为斜面，以补偿缠绕后的变形。对于软质填料切口呈 30°斜面，对于硬质填料切口呈 45°斜面。 对切断后的每节填料，不能让其松散。可在切口处缠绕胶带，然后在胶带面上进行切割
沿轴向拉开 呈螺旋形 半轴套	装填填料： (1)每次只安装一个密封环，并确保每个密封环都没有污垢或其他残留碎屑。 (2)安装前用轻质油润滑填料和轴，再用双手各持填料接口的一端，沿轴向拉开使之呈螺旋形，再从切口处套入轴颈。 (3)将每道密封环接头位置错开 60°以上，以防切口泄漏，并用专用填料工具将每道密封环压紧。 (4)装完最后一道密封环后，接着装上压盖，并利用压盖压紧填料，用工具单独将每道密封环压紧是保证密封稳定可靠的关键
压盖 螺栓 螺母 填料	调整填料： (1)密封环安装后，用手拧紧压盖螺栓。 (2)起动时须保持一定泄漏，否则将导致填料发热烧毁。 (3)依次均匀地旋紧螺母。 (4)进行运转试验，以检查是否达到密封要求和验证发热程度。若不能密封，可将填料再压紧一些；若发热过大，将它放松一些。如此调整直到只呈滴状泄漏和发热不大为止

5. 填料的冷却和润滑

由于摩擦的原因，填料密封的冷却和润滑很重要，常用的冷却和润滑装置为封液环。封液环是位于填料之间的一个附加环，如图 1-21 所示。

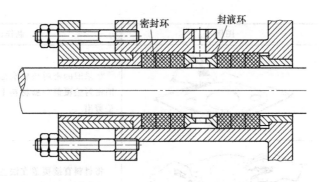

图 1-21　封液环的使用

（二）密封垫的制作与安装

1. 密封垫的材料及应用场合

密封垫的材料应具有良好的密封能力、高抗蠕动能力、高致密性、较高的抗高温和抗化学腐蚀能力。表 1-10 所列为密封垫的材料及应用场合。

表 1-10　密封垫的材料及应用场合

类型	名称	特点及应用
非金属	纤维	如棉、麻、石棉、皮革等纤维材质制成的密封垫，具有良好防水、防油和防汽油能力。常用于内燃机的管道法兰
	软木	软木密封垫的优点是可用于被密封表面不太光滑的场所。特别适用于填料盖、观察窗盖板和曲轴箱盖，不适用于高压和高温场合
	纸	纸的厚度必须是 0.5mm 左右，用于防水、防油或防气场合的密封，其压力和温度不能太高。在水泵、汽油泵、法兰和箱盖上都有应用
	橡胶	可用于被密封表面不太光滑的场合，其工作压力和温度不能太高。主要应用的是合成橡胶，经常用于水管中
	塑料	聚四氟乙烯是塑料中最常用的密封材料，具有良好的防酸、防溶解和防汽油的能力，与其他物质间的摩擦力十分微小，价格便宜，应用广泛
	液体垫片	即密封胶，由硅橡胶密封胶和厌氧密封胶等产品制成。密封胶通常在被密封表面形成一个连续的成线状的成闭胶圈，螺纹孔周围应环绕涂胶
金属	铜	铜制密封垫只可用于表面粗糙度值低的小型表面上，适用于高温和高压，可使用于高压管道和火花塞上，通常将其装于沟槽内
	钢	薄钢板制成的密封垫十分坚硬，只可应用于被密封表面十分平滑且不变形的场合。具有良好的抗高温和抗高压能力，可用于内燃机的气缸盖和进气管上
半金属	金属丝网夹石棉垫、金属板夹石棉垫片等	主要用在高温、高压的场合中，可用于水、油、气体密封，在化工设备中，许多人孔、视孔等都使用这种材料制成的垫片

2. 密封垫的制作

密封垫往往是在现场根据密封部位的形状和尺寸制作的，制作方法见表 1-11。

表 1-11　密封垫的制作方法

制作类型	图例	制作说明
旧密封垫复制		如果旧的密封垫轮廓形状是基本完整的,可将旧密封垫覆盖在新材料上并描下来,然后将密封垫剪出
薄型密封垫制作		将材料直接覆盖在法兰上,并用拇指沿着法兰边缘按压,从而使密封垫轮廓显出,然后将密封垫剪出
较厚密封垫制作		将材料直接覆盖在法兰上,并用塑料锤沿着边缘轻轻敲打,即可使轮廓显出,然后切制密封垫。注意不得直接敲打密封垫
圆形密封垫制作		用密封垫制作工具来切制
密封垫上孔的制作		对于密封垫上螺栓、定位销和类似零件的安装孔,可以使用冲头在硬木上将孔冲出,但在加工中应确保密封垫不被损坏。此时,可将密封垫上的孔径制作稍大些,以保证安装后,其通道或管道在装配后不会减小

3. 密封垫的安装

（1）将两个被密封表面清洗干净,并清除旧密封垫的残留物。

（2）用金属直尺检查被密封表面是否平直,是否已损坏。如果变形,则必须进行校直处理。

（3）在密封垫上涂抹少许润滑脂,安装密封垫。润滑脂可以防止密封垫移动。

（4）拧紧螺栓,紧固连接件。必须按照成组螺栓拧紧顺序并以相同拧紧力矩逐次拧紧。

项目实施

一、截止阀拆装工具及场地准备

1. 截止阀组成与原理分析

如图 1-1 所示,该截止阀由阀体、阀盖、阀杆、填料、填料压盖、压盖螺母及手轮等组成。旋转手轮 9，带动阀杆 4 上下升降，流体从左边入口，当阀瓣开时，流体从右端流出，阀为开通状态；当阀瓣关闭时，阀呈关闭状态，流体不能流出，此时必须向阀瓣施加压力，以强制密封面不泄漏；手轮 9 通过六角螺母 8 紧固在阀杆 4 上，是该组件的动力输入部位。

2. 安装与连接部位分析

该组件主要采用螺纹连接，具体部位为阀体 1 与阀盖 3、阀盖 3 与阀杆 4、阀盖 3 与压盖螺母 6 以及阀杆 4 与六角螺母 8 间。另外，为保证阀的密封性，阀体 1 与阀盖 3、阀盖 3 与阀杆 4 间分别采用了石棉垫和填料密封。

3. 拆装方法分析

主要应用螺纹连接件以及包括石棉垫和填料密封在内的密封件拆装方法。

4. 工量具准备（表 1-12）

表 1-12　截止阀拆装工具及机物料准备

名称	材料或规格	数量	备注
呆扳手	套	1	用于螺纹连接拆装
活扳手	200mm×24mm	1	用于螺纹连接拆装
游标卡尺	150mm	1	用于石棉垫制作与装配
剪刀	大号	1	用于石棉垫制作
填料螺杆及木质半轴套		1	拆卸填料用
清洁布		若干	清洁零件
记号笔	中号	1	标记零件
润滑脂		少量	

二、截止阀拆装步骤

1. 检查待拆件

2. 完成截止阀拆卸、清洗和装配

（1）拟订拆卸顺序。首先按照六角螺母 8—手轮 9—阀盖组件 102—阀体组件 101 的顺序拆出上述组件和零件；然后进行组件分解，分解阀盖组件 102 的顺序是压盖螺母 6—填料压盖 7—填料 5—阀杆 4—阀盖 3，分解阀体组件 101 的顺序是垫片 2—阀体 1。

（2）按照拟订的拆卸顺序完成截止阀拆卸，检查、清点并标记零件。

（3）完成装配操作。在装配单元系统图和装配工艺规程指导下完成组件装配，并参照截止阀的装配技术要求完成截止阀的调整、检验。

（4）整理现场。

▷▷ 项目作业

一、选择题

1. 装配通常是产品生产过程中的_____阶段。

a. 中间　　　　b. 最后　　　　c. 开始

2. 部件装配是指产品进入_____的装配工作。

a. 最后装配　　　b. 总装配前　　　c. 总装配后

3. 总装配是将_____组装成一台完整产品的过程。

a. 零件　　　b. 部件　　　c. 零件和部件　　　d. 组件

4. 调整是指调节_____的相互位置、配合间隙、结合程度等工作。

a. 零件　　　b. 部件　　　c. 机构　　　d. 零件或机构

5. 装配基准件是_____进入装配的零件或部件。

a. 最后　　　b. 最先　　　c. 中间　　　d. 合适时候

6. 满足用户特殊要求的零部件一般在_____装配。

a. 装配前　　　b. 装配中　　　c. 装配后　　　d. 无所谓

7. 装配时，_____不可以直接敲击零件。

a. 钢锤　　　b. 塑料锤　　　c. 铜锤　　　d. 橡胶锤

8. 利用压力工具使装配件在一个持续的推力下移动的装配操作称为_____。

a. 夹紧　　　b. 测量　　　c. 压入　　　d. 定位

9. 锁紧螺母是_____。

a. 一种特殊螺母　　　b. 使用主、副两个螺母　　　c. 反向螺母

10. 楔键的上表面和毂槽的底面各有_____的斜度。

a. 1∶50　　　b. 1∶80　　　c. 1∶100　　　d. 1∶120

11. 圆柱销与销孔的过盈量一般在_____mm 左右为适宜。

a. 0.005　　　b. 0.008　　　c. 0.010　　　d. 0.012　　　e. 0.015

12. 装配圆锥销时以销能自由插入销长的_____为宜。

a. 60%　　　b. 70%　　　c. 80%　　　d. 90%

13. 常使用_____控制螺钉的拧紧力矩。

a. 呆扳手　　　b. 内六角扳手　　　c. 定扭矩扳手　　　d. 梅花扳手

14. 下列零件不属于锁紧元件的是_____。

a. 垫圈　　　b. 销　　　c. 螺钉　　　d. O 形圈

15. 下列锁紧元件中_____是靠零件的变形方法锁紧螺纹件的。

a. 自锁螺母　　　b. 弹簧垫圈　　　c. 止动垫片　　　d. 弹性挡圈

16. 当原有密封垫已损坏，且密封垫比较薄时，可以_____的方法复制轮廓。

a. 用拇指沿法兰四周按压出轮廓　　　b. 用锤子沿法兰四周锤击出轮廓

c. 用几何法在密封垫上画图　　　d. 用剪刀直接剪制

17. 进行试运转试验时，压盖填料装配后应达的要求有_____。

a. 呈滴状泄漏　　　b. 填料部位的温升只能比环境温度高 100℃

c. 不漏油　　　d. 成线状漏油

18. 当压盖填料尺寸偏小或偏大时，可以通过_____达到所要求的尺寸。

a. 滚压　　　b. 用锤子敲打

c. 重新选择一个尺寸正确的填料　　　d. 无须纠正，直接装配

二、判断题

1. 装配是将若干零件或部件按规定的技术要求组装起来，并经过调试、检验使之成为合格产品的过程。（　　）

2. 拆卸是按照一定的顺序将所有装配好的零部件拆卸出来，重新获得单独的零件。

（　　）

3. 两个或两个以上零件结合成机器的一部分称为组件。（　　）

4. 部件的划分是多层次的，其中直接进入产品总装的部件称为组件。（　　）

5. 表示产品装配单元的划分及其装配顺序的图称为装配单元系统图。（　　）

6. 装配技术术语是用来描述装配操作工作方法时使用的一种计算机语言，具有通用性、功能性和准确性。（　　）

7. 拆卸下来的细长轴应该立即清洗、涂油并水平位置摆放好。（　　）

8. 对于容易产生位移而又没有定位装置或方向性的相配件，在拆卸时应先做好标记。

（　　）

9. 在装配不通孔的销钉时，应磨出排气孔。（　　）

10. 过盈连接是通过包容件（轴）和被包容件（孔）配合后的过盈值达到紧固连接目的。（　　）

11. 制作密封垫上的安装孔时，其加工孔径应比零件上的孔径小。（　　）

12. 安装填料环时，切口应放置成相互错开 60°以上。（　　）

三、读图分析题

1. 图 1-22 为某锥齿轮轴组件的装配图，图 1-23 为该组件的装配单元系统图。请识读两图，写出该组件的装配基准件、装配单元划分及各装配单元的装配顺序。

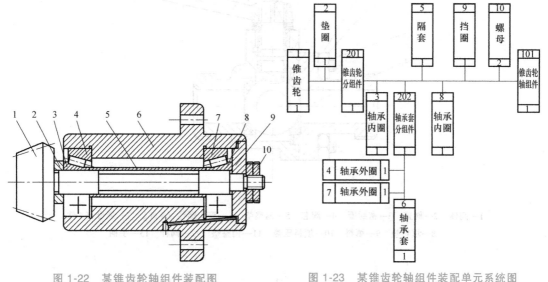

图 1-22　某锥齿轮轴组件装配图

1—锥齿轮　2—垫圈　3、8—轴承内圈
4、7—轴承外圈　5—隔套
6—轴承套　9—挡圈　10—螺母（2 件）

图 1-23　某锥齿轮轴组件装配单元系统图

2. 识读图 1-24 所示的旋阀装配图，拟订该旋阀的装配顺序。

3. 识读图 1-25 所示的球心阀装配图，拟订该球心阀的拆卸顺序。

4. 请写出图 1-26 中螺纹连接件的拧紧和拆卸顺序。图中数字为螺纹连接件序号。

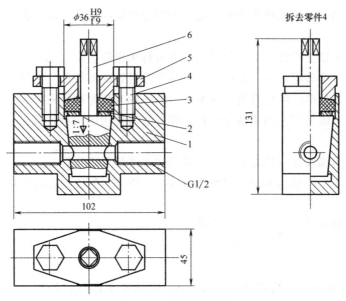

图 1-24　旋阀装配图

1—阀体　2—垫圈　3—填料　4—螺栓　5—填料压盖　6—锥形塞

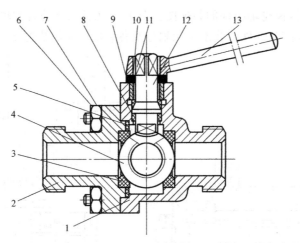

图 1-25　球心阀装配图

1—阀体　2—阀盖　3—密封圈　4—阀芯　5—调整垫　6—双头螺柱（4件）　7—螺母（4件）
8—填料垫　9—填料　10—填料压盖　11—调整垫　12—阀杆　13—手柄

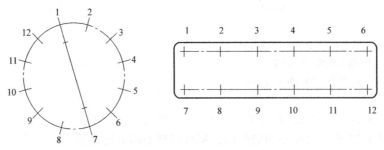

图 1-26　成组螺纹连接件的装拆顺序

项目二

千斤顶拆卸与组装

学习目标

（1）熟悉机械零件拆卸方法，能选择适当拆卸方法完成机械零件的拆卸。

（2）掌握装配单元系统图绘制步骤，会绘制装配单元系统图。

（3）掌握孔轴类防松元件装配技术，会使用适当工具拆装弹性挡圈等孔轴类防松元件。

（4）掌握滚动轴承拆装技术，能使用适当工具完成滚动轴承等支承件的拆装以及轴组的拆装。

项目任务

（1）绘制图 2-1 所示的螺旋千斤顶装配单元系统图。

（2）完成螺旋千斤顶的拆卸和组装。

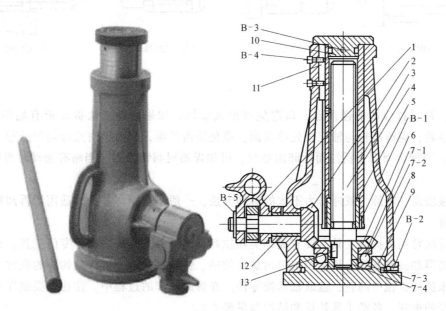

图 2-1 　QL 型螺旋千斤顶实物图及装配图

1—棘轮支架组件（由棘轮支架等 9 种零件组成）　2—小锥齿轮　3—升降套筒　4—螺杆　5—铜螺母　6—大锥齿轮　7-1—轴承轴圈　7-2—滚动体及保持架　7-3—轴承座圈　7-4—轴套　8—主架　9—底座　10—顶盘　11、13—键　12—衬套　B-1—圆柱销　B-2—M4 紧定螺钉　B-3—M5 紧定螺钉　B-4—内六角螺钉　B-5—弹性挡圈

5. 机械零件的
拆卸方法

▷ 知识技能链接

一、机械零件的拆卸方法

（一）机械零件的拆卸方法简介

常用的机械零件拆卸方法有击卸法、拉拔法、顶压法、温差法和破坏法五种。

1. 击卸法

击卸法是利用锤子等锤击工具敲击把零件拆下，此法操作简便，不需要特殊工具设备，适用性广。击卸法的常用工具有锤子、大锤和吊棒，保护装置有垫铁、套筒、铜棒等。

在采用击卸法时应注意以下事项：

（1）应辨别被击卸件结构及走向，如拆卸圆锥销时就应分辨锥销大小头及装配方向。

（2）锤子重量选择合理，力度适当。

（3）对被击卸件端部须采取保护措施，一般使用铜棒、胶木棒、木板等保护受锤击的轴端、套端或轮辐。对精密或重要部件拆卸时，必须制作专门工具加以保护，如图 2-2 所示。

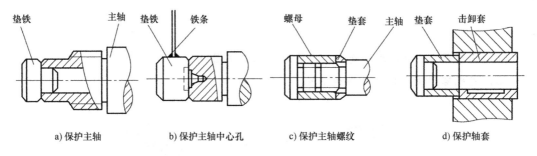

a) 保护主轴　　b) 保护主轴中心孔　　c) 保护主轴螺纹　　d) 保护轴套

图 2-2　击卸保护方法示意图

（4）应选择合适的锤击点，以避免变形或破坏。如采用锤击法拆卸带有轮辐的带轮、齿轮、链轮，应锤击轮与轴配合处的端面，避免锤击外缘，同时锤击点应均匀分布。

（5）当配合面因为锈蚀而拆卸困难时，可加煤油浸润锈蚀面，当略有松动时再拆卸。

2. 拉拔法

拉拔法是一种静力或冲击力不大的拆卸方法，一般不会损坏零件，适用于拆卸精度比较高的零件。

拉拔法常用的拆卸工具主要有拔卸类和拉卸类两种，有时还需制作专门工具。拔卸类工具有拔销器和拔键器等，用于拉出带内螺纹的轴、锥销或柱销，拆卸带钩头的楔键；拉卸类工具用来拆卸机械中的轮、盘或轴承类零件。在拆卸轴套的过程中，往往需要制作专门工具完成轴套的拆卸。各类工具外形和结构参见表 2-1。

3. 顶压法

顶压法也是一种静力拆卸的方法，一般适用于拆卸形状简单的静止配合件。顶压法常用的拆卸工具有螺旋 C 型工具、手动压力机、油压机、千斤顶等，用螺钉顶压拆卸键则不需要专门工具。

4. 温差法

温差法拆卸是用加热包容件，或者冷却被包容件的方法拆卸。拆卸尺寸较大，配合过盈量较大或无法用击卸法和顶压法拆卸的零件，可采用温差法。

温差法常用的拆卸工具有加热装置和冷却装置，辅助工具有拉拔工具。图 2-3 所示是常用轴承加热器，专门用来对轴承体进行加热，以得到所需的轴承膨胀量和去除新轴承表面的防锈油。

a) 感应加热器　　　　b) 加热板　　　　c) 油浴

图 2-3　轴承加热器

5. 破坏法

破坏法就是采用车、锯、錾、钻、气割等方法进行拆卸。当必须拆卸焊接、铆接、密封连接、过盈连接等固定连接件或轴与套相互咬死时，不得已可采用破坏法拆卸。根据拆卸方法的不同，拆卸工具有手锯、錾子、手钻、气割工具等，有时还要使用车床等机加工设备。

（二）机械零件常用拆卸方法操作示意及操作要点

表 2-1 所列为机械零件常用拆卸方法的操作示意、应用特点及操作要点。

表 2-1　机械零件常用拆卸方法操作示意及操作要点

拆卸方法		操作简图	应用特点	操作要点
击卸法	锤子击卸	锤击；垫铁；被拆卸轴；垫铁	操作方便,应用广泛	对被击卸件应辨别结构及走向；锤子重量应合理,力度适当；对被击卸件端部须采用保护措施
	自重击卸	被卸套；心轴	操作简单,拆卸迅速	掌握操作技巧
拉拔法	拉卸工具		安全,不易损坏零件,适用拆卸高精度或无法敲击、过盈量较小的零件	两拉杆应平衡

拆卸方法		操作简图	应用特点	操作要点
拉拔法	拔销器		拉卸轴、定位销，拔销器杆上安装内外螺纹的工具可扩大使用范围	用力大小须合适，弄清轴上零件的连接形式
顶压法	顶压工具	C型工具 垫套　被卸套　芯头	静力顶压拆卸，根据配合情况和零件大小选择压力大小	放置适当垫套或芯头
	螺钉旋入	螺钉　键	不需要专用工具	对于两个以上螺钉，应同时旋入，以保证被拆卸件平稳移动
破坏法	留轴车套	套　车刀　轴	对相互咬死的轴与套或铆焊件等可用车、镗、錾、锯、钻、气割等多种方法拆卸	根据连接件情况，决定取舍，并应用合理的破坏性拆卸方法拆卸
	錾铆钉	錾	专门用于拆卸铆接件	
温差法	热胀	迅速加热	对被拆卸件加热使其迅速膨胀	应及时拆卸，防止烫伤
	冷缩		用低温收缩被包容件	主要有干冰冷却和液氮冷却，对操作、储存的安全要求高，应防止冻伤

二、装配单元系统图绘制

6. 装配单元系统图绘制

（一）装配单元系统图的绘制步骤

1. 绘制装配单元系统图应具备的原始条件

绘制装配单元系统图应有产品的全套装配图样、验收标准、产品说明书及现有的生产条件（如工艺装备、车间面积、操作工人的技术水平等）。

2. 绘制装配单元系统图基本步骤

绘制装配单元系统图基本步骤是首先研究产品的装配图及验收标准，确定产品的装配方法，然后将产品分解为装配单元，拟订各装配单元的合理装配顺序，最后从高到低逐级绘制各装配单元的装配单元系统图。

（二）装配单元系统图的绘制方法

装配单元系统图的基本绘制方法是：先绘制一条横线，横线左端绘制一个小长方格，代表基准件，注明名称、件号及件数；横线右端绘制一个小长方格，代表装配产品，注明名称、件号及件数；在横线上方或下方自左至右按照装配顺序分别绘制出依次进入装配的零件或组件（或分组件），其中绘制在横线上面的是直接进入装配的零件，绘制在横线下面的是直接进入装配的组件（或分组件），零件及组件（包括分组件）均需注明名称、件号及件数。

（三）装配单元系统图绘制实例

图2-4所示为某辊筒装配图，已知为单件小批生产，请绘制该辊筒的装配单元系统图。

首先读装配图，该辊筒是一个组件，共有7种零件，其中0.25～0.3mm的轴向间隙为装配精度要求；然后确定装配方法，采用完全互换法装配；然后划分装配单元，确定装配顺序，选择辊筒轴5作为装配基准件，除滚动轴承6为分组件外，其他零件均以零件形式进入装配，按照装配原则拟订装配顺序见表2-2；最后绘制装配单元系统图，如图2-5所示。

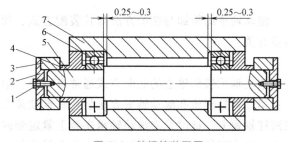

图2-4　某辊筒装配图

1—螺钉（2件）　2—端盖（2件）　3—方块圈（2件）　4—透盖（2件）　5—辊筒轴　6—滚动轴承（2件）　7—辊筒

表2-2　辊筒组件装配顺序

序号	装配操作
1	将滚动轴承6装在基准件辊筒轴5左端至轴肩
2	将辊筒7从辊筒轴5右端套至左端，保证辊筒7右端内肩与辊筒轴5右端轴肩0.25～0.3mm间隙
3	将滚动轴承6装入辊筒轴5和辊筒7右端至轴肩
4	装右透盖4
5	装右方块圈3
6	装右端盖2
7	将螺钉1穿过右端盖2拧入辊筒轴5

（续）

序号	装配操作
8	装左透盖 4
9	装左方块圈 3
10	装左端盖 2
11	装配左侧螺钉 1

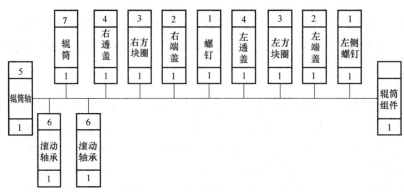

图 2-5　辊筒组件装配单元系统图

三、滚动轴承的拆卸、装配与润滑

（一）滚动轴承拆装方法的选择

滚动轴承的拆卸与装配方法与其装配方式、尺寸大小及滚动轴承的配合性质有关。

7. 滚动轴承的
装配与调整

1. 滚动轴承的装配方式

滚动轴承装到轴上的装配方式通常有四种：第一种是圆柱孔滚动轴承直接装在圆柱轴颈上；第二种是圆锥孔滚动轴承直接装在圆锥轴颈上；第三种和第四种为圆锥孔滚动轴承要装在圆柱轴颈上，此时是将滚动轴承先装上紧定套或者退卸套，然后再装配到圆柱轴颈上。紧定套用于将圆锥孔调心滚子轴承固定在无轴肩轴上，结构简单，工作可靠，轴承调换方便；退卸套应用于装在轴端、经常拆卸、规格较大的圆锥孔轴承，装拆、维修方便。

2. 滚动轴承的尺寸大小

滚动轴承的尺寸可分为三类：孔径小于等于 80mm 的小型轴承、孔径大于 80mm 且小于等于 200mm 的中型轴承以及孔径大于 200mm 的大型轴承。

3. 滚动轴承的配合性质

滚动轴承的配合性质是指滚动轴承内圈内径 d 与轴颈之间的配合性质，以及外圈外径 D 与外壳孔之间的配合性质。

（二）滚动轴承的拆装方法及操作技巧

滚动轴承的拆装方法主要有机械法、液压法、压油法和温差法四种，在拆卸前建议对轴承位置和方向做好标记以便后续的装配。

8. 滚动轴承的
拆卸方法

1. 圆柱孔滚动轴承的拆装方法及操作技巧

（1）机械法。机械法适用于具有过盈配合的中、小型滚动轴承的拆卸与装配，工具有锤子、铜棒、套筒、顶拔器和压力机等。

拆卸时，对于装在轴上和孔内的滚动轴承，操作技巧不同。

对于装在轴上的圆柱滚子轴承的拆卸，应将顶拔器的爪作用于轴承内圈，使拆卸力直接作用于内圈；当没有足够的空间使顶拔器的爪作用于内圈时，可以将顶拔器的作用力加在外圈上，但操作过程中应固定扳手并旋转整个顶拔器，以旋转滚动轴承的外圈，从而保证拆卸力不会作用在同一点上。

对于装在孔内的圆柱孔滚动轴承的拆卸，拆卸力必须作用在外圈；对于与轴和孔均为过盈配合的深沟球轴承则使用专门顶拔器。

装配时，根据滚动轴承套圈分离或不可分离，操作技巧不同。

如深沟球轴承，属于不可分离型滚动轴承，应按套圈配合松紧程度决定其装配顺序。如图 2-6a 所示，当内圈与轴颈配合为较紧的过盈配合、外圈与轴承座孔配合为较松的过渡配合时，应先将滚动轴承装在轴上，压装时，将套筒垫在滚动轴承的内圈上，然后连同轴一起装入轴承座孔中；如图 2-6b 所示，当滚动轴承外圈与轴承座孔为过盈配合时，应将滚动轴承先压入壳体孔中；如图 2-6c 所示，当滚动轴承内圈与轴、外圈与轴承座孔都是过盈配合时，应把滚动轴承同时压在轴上和轴承座孔中，套筒端面同时压紧滚动轴承内外圈。

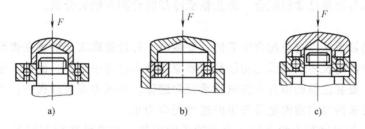

a)　　　　　　　　　b)　　　　　　　　　c)

图 2-6　深沟球轴承的装配操作技巧

如果是圆锥滚子轴承，属于分离型滚动轴承，由于外圈可以自由脱开，装配时可将内圈和滚动体一起装在轴上，外圈装在壳体孔内，然后再调整它们的游隙。

在用机械法将套圈装入轴上或孔内时，应注意在配合表面涂一层润滑油，同时要用力均匀，装配到位，在有压力机时尽量不用锤击的方法。

（2）液压法。液压法适用于拆装过盈配合的中型滚动轴承，常用工具有液压螺母和液压顶拔器。

液压螺母结构示意图如图 2-7 所示，包括两个部分：一个是带有内螺纹的螺母体，其侧面上有一个环形沟槽；另一个是与沟槽相配合的环形活塞，其间有两个 O 形密封圈用于油腔密封。当油压入油腔时，使活塞向外移动并产生足够的力来装配或拆卸轴承。

（3）压油法。压油法适用于拆装大中型滚动轴承，常用工具有油压机和自定心顶拔器。

图 2-8 所示为压油法的工作原理示意图。液压油在高压作用下通过油路和轴承孔与轴颈之间的油槽挤压在轴孔之间，直至形成油膜并将配合表面完全分开，从而使轴承孔与轴颈间的摩擦力变得非常小，此时只需要很小的力就可以拆卸或装配

活塞
螺母
油腔
O形密封圈

图 2-7　液压螺母
结构示意图

滚动轴承。

（4）温差法。温差法适用于圆柱滚子轴承内圈的拆卸以及滚动轴承套圈的压入，有感应加热器加热、电加热盘加热、油浴加热和加热箱加热四种方法。

例如，在圆柱滚子轴承内圈有不同的尺寸且需要经常拆卸的场合，使用感应加热器比较好，操作技巧是：将感应加热器套在圆柱滚子轴承内圈上并通电，感应加热器会自动抱紧圆柱滚子轴承内圈，进行感应加热，握紧两边手柄直到将圆柱滚子轴承拆卸下来。

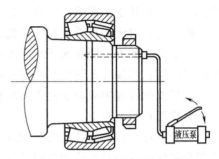

图 2-8　压油法工作原理示意图

用温差法压入轴承套圈是将轴承温度加热到高于轴颈温度 80~90℃，一般加热到 110℃，趁热取出轴承并迅速套在轴颈上。若轴承外圈与座孔为过盈配合，可对座孔周围金属进行加热。

注意事项：严格控制温度，不能加热到 125℃ 以上，否则将会引起材料性能的变化；禁止明火加热，否则将会导致轴承材料产生应力变形，破坏轴承的精度；另外，安装时应戴干净的专用防护手套搬运滚动轴承，将滚动轴承装至轴上与轴肩可靠接触，并始终按压滚动轴承直至滚动轴承与轴颈已紧密配合，防止轴承冷却时套圈与轴肩分离。

2. 圆锥孔滚动轴承的拆装方法及操作技巧

圆锥孔滚动轴承是以过盈配合安装的。安装时，过盈量取决于轴承在锥形轴颈上或锥形紧定套上推入距离的长短。轴承的初始径向游隙在推入过程中减小，而推入量的大小决定配合程度，因此，安装之前必须首先测量轴承径向游隙。在压力安装过程中，不断测量径向游隙，直至达到要求的径向游隙量及理想的过盈配合为止。

（1）装配在圆锥轴颈上的圆锥孔滚动轴承的拆装。在这种装配方式下，滚动轴承拆装方法与圆柱孔滚动轴承基本一致。

图 2-9 所示为螺母和勾头扳手装配滚动轴承操作示意图。此例中轴颈上有螺纹，可以用螺母和勾头扳手装配，轴承装好后需检查其游隙。如果在装配时止动垫圈已安装到位，则必须对螺纹部分及螺母和止动垫圈的侧面进行润滑。

图 2-10 所示为圆锥孔滚动轴承采用液压法与压油法结合装配操作示意图。

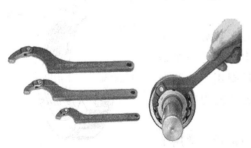

图 2-9　螺母和勾头扳手装配
滚动轴承操作示意图

图 2-10　液压法与压油法结合装配
圆锥孔滚动轴承操作示意图

采用液压螺母的装配步骤是：首先将液压螺母旋于轴上并使其活塞朝向轴承，用手旋紧螺母；然后连接油管，将油压进液压螺母，直至轴承到达规定位置；再打开回油阀，拧紧螺母，活塞就被推回到起始位置，而油也流回了泵内；最后卸下液压螺母，装上止动垫圈和锁紧螺母。

与圆柱孔滚动轴承不同的是：采用压油法装配圆锥孔滚动轴承，当轴承装配至规定位置后，应将油释放，并等待20min之后，再一次检查游隙；而在采用压油法拆卸装在圆锥轴颈上的大中型圆锥孔滚动轴承时，油液在高压作用下通过油路和油槽进入轴颈和滚动轴承内圈之间，油膜将接触面完全分开，这时将产生一个轴向力使滚动轴承突然地滑离轴颈，因此，必须在油膜产生之前将锁紧螺母旋松一定距离或在轴上放置一个阻挡零件，以防止滚动轴承完全飞出轴外，如图2-8所示。

如果由于某种原因不能使用压油法或液压螺母，则选择温差法。采用温差法时应对轴承与轴颈相对轴向位移进行测量与控制。

图2-11所示为某轴肩定位的圆锥孔滚动轴承装配操作示意图。首先将轴承装至其与轴颈接触良好，测量轴承内圈与轴肩之间的距离S；其次查表确定轴承轴向位移的减小量，再将测定距离S减去查表确定的轴向位移减小量得到定位环的轴向尺寸，据此加工出定位环，将定位环靠紧轴肩安装；然后将轴承加热，将其压至定位环，直至轴承冷却并与轴配合紧密；再用锁紧螺母固定滚动轴承；当轴承冷却下来时，检查其径向游隙。

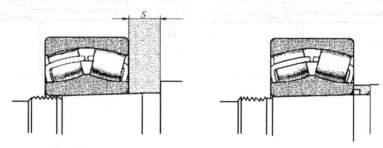

图2-11　温差法装配某轴肩定位的圆锥孔滚动轴承操作示意图

（2）装配在紧定套上的圆锥孔滚动轴承的拆装。小型或中型带紧定套的轴承可以用机械法来拆卸，作用力需直接作用在锁紧螺母或滚动轴承内圈，拆卸时需先将螺母旋松几圈，拆卸力方向如图2-12a所示。大中型带紧定套的轴承可用液压法拆卸，如图2-12b所示，即将液压螺母装在轴上，并在螺母和滚动轴承之间留一个小间隙，然后将油压进螺母直至滚动轴承与紧定套之间松脱。

装配在紧定套上的圆锥孔滚动轴承的装配操作与装在何种轴上相关。若轴

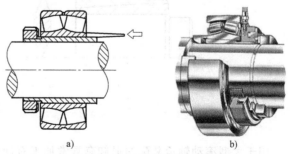

a)　　　　　　　　　b)

图2-12　机械法和液压法拆卸装配在
紧定套上的圆锥孔滚动轴承

承安装在光轴上，依靠装配时对滚动轴承与轴颈的相对轴向位移的测量与控制来定位；若滚动轴承安装在阶梯轴上，则依靠轴肩定位，安装时要求有一个能保证滚动轴承正确位置的隔套，该隔套必须能够让紧定套置于其下面。图2-13所示为采用液压法装配阶梯轴上的带紧定套的调心滚子轴承的操作示意图。

采用温差法装配带紧定套的圆锥孔调心滚子轴承时，可通过螺母的前端面来测量轴承的轴向位移。如图 2-14 所示，首先将轴承安装在紧定套上，拧紧螺母，确保轴承、紧定套和轴之间接触良好，测量紧定套小端与螺母之间的轴向距离 L_1；然后加热轴承并将其安装在紧定套上，拧紧螺母并测量螺母端面与紧定套小端之间的距离 L_2，从而控制轴承的轴向位移。轴承冷却后，必须检查其游隙。

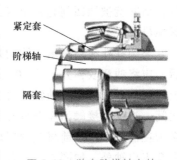

图 2-13 装在阶梯轴上的带紧定套的调心滚子轴承装配操作示意图

（3）装配在退卸套上的圆锥孔滚动轴承的拆装。这种装配方式下中小型滚动轴承可以采用机械法拆卸，工具有锁紧螺母和勾头扳手或冲击扳手，如图 2-15a 所示；大型轴承可用液压法拆卸，如图 2-15b 所示，液压螺母旋入退卸套上的螺纹并使其活塞紧靠滚动轴承，然后将油压入螺母就可以将退卸套从滚动轴承中拉出。

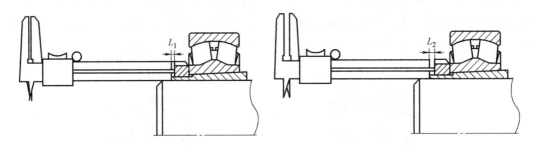

图 2-14 温差法装配带紧定套的圆锥孔调心滚子轴承操作示意

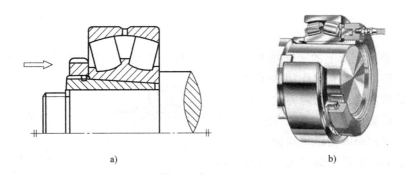

a)   b)

图 2-15 机械法和液压法拆卸装配在退卸套上的圆锥孔滚动轴承

用于大型滚动轴承装配的退卸套常常加工有油槽和两个油道，可用压油法拆卸。在用压油法拆卸时，油通过一个油路注入退卸套和轴之间，并通过另一个油路注入退卸套和滚动轴承之间，因此，只需很小的力就可以拆卸滚动轴承了。

装在退卸套上的滚动轴承的装配与装在紧定套上的滚动轴承的装配方法相同，在此不再赘述。

在实际工作中可以在读图或者根据现场情况分析的基础上，选择滚动轴承的拆装方法。请读图 2-16，分析图示滚动轴承可以采用何种拆装方法，需要准备哪些拆装工具。

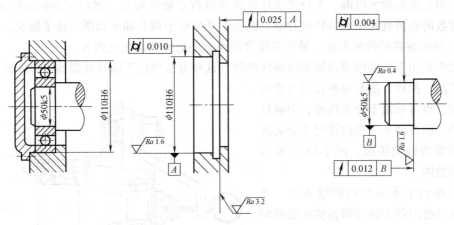

图 2-16　某减速器小齿轮轴上滚动轴承装配图（轴承型号 G6310）

（三）滚动轴承游隙的检测、调整与预紧

1. 滚动轴承的装配技术要求

（1）滚动轴承上带有标记代号的端面应装在可见方向，以便更换时查对。

（2）滚动轴承装在轴上或装入座孔后，不允许有歪斜现象。

（3）同轴的两个滚动轴承中，必须有一个轴承在轴受热膨胀时有轴向移动的余地。

（4）装配后的轴承应运转灵活，噪声小，工作温度不超过 50℃。

另外，滚动轴承在拆卸后和装配前需进行清洗，包括常温清洗和加热清洗。常温清洗是用汽油、煤油等油性溶剂清洗滚动轴承；加热清洗采用的清洗剂是闪点至少为 250℃ 的轻质矿物油，油必加热至约 120℃。

2. 滚动轴承游隙的检测与调整

滚动轴承游隙是指在一个套圈固定的情况下，另一个套圈沿径向或轴向的最大活动量，分为径向和轴向游隙。通常采用使内圈对外圈做适当的轴向相对位移的方法来保证游隙。滚动轴承装配技术要求中，同轴滚动轴承装配后应控制的轴向移动量就是游隙。在装配过程中需对滚动轴承的游隙进行检测和调整。

（1）径向游隙的检测方法。径向游隙的检测方法包括感觉法和测量法。

感觉法是用手转动轴承，感觉轴承转动是否平稳、灵活、无卡涩现象，专用于单列向心球轴承。

测量法如图 2-17 所示，可用塞尺检测，确认滚动轴承最大负荷部位，在与其成 180° 的滚动体与外（内）圈之间塞入塞尺，松紧相宜的塞尺厚度即为轴承径向游隙。也可用千分

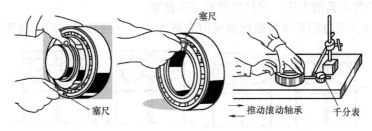

图 2-17　滚动轴承径向游隙检测的测量法操作示意图

表检测，固定滚动轴承内圈，千分表顶住外圈并留有足够压缩量，然后左右推动轴承外圈，千分表读数的差值就是轴承的径向游隙。此法广泛应用于调心轴承和圆柱滚子轴承。

（2）轴向游隙的检测方法。轴向游隙检测也有感觉法和测量法两种。

感觉法是用手指检测滚动轴承的轴向游隙。这种方法应用于轴端外露的场合。测量法可用塞尺检测，操作方法与检查径向游隙的方法相同。也可采用千分表检测，用撬杠使轴窜动，轴在两个极端位置时千分表读数的差值即为轴向游隙，图 2-18 所示为其操作示意图。

（3）滚动轴承游隙的调整方法。调整滚动轴承游隙的方法有调整垫片法和调整螺钉法。图 2-19a 所示调整垫片法即通过调整轴承盖与壳体端面间的垫片厚度来调整轴承的轴向游隙；图 2-19b 所示调整螺钉法即先松开锁紧螺母，再调整调整螺钉，推动调整件左右移动以调整轴向游隙，调整好后再拧紧螺母。

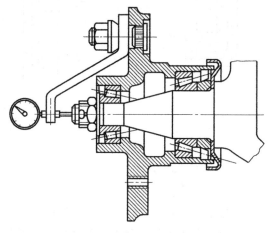

图 2-18 千分表检测滚动轴承轴向游隙操作示意图

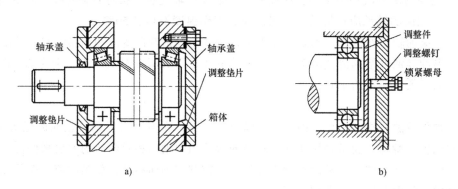

a)   b)

图 2-19 滚动轴承游隙的调整方法

3. 滚动轴承的预紧

对于承受载荷较大、旋转精度要求较高的轴承都需要在装配时进行预紧。预紧就是在装配时给轴承的外圈或内圈一个轴向力，以消除轴承游隙并使滚动体与内、外圈接触处产生初始弹性变形。滚动轴承预紧后承载区加大，滚动体受力较均匀。

下面介绍两种预紧的方法：定位预紧和定压预紧。

图 2-20 所示为定位预紧角接触球轴承的布置方式，分别采用在同一组两个轴承间配置

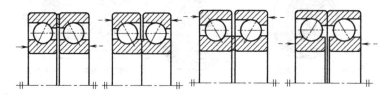

图 2-20 定位预紧角接触球轴承的布置方式

不同厚度的间隔套或相靠的侧面磨去一定厚度，来达到预紧的目的。

图 2-21 所示为内圈为圆锥滚子轴承的预紧方法。预紧时的操作顺序是：拧紧锁紧螺母，通过隔套使轴承内圈向轴颈大端移动，使内圈直径增大，从而消除径向游隙达到预紧目的。此法也属于定位预紧。

图 2-22 所示为利用弹簧的压紧力使轴承承受一定的轴向载荷并产生预变形，从而达到预紧的目的。此法属于定压预紧。

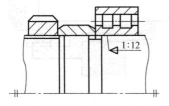

图 2-21　定位预紧圆锥滚子轴承的布置

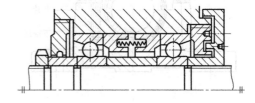

图 2-22　用弹簧预紧轴承

四、滑动轴承的装配与调整

1. 滑动轴承的装配技术要求

滑动轴承主要装配技术要求是在轴颈与轴承之间获得合理的间隙，保证轴颈与轴承的良好接触，使轴颈在轴承中旋转平稳可靠。

2. 滑动轴承的装配与调整

滑动轴承根据结构不同，主要有整体式滑动轴承、剖分式滑动轴承及内柱外锥式滑动轴承三种类型，不同类型的滑动轴承装配和调整的方法各有不同。

（1）整体式滑动轴承的装配与调整。整体式滑动轴承结构示意图如图 2-23 所示。其装配步骤是：首先将轴套和轴承座孔去毛刺，清理干净后在轴承座孔内涂润滑油；再根据轴套尺寸和配合时过盈量大小，用敲入法或压入法将轴套装入轴承座孔并固定；由于轴套压入轴承座孔后，易发生尺寸和形状变化，应采用铰削或刮削的方法对内孔进行修整，以保证轴颈与轴套之间有良好的间隙配合。

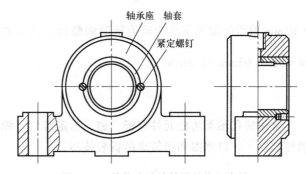

图 2-23　整体式滑动轴承结构示意图

（2）剖分式滑动轴承的装配与调整。剖分式滑动轴承结构示意图如图 2-24 所示。其装配要点是：上、下轴瓦与轴承座、轴承盖应接触良好，同时轴瓦的台肩应紧靠轴承座两端面；另外，为提高配合精度，轴瓦孔应与轴进行研点配刮。其装配步骤是：先将双头螺柱装入轴承座内，再将下轴瓦装入轴承座孔内，再装垫片，装上轴瓦，最后装轴承盖并用螺母紧固并固定。

（3）内柱外锥式滑动轴承的装配与调整。图 2-25 所示为内柱外锥式滑动轴承结构示意图。

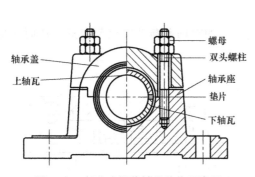

图 2-24 剖分式滑动轴承结构示意图

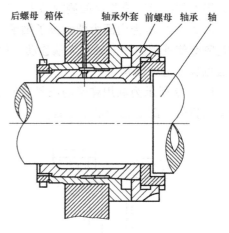

图 2-25 内柱外锥式滑动轴承结构示意图

装配时首先将轴承外套压入箱体孔内，保证轴承外套与箱体孔之间 H7/r6 配合精度；再用芯棒研点，修刮轴承外套内锥孔，保证前后轴承孔同轴度；然后在轴承上钻油孔，与箱体、轴承外套油孔相对应，并与自身油槽相接；再以轴承外套内孔为基准研点，配刮轴承外圆锥面，保证接触精度；再把轴承装入轴承外套孔中，两端拧入前、后螺母，并调整好轴承轴向位置；以轴为基准，配刮轴承内孔，保证接触精度及前、后轴承孔同轴度；最后清洗轴颈及轴承孔，重新装入主轴，并调整好间隙。

轴承间隙采用前、后螺母进行调整。例如，某车床的主轴轴承采用图 2-25 所示内柱外锥式滑动轴承，轴承的外锥大端直径为 50mm，小端直径为 48mm，轴承锥度部分长度为 100mm，前、后调整螺母的导程为 4mm，当轴承间隙为 0.03mm 时，小端调整螺母（即后螺母）应拧松，角度为 $\alpha = \dfrac{360° \times 1.5}{4} = 135°$，公式中"4"为调整螺母导程，"1.5"是达到 0.03mm 轴承间隙所需要的轴承轴向调整量，因为轴承锥度 $= \dfrac{50-48}{100} = \dfrac{1}{50}$，故轴承轴向调整量 $= 50 \times 0.03\text{mm} = 1.5\text{mm}$。

五、孔轴类防松元件的拆装

常用的孔轴类防松元件有键、销、紧定螺钉、弹性挡圈、开口挡圈和弹簧夹，下面介绍弹性挡圈、开口挡圈和弹簧夹的拆装技巧。

1. 弹性挡圈的拆装技巧

弹性挡圈用于防止轴或其上零件的轴向移动，其拆装要点是：弹性挡圈的张开量或挤压量不得超过其许可变形量，否则会导致弹性挡圈产生塑性变形，影响其工作可靠性。拆装弹性挡圈一般使用弹性挡圈钳，分为直嘴式或弯嘴式、孔用或轴用。

图 2-26a 所示是将轴用弹性挡圈从轴上拆出的操作步骤示意：手握轴用弹性挡圈钳的钳柄，将钳爪对准轴用弹性挡圈的插口，并插入孔内；手捏钳柄，平稳用力，胀开轴用弹性挡圈；用另一只手轻扶弹性挡圈，同时移动，沿轴向退出弹性挡圈。

图 2-26b 所示是装配沟槽处于轴端或孔端的弹性挡圈时的操作技巧示意：将弹性挡圈的

两端 1 首先放入轴端或孔内沟槽，然后将弹性挡圈的其余部分 2 沿着轴或孔的表面推入轴端或孔内沟槽，这样可使挡圈的径向扭曲变形最小。

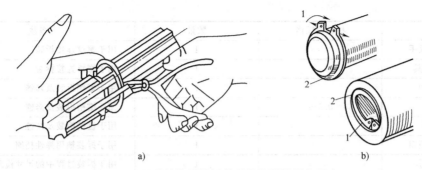

a)　　　　　　　　　　　　　　　　b)

图 2-26　用弹性挡圈钳拆装弹性挡圈的操作要点

2. 开口挡圈和弹簧夹的拆装技巧

开口挡圈和弹簧夹适用于较小的结构。开口挡圈可用于大公差的预加工沟槽内，弹簧夹则要求零件上有专门形状的沟槽供其安装。图 2-27 所示为二者的应用及拆装操作示意图。

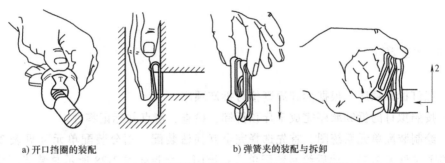

a) 开口挡圈的装配　　　　　　　　b) 弹簧夹的装配与拆卸

图 2-27　开口挡圈和弹簧夹的应用及拆装示意图

▷▷ 项目实施

一、QL 型螺旋千斤顶拆装工量具准备

1. QL 型螺旋千斤顶的组成与原理分析

如图 2-1 所示，QL 型螺旋千斤顶主要由棘轮支架组件 1、小锥齿轮 2、升降套筒 3、螺杆 4、铜螺母 5、大锥齿轮 6、推力轴承 7、主架 8、底座 9、顶盘 10 等零部件组成。

工作原理：利用摇杆的摆动，使小锥齿轮 2 转动，经一对锥齿轮 2 和 6 啮合传动，带动螺杆 4 旋转，推动升降套筒 3，从而使重物上升或下降。操作时将手柄插入棘轮支架孔内，上下往返扳动手柄，重物随之上升。当升降套筒 3 上出现红色警戒线时应该立即停止扳动手柄。如需下降，将棘爪调至反方向，重物便开始下降。

2. 安装与连接部位分析

该千斤顶主要采用了螺纹连接、键销连接及过盈连接。其中，铜螺母 5 与升降套筒 3 之间为过盈连接，并用圆柱销 B-1 定位防止其周向转动，衬套 12 与主架 8 间也是过盈连接。

3. 拆装方法分析

主要涉及螺纹连接、键销连接、过盈连接、孔轴类防松元件及滚动轴承的拆装方法。

4. 工量具准备

QL 型螺旋千斤顶拆装工量具及机物料见表 2-3。

表 2-3　QL 型螺旋千斤顶拆装工量具及机物料准备

名称	材料或规格	数量	备注
内六角扳手		1	用于螺纹连接拆装
螺钉旋具		1	用于螺纹连接拆装
销子冲		1	用于键销拆装及修锉
锤子	0.5kg	1	用于键销拆装及修锉
铜棒		1	用于键销拆装及修锉
轴用挡圈钳		1	用于拆装轴用弹性挡圈
游标卡尺		1	用于拆装过程中的尺寸检测
清洁布		1	清洁零件
记号笔	中号	1	标记零件
煤油		若干	清洗
润滑油、脂		若干	润滑

二、QL 型螺旋千斤顶拆装步骤

1. 检查待拆件

2. 完成 QL 型螺旋千斤顶的拆卸、清洗和装配

（1）拟订拆卸顺序。根据拆卸原则拟订拆卸顺序。

（2）按照拟订的拆卸顺序完成千斤顶拆卸，检查、清点并标记零件。

（3）绘制装配单元系统图。首先选择完全互换法装配，划分装配单元（见表 2-4），拟订装配顺序（见表 2-5）；然后绘制装配单元系统图，绘制如图 2-28 所示总装装配单元系统图及各组件的装配单元系统图，再将各组件的装配单元系统图拼装到总图上，形成一张完整的 QL 型螺旋千斤顶的装配单元系统图。

表 2-4　QL 型螺旋千斤顶装配单元划分

组件	组件组成	一级分组件组成
主架组件 101	由主架 8、键 11、内六角螺钉 B-4、衬套 12 组成	
套筒组件 102	由套筒分组件 201 和螺杆分组件 202 组成	201 由升降套筒 3、铜螺母 5 和圆柱销 B-1 组成；202 由螺杆 4、键 13、大锥齿轮 6 组成
底座组件 103	由零件底座 9 和轴承轴圈 7-1、分组件滚动体及保持架 7-2、分组件轴承座圈 203 组成	203 由轴承座圈 7-3、轴套 7-4 组成
棘轮支架组件 1	由零件棘轮支架、棘爪、弹簧、棘爪手柄、棘爪定位销、棘爪手柄定位销、棘轮、防护盖、螺钉组成	

表 2-5　QL 型螺旋千斤顶装配顺序

序号	装配操作
1	装配主架组件 101，即以主架 8 为基准，压入衬套 12，装入键 11，用内六角螺钉 B-4 固定
2	装配套筒组件 102（请学生拟订）

（续）

序号	装配操作
3	装配底座组件103(请学生拟订)
4	装配棘轮支架组件1(请学生拟订)
5	以主架组件101为装配基准件,装配小锥齿轮2到主架组件衬套12的孔内
6	装入套筒组件102及底座组件103,拧入M4紧定螺钉B-2进行周向定位并固定
7	装配棘轮支架组件1到小锥齿轮2轴上,用弹性挡圈B-5轴向定位并固定
8	装配顶盘10,用M5紧定螺钉B-3紧固并固定
9	装配完毕,检查螺旋千斤顶的工作情况

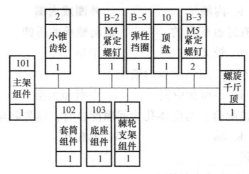

图 2-28 QL 型螺旋千斤顶总装装配单元系统图

（4）完成装配操作，并按照装配技术要求完成千斤顶的调整和检验，最后整理现场。

项目作业

一、选择题

1. 下列拆卸工具中，_____不属于顶压法常用的工具。

a. 螺旋 C 型工具   b. 手动压力机   c. 千斤顶   d. 锤子

2. 下列方法中不属于机械零件的拆卸方法的是_____。

a. 击卸法   b. 温差法   c. 调整法   d. 顶压法

3. 拆卸卧式车床部件时用到的拔销器是_____用到的专用工具。

a. 击卸法   b. 温差法   c. 破坏法   d. 拉拔法

4. 加热清洗轴承时，油温应达到_____℃。

a. 100   b. 250   c. 150   d. 120

5. 用锤子敲击套筒拆卸装配在紧定套上的轴承时，操作时应_____。

a. 将套筒直接作用在螺母上

b. 将套筒直接作用在轴承上

c. 将螺母退几圈后，再将套筒直接作用在螺母或轴承内圈上

d. 无所谓

6. 当拆卸精度比较高的零件时，一般都采用_____。

a. 击卸法   b. 加热法   c. 拉拔法   d. 气焊切割法

7. 零件的拆卸方法有很多种，适用场所最广泛，不受条件限制，一般零件几乎都可以应用的一种方法是_____。

    a. 压卸法   b. 击卸法   c. 拉卸法   d. 液压法

8. 滚动轴承中的小轴承是孔径小于_____的轴承。

    a. 50mm   b. 75mm   c. 80mm   d. 90mm

9. 装配大型滚动轴承时，滚动轴承的温度高于轴颈_____℃就可以安装了。

    a. 60~70   b. 70~80   c. 80~90   d. 110~120

10. 将滚动轴承从轴上拆卸时，顶拔器的卡爪应作用在滚动轴承的_____。

    a. 外圈   b. 内圈   c. 外圈或内圈

11. 拆卸紧紧配合在孔中的滚动轴承时，拆卸力必须作用在_____上。

    a. 外圈   b. 内圈   c. 外圈或内圈

12. 液压法适用于具有过盈配合的_____滚动轴承的拆卸。

    a. 大型   b. 较大   c. 中型   d. 较小

13. 压油法适用于_____滚动轴承的装配。

    a. 小型   b. 小型和中型   c. 中型和大型   d. 大型

14. 当轴承与轴为过盈配合，与座体孔为间隙配合时，应先将轴承装至_____上。

    a. 孔   b. 轴   c. 轴和孔   d. 无所谓

15. 装配轴承时，必须_____。

    a. 将装配力同时作用于轴承内外圈上

    b. 将装配力作用于具有过盈配合的套圈上

    c. 将装配力作用于具有间隙配合的套圈上

    d. 无所谓

二、判断题

1. 常用的拆卸方法有机械法、拉拔法、顶压法、温差法和破坏法。（　　　）

2. 产品装配单元系统图的绘制过程与产品的生产批量没有关系。（　　　）

3. 利用被拆卸件的自重拆卸零部件的方法属于拉拔法。（　　　）

4. 温差法拆卸是用加热被包容件或者冷却包容件的方法来拆卸零部件。（　　　）

5. 轴与轴套咬死时可采用车套留轴法，此法属于破坏法。（　　　）

6. 将齿轮减速器箱体和箱座顶开的起盖螺钉是用顶压法拆卸减速器箱盖的专用工具。

                                                                   （　　　）

7. 轴承的安装形式有轴承直接装在圆柱轴颈上，轴承直接装在圆锥轴颈上，轴承装在紧定套上和轴承装配在退卸套上四种结构。（　　　）

8. 轴承的装配与拆卸方法有机械法、液压法、压油法和温差法。（　　　）

9. 根据轴承的尺寸分类，小轴承孔径为小于等于80mm，中型轴承孔径为大于80mm小于等于200mm，大型轴承孔径为大于200mm。（　　　）

10. 采用温差法装配轴承时，轴承的温度应比轴高100~120℃。（　　　）

三、读图分析题

分析图 2-29 所示铣刀头滚动轴承部件中滚动轴承的装配方法，拟订其装配步骤，并绘制装配单元系统图。

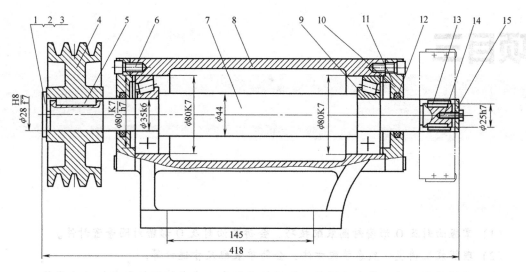

图 2-29　铣刀头滚动轴承部件装配图

1—挡圈 A35　2—螺钉 M6×20　3—销 A3×12　4—带轮　5—键 8×40　6—螺钉 M8×20（12 件）

7—轴　8—座体　9—轴承 30307（2 件）10—调整环　11—端盖（2 件）　12—毡圈（2 件）

13—键 6×20（2 件）14—螺栓 M6×20　15—挡圈 B20

项目三

齿轮泵装配与调整

学习目标

（1）掌握油封及O形密封圈装配技巧，会拆装油封及O形密封圈等密封件。

（2）理解装配精度，熟悉装配方法，会简单装配尺寸链计算。

（3）理解装配工艺过程中的调整，能根据装配要求完成装配件零部件间的调整。

项目任务

（1）绘制图3-1所示齿轮泵的装配单元系统图。

（2）完成指定齿轮泵的装配与调整。

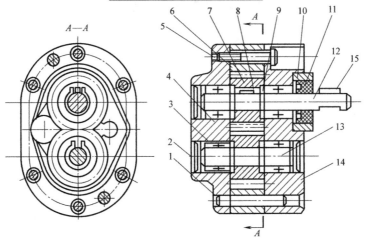

图 3-1 CB-B 型齿轮泵实物图及结构图

1—定位销（2件） 2—压盖（2件） 3—轴承（4件） 4—后盖 5—螺钉（6件） 6—泵体 7—齿轮（2件）
8—键（2件） 9—卡环（4件） 10—法兰 11—油封 12—长轴 13—短轴 14—前盖 15—键

9. 骨架油封
装配技术

知识技能链接

一、油封装配

油封适用于工作压力小于 0.3MPa 的条件下对润滑油和润滑脂的密封，常用于滚动轴承部位，对内封油，对外防尘。

（一）油封的结构及密封机理

1. 油封的典型结构及密封机理

油封的代表形式是 TC 油封，结构如图 3-2 所示，这是一种由橡胶完全包覆的带自紧弹簧的双唇油封。TC 油封的密封机理是：自由状态下，油封唇口内径比轴径小，具有一定的过盈量；安装后，油封唇口的过盈压力和自紧弹簧的收缩力对旋转轴产生一定的径向压力；工作时，油封唇口在径向压力的作用下，形成 0.25～0.5mm 宽的密封接触环，在润滑油压力作用下，油液渗入油封唇口与转轴之间形成极薄的一层油膜。油膜受油液表面张力的作用，在转轴和油封唇口外沿形成一个"新月面"防止油液外溢，起到密封作用。

2. 油封的材料及类型

油封的常用材料有丁腈橡胶、氟橡胶、硅橡胶、丙烯酸酯橡胶、聚氨酯、聚四氟乙烯等；常见结构有粘接结构、装配结构、橡胶包骨架结构及全胶结构。

（二）油封的装配和润滑

1. 油封装配前的准备工作

装配前应首先确定油封类型，查询油封标准尺寸；然后测量油封尺寸，检查油封是否有破损；再严格清理和清洗油封、轴和安装孔，并检测油封安装的孔径和轴径。

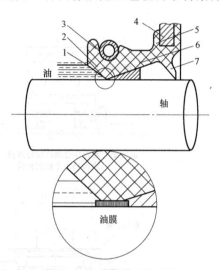

图 3-2 油封典型结构及唇口接触应力示意图

1—唇口 2—冠部 3—弹簧 4—骨架
5—底部 6—腰部 7—副唇

2. 油封的润滑

为了使油封易于装配到轴上，必须事先在轴和油封上涂抹润滑油或润滑脂，而且，每个油封都需要对其有相互运动的密封表面进行一定的润滑，以防止相互运动对油封的损坏。当油封用于非润滑性介质的密封时，必须采用专门的预防措施，此时可采用一前一后安装两个油封（图 3-3a）或者采用带防尘唇的油封（图 3-3b）两种方式。

3. 油封的装配技巧

（1）安装时使用专用套筒。使用专用套筒可使压力通过油封刚性较好的部分传递，并保证油封均匀压入孔内。专用套筒尺寸应严格控制，否则会使油封变形，如图 3-4 所示。

（2）保证油封安装时的导入角。由于安装时油封扩张，为安装方便，轴端应有导入角 30°～50°，锐边倒圆，倒圆处不应有毛刺、尖角或粗糙的机加工痕迹。为装配方便，安装孔口至少有 2mm 长的倒角，其角度为 15°～30°，不允许有毛刺，如图 3-5 和图 3-6 所示。

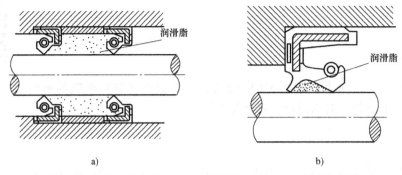

a)   b)

图 3-3　油封一前一后安装以及使用防尘唇时油封润滑示意图

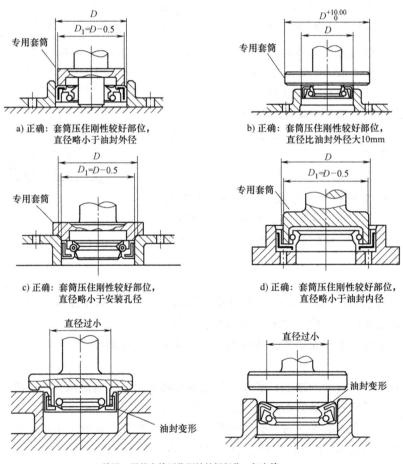

a) 正确: 套筒压住刚性较好部位,
直径略小于油封外径

b) 正确: 套筒压住刚性较好部位,
直径比油封外径大10mm

c) 正确: 套筒压住刚性较好部位,
直径略小于安装孔径

d) 正确: 套筒压住刚性较好部位,
直径小于油封内径

e) 错误: 尽管套筒压住刚性较好部位, 但套筒
直径过小, 造成油封变形

图 3-4　油封装配专用套筒结构及套筒尺寸控制示意图

（3）必要时使用安装防护套。如图 3-6 所示，当轴上有键槽、螺纹或其他不规则部位时，为防止密封唇沿着轴表面滑动而损坏油封，建议采用专用安装防护套将轴保护起来，也可事先用油纸或硬塑料膜（俗称玻璃纸）包裹轴的接触部分，在其表面抹上少许润滑油，将油封套进裹着塑料膜的轴头，均匀用力将油封慢慢推压至轴颈，然后将塑料膜抽出。

（4）应保证轴颈和油封座中心一致，如图 3-7 所示。

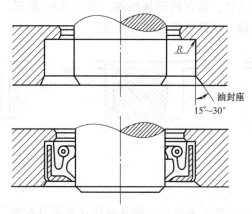

图 3-5 油封装配时的导入角

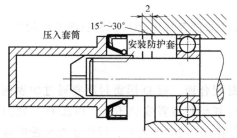

图 3-6 孔口导入角及安装防护套的使用

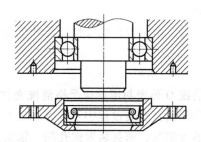

图 3-7 轴颈和油封座中心一致

二、O 形密封圈装配

O 形密封圈因结构简单、成本低廉、使用方便、使用范围广（密封压力从 1.33×10^{-5} Pa 的真空到 400MPa 的高压）且密封性不受运动方向的影响而得到了广泛的应用。

（一）O 形密封圈的结构及密封机理

1. O 形密封圈的结构

O 形密封圈为圆形截面，密封圈及其安装沟槽结构尺寸均已标准化（GB/T 3452.1—2005）。O 形密封圈的材料主要有耐油橡胶、尼龙、聚氨酯等。

2. O 形密封圈的密封机理

如图 3-8 所示，O 形密封圈在安装时有一定的预压缩，同时受油压作用产生变形，紧贴密封表面而实现密封。安装时，其径向和轴向的预压缩赋予 O 形密封圈自身的初始密封能力。

O 形密封圈具备自封性，即其密封性可随系统压力的提高而增大。

（二）O 形密封圈的应用特性

1. O 形密封圈的挤入缝隙现象

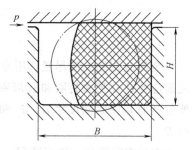

图 3-8 O 形密封圈的密封机理

当静密封压力 $p > 32$MPa 或动密封压力 $p > 10$MPa 时，O 形密封圈有可能被压力油挤入缝隙而损坏，如图 3-9a 所示。为此可在 O 形密封圈低压侧安置聚四氟乙烯挡圈，如图 3-9b 所示。当 O 形密封圈双向受压时，需在两侧加挡圈，如图 3-9c 所示。也可以改用硬度高的橡胶密封圈，有效地防止 O 形密封圈的挤入缝隙现象。

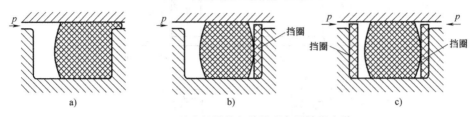

图 3-9　O 形密封圈挤入缝隙现象及挡圈安装

2. O 形密封圈的永久性变形

O 形密封圈在外加载荷或变形去除后，都具有迅速恢复其原来形状的能力，但在长期使用之后总有某种程度的变形不能恢复，称作"永久性变形"，该现象使 O 形密封圈的密封能力下降。

另外，由于弹性橡胶性能受环境变化影响，应注意储存环境对 O 形密封圈质量的影响。

（三）　O 形密封圈的装配与润滑

1. O 形密封圈的装配要求

装配 O 形密封圈前应严格清洗密封沟槽、密封配合面，对 O 形密封圈要通过的表面应涂敷润滑脂；安装过程中不允许出现 O 形密封圈被划伤和位置安装不正，以及 O 形密封圈被扭曲等情况；密封装置的孔端、轴端或孔口应采用 10°～20° 导入角，以防止在装配时损坏 O 形密封圈，如图 3-10 所示。

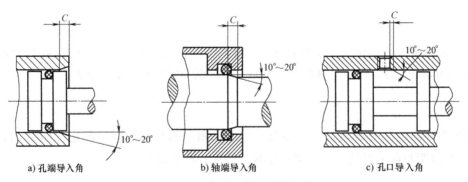

a) 孔端导入角　　　　　　b) 轴端导入角　　　　　　c) 孔口导入角

图 3-10　O 形密封圈密封装置的导入角

2. O 形密封圈的装配步骤

装配 O 形密封圈尽量选用专用工具套件，它可以使 O 形密封圈拆装较易进行。在装配之前应检查 O 形密封圈和 O 形密封圈沟槽的尺寸及表面质量，相关尺寸如图 3-11 所示，主要包括 O 形密封圈尺寸 D、d_1 和 d_2，阀杆直径 D_1、沟槽直径 d、沟槽宽度 L 以及安装孔直径 D_2。

在检查完毕后，进行装配。装配步骤如下：

（1）用专用润滑剂润滑 O 形密封圈。

（2）用专用工具将 O 形密封圈放入密封装置（如阀杆）沟槽内，并防止其发生扭曲变形。

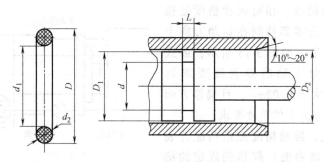

图 3-11　O 形密封圈及 O 形密封圈沟槽尺寸检测

（3）检查 O 形密封圈装配是否正确。

（4）将装配好的密封分组件装入与其相配的圆柱孔内，定位并紧固。

3. O 形密封圈的润滑

在装配中，O 形密封件及其配合件必须有良好的润滑，但是由于某些润滑剂对橡胶密封件可能产生不良影响（膨胀或收缩），应当采用专用 O 形密封圈润滑剂，如埃科润滑脂 Ec-coGrease EM71-2。

三、装配精度与装配方法

（一）装配精度

1. 认识装配精度

10. 装配精度

装配精度是指产品装配后几何参数实际达到的精度，主要包括尺寸精度、位置精度、相对运动精度和接触精度。

（1）尺寸精度。尺寸精度是指零部件的距离精度和配合精度。

如本项目中齿轮泵两齿轮中心距要求（即距离精度），长短轴轴颈与轴承内圈间的配合要求以及两齿轮的齿顶圆与泵体内孔孔径间的配合要求（即配合精度）都属于尺寸精度。

（2）位置精度。位置精度是指相关零件的平行度、垂直度和同轴度等方面的要求。

如图 3-12 所示，某铣床主轴部件中要求调整螺母 6 的右端面圆跳动量应在 0.005mm 内，其两端面的平行度误差应在 0.001mm 内，否则将对主轴的径向圆跳动产生一定影响。0.001mm 的平行度要求即为位置精度要求，在装配中对调整螺母 6 的右端面应进行严格调整。

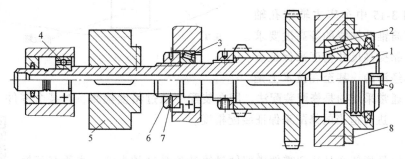

图 3-12　某铣床主轴部件结构图

1—主轴　2、3—圆锥滚子轴承　4—深沟球轴承　5—飞轮　6—调整螺母　7—紧固螺钉　8—法兰盘　9—端面键

（3）相对运动精度。相对运动精度是指产品中有相对运动的零部件间在运动方向上和相对速度上的精度。如图 3-13 所示，卧式车床中刀架移动对主轴的垂直度要求每300mm 上偏差值不大于 0.02mm，且偏差方向 α≥90°，此为运动方向上的精度要求。

（4）接触精度。接触精度是指两配合表面（接触表面和连接表面）间达到规定的接触面积大小和接触点分布情况。

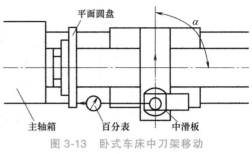

图 3-13　卧式车床中刀架移动
对主轴的垂直度要求

如图 3-14 所示，CA6140 型车床床鞍与床身导轨结合面的刮削要求是接触点在 25mm×25mm 检验框内在两端不少于 12 点，中间接触点在 8 点以上；在修刮和安装好前后压板后，应保证床鞍在全部行程上滑动均匀，用 0.4mm 塞尺检查，插入深度不大于 10mm。

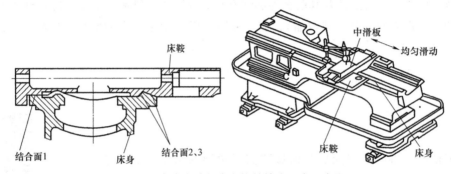

图 3-14　车床床鞍与床身接触精度要求示意图

2. 装配精度与零件精度的关系

装配精度既取决于零件精度，又取决于装配方法。

一方面，装配精度与相关零部件制造误差的累积有关。如图 3-15 所示，CA6140 型车床主轴锥孔轴线和尾座套筒锥孔轴线的等高度（要求为尾座高于主轴0.04mm）主要取决于主轴箱、尾座及尾座垫板的尺寸精度。

另一方面，装配精度又取决于装配方法。图 3-15 中车床主轴锥孔轴线和尾座套筒锥孔轴线的等高度要求很高，如果靠提高尺寸精度来保证装配精度是不经济的，甚至在技术上是

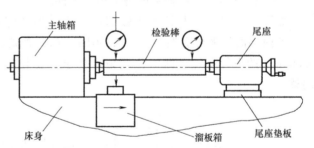

图 3-15　卧式车床主轴箱和尾座两顶尖等高度的检验示意图

不可行的。通常采用的是修配装配法，即在装配中通过精度检测，对某个零件（图 3-15 中的尾座垫板）进行适当的修配来保证装配精度。

（二）装配方法

装配方法是指使产品达到零件或部件最终装配精度的方法，主要有互换装配法、选配装配法、修配装配法和调整装配法。

11. 装配方法

1. 互换装配法

在同类零件中，任取一个装配零件，不经挑选、修配或调整即可装入部件中，并能达到规定的装配要求，这种装配方法称为互换装配法。采用互换法装配时，其装配精度主要取决于零件的制造精度。

（1）完全互换法。在全部产品中，装配时各组成环不需要挑选或不需要改变其大小或位置，装配后即能达到装配精度要求的装配方法，称为完全互换法。

完全互换法的优点是装配操作简便、生产率高，容易确定装配时间，便于组织流水装配线，零件磨损后便于更换等，其缺点是零件加工精度要求高，制造费用随之增加，故适用于大批大量生产中零件可以采用经济加工精度的场合（如高精度少环或低精度多环）。

（2）不完全互换法。不完全互换法的实质是将组成环的制造公差适当放大，使零件容易加工，这会使极少数产品的装配精度超出规定要求，但这种事件是小概率事件，可采取另外的返修措施，从总的经济效果分析，仍然是经济可行的。不完全互换法尤其适用于大批大量生产中较高精度的多环尺寸链。

2. 选配装配法

选配装配法有直接选配法、分组选配法及复合选配法三种。

（1）直接选配法是由装配工人直接从一批零件中选择"合适"的零件进行装配。这种方法较简单，其装配质量凭工人的经验和感觉来确定，装配效率不高，多用于装配节拍时间要求不严的中小批量生产。

（2）分组选配法是将一批零件逐一测量后，按实际尺寸的大小分成若干组（一般不超过4组），然后将尺寸大的包容件（如孔）与尺寸大的被包容件（如轴）相配，将尺寸小的包容件与尺寸小的被包容件相配，分组对应存放。此法配合精度取决于分组数，即增加分组数可以提高装配精度，常用于大批量生产中装配精度要求很高、组成环数较少的场合，如发动机活塞销与活塞的装配。分组选配法的特点：经分组选配后零件的配合精度高；因零件制造公差放大，所以加工成本降低；增加了对零件测量分组的工作量，并需要加强对零件的储存和运输管理，可能造成半成品和零件的积压。

（3）复合选配法是直接选配法和分组选配法的综合，即预先测量分组，装配时再在各对应组内凭工人经验直接选配。其特点是配合件公差可以不等，装配质量高且速度较快，能满足一定的节拍要求，适用于成批生产、高精度少环尺寸链，如发动机气缸与活塞的装配。

3. 修配装配法

修配装配法是指装配时修去指定零件上预留修配量以达到装配精度的装配方法，如装配CA6140型车床尾座时采用修配尾座垫板的工艺措施保证尾座套筒与主轴轴线等高度的方法。

修配装配法适用于单件或成批生产中装配精度高的多环尺寸链，其特点是通过修配得到装配精度，可降低零件制造精度；但装配周期长，生产率低，对工人技术水平要求高。

4. 调整装配法

调整装配法即装配时调整某一零件的位置或尺寸以达到装配精度的装配方法。除必须采用分组装配的精密配件外，调整装配法一般可用于各种装配场合。

调整装配法与修配装配法在补偿原则上是相似的，都是按经济加工精度确定零件公差，由于每一个组成环公差扩大，结果使一部分装配件超差，修配装配法是靠去除金属的方法来达到装配精度，调整装配法则是靠改变可调整件的位置或更换可调整件的方法来保证装配精度。

根据调整件的调整特征，调整装配法分为可动调整法、固定调整法和误差抵消调整法三种。

（1）可动调整法是用改变调整件的位置来达到装配精度的方法，一般采用斜面、螺纹、锥面等移动可调整件的位置。图 3-16 所示为可动调整法应用示意，图 3-16a 所示为采用调整楔块 3 的上下位置以调整丝杠副的轴向间隙，图 3-16b 所示为采用转动螺钉 7 改变调整件 6 的位置从而调整轴承外环的位置以得到合适的轴向间隙。

（2）固定调整法是通过选择一个零件（或加入一个零件）作为调整件，根据装配精度来确定调整件的尺寸，以达到装配精度的方法。常用的调整件有轴套、垫片、垫圈和圆环。调整件需预先按一定间隙尺寸做好，以供选用。图 3-17 所示齿轮装配中，当齿轮的轴向窜动量 A_Δ 有严格要求时即可采用固定调整法。此时，需要在结构上专门加入一个尺寸为 A_K 的垫圈作为固定调整件，装配时根据间隙要求，选择不同厚度的垫圈。

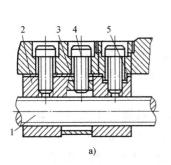

a)

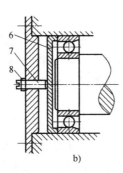

b)

图 3-16 可动调整法应用示意

1—丝杠 2、5—螺母 3—楔块 4—调节螺钉
6—调整件 7—螺钉 8—锁紧螺母

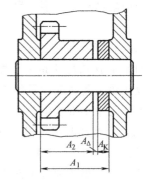

图 3-17 固定调整法应用示意

（3）误差抵消调整法又称为定向装配法。装配前测量组成零件误差，并用记号笔记下误差方向，装配时通过调整某些相关零件误差的方向，使正误差和负误差相互抵消，这样各相关零件的公差可以扩大，同时又能保证较高的装配精度。采用误差抵消调整法时，每台产品装配时均需测出整体优势误差的大小和方向并计算出数值，这会影响生产率，对工人技术水平要求也高，因此，除了单件小批量生产的工艺装备和精密机床采用此方法外，一般很少采用。

四、装配尺寸链计算

（一）装配尺寸链的建立

1. 装配尺寸链的形成

12. 装配尺寸
链的建立

在装配过程中，把影响某一装配精度的有关尺寸彼此按顺序连接起来，可构成一个封闭的尺寸组，这就是装配尺寸链的形成，其组成尺寸为不同零件的设计尺寸。

如图 3-18a 所示，齿轮孔与轴配合间隙 A_Δ 的大小与孔径 A_1 及轴径 A_2 的大小有关。如图 3-18b 所示，齿轮端面和箱内壁凸台端面配合间隙 B_Δ 的大小与箱内壁凸台端面距离尺寸 B_1、齿轮宽度 B_2 及垫圈厚度 B_3 的大小有关。图中的几个尺寸 A_Δ—A_1—A_2、B_Δ—B_1—B_2—

B_3 即构成装配尺寸链，如图 3-19 所示。

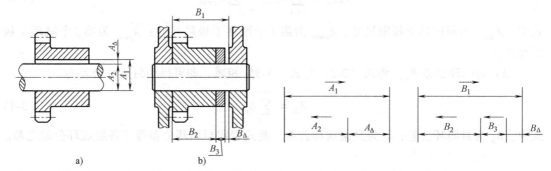

图 3-18　装配尺寸链的形成　　　　　　　图 3-19　装配尺寸链示意图

2. 装配尺寸链的环

构成装配尺寸链的每一个尺寸都称为该尺寸链的"环"，每个装配尺寸链至少应有三个环，即封闭环、增环和减环，其中增环和减环又称为组成环。封闭环是在装配过程中，最后自然形成的尺寸，一个装配尺寸链只有一个封闭环，如图 3-19 中的 A_Δ、B_Δ。装配尺寸链中，封闭环即装配技术要求。组成环是指装配尺寸链中除封闭环以外的其余尺寸，同一装配尺寸链中的组成环用同一字母表示，如图 3-19 中的 A_1、A_2、B_1、B_2、B_3。

在其他组成环不变的条件下，当某一组成环增大时，封闭环随之增大，那么该组成环称为增环，如图 3-19 中 A_1、B_1 为增环。增环用符号 $\overrightarrow{A_1}$、$\overrightarrow{B_1}$ 表示。

在其他组成环不变的条件下，当某一组成环增大时，封闭环随之减小，那么该组成环称为减环，如图 3-19 中 A_2、B_2、B_3 为减环。减环用符号 $\overleftarrow{A_2}$、$\overleftarrow{B_2}$、$\overleftarrow{B_3}$ 表示。

增环和减环的简易判断方法：在装配尺寸链图上，假设一个旋转方向，即由装配尺寸链任一环的基面出发，绕其轮廓顺时针方向或逆时针方向转一周，回到这一基面，按该旋转方向给每个环标出箭头，凡是箭头方向与封闭环相反的为增环，箭头方向与封闭环相同的即为减环。

3. 封闭环极限尺寸及公差

封闭环的公称尺寸为所有增环公称尺寸之和与所有减环公称尺寸之和的差值，即

$$A_\Delta = \sum_{i=1}^{m} \overrightarrow{A_i} - \sum_{j=1}^{n} \overleftarrow{A_j} \qquad (3\text{-}1)$$

式中，m 为增环的数目；n 为减环的数目。

由此可以得出封闭环极限尺寸与各组成环极限尺寸的关系。

（1）封闭环上极限尺寸 $A_{\Delta\max}$。当所有增环都为上极限尺寸，而减环都为下极限尺寸时，封闭环为上极限尺寸。

$$A_{\Delta\max} = \sum_{i=1}^{m} \overrightarrow{A_{i\max}} - \sum_{j=1}^{n} \overleftarrow{A_{j\min}} \qquad (3\text{-}2)$$

式中，$A_{\Delta\max}$ 为封闭环上极限尺寸；$\overrightarrow{A_{i\max}}$ 为第 i 个增环上极限尺寸；$\overleftarrow{A_{j\min}}$ 为第 j 个减环下极限尺寸。

（2）封闭环下极限尺寸 $A_{\Delta\min}$。当所有增环均为下极限尺寸，而减环均为上极限尺寸时，封闭环为下极限尺寸。

$$A_{\Delta \min} = \sum_{i=1}^{m} \overrightarrow{A}_{i\min} - \sum_{j=1}^{n} \overleftarrow{A}_{j\max} \tag{3-3}$$

式中，$A_{\Delta \min}$ 为封闭环下极限尺寸；$\overrightarrow{A}_{i\min}$ 为第 i 个增环下极限尺寸；$\overleftarrow{A}_{j\max}$ 为第 j 个减环上极限尺寸。

（3）封闭环公差 δ_{Δ}。将式（3-2）与式（3-3）相减，即可得到封闭环公差为

$$\delta_{\Delta} = \sum_{i=1}^{m+n} \delta_i \tag{3-4}$$

式中，δ_{Δ} 为封闭环公差；δ_i 为某组成环公差。此式表明封闭环公差等于各组成环公差之和。

4. 装配尺寸链的建立

装配尺寸链的建立步骤：首先确定封闭环，其次查明各组成环，然后绘出装配尺寸链简图，最后判别各组成环的性质（即增环或减环）。

装配尺寸链可在装配图中找出，绘制简图时通常不绘出装配部分的具体结构，也不必按严格的比例，而只是依次绘出各有关尺寸，排列成尺寸封闭图形即可。应先绘出有装配要求的尺寸（封闭环），然后依次绘出与该项要求有关联的各个尺寸（组成环）。

图 3-20 为某轴组的装配图，图中 $A_1 \sim A_5$ 分别为壳体 1、壳体 2、套筒 2、齿轮轴及套筒 1 的相应轴向结构尺寸，公称尺寸分别为 $A_1 = 28\text{mm}$，$A_2 = 122\text{mm}$，$A_3 = A_5 = 5\text{mm}$，$A_4 = 140\text{mm}$；A_0 是装配后所要求达到的轴向窜动尺寸（$0.2 \sim 0.7\text{mm}$）。所绘制的装配尺寸链如图 3-21 所示，其中，A_0 为封闭环，A_1 和 A_2 为增环，A_3、A_4 及 A_5 为减环。

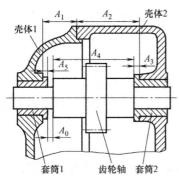

图 3-20　某轴组的装配图

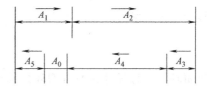

图 3-21　某轴组的装配尺寸链建立示意图

（二）装配尺寸链的解法

1. 装配尺寸链的计算顺序

根据装配精度对有关尺寸链进行正确分析，并合理分配各组成环公差的过程，称为解尺寸链。它是保证装配精度、降低产品制造成本、正确选择装配方法的重要依据。

图 3-22 所示为装配尺寸链的计算步骤。

2. 装配尺寸链的计算类型

解尺寸链分为正计算法、反计算法及中间计算法三种计算类型。

正计算法即已知组成环的公称尺寸及极限偏差，求出封闭环的公称尺寸及极限偏差。该方法主要用于工艺验证，确认产品装配后是否满足装配技术要求。

反计算法即已知封闭环的公称尺寸及极限偏差，求各组成环的公称尺寸及极限偏差。该方法主要用于工艺设计，确定各装配零件公差。反计算法中可利用"协调环"计算装配尺

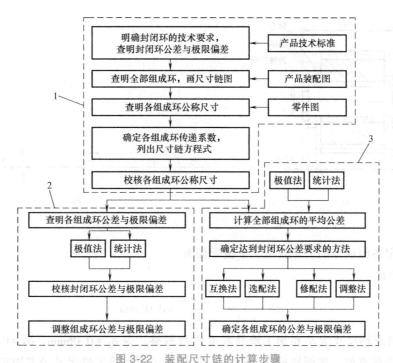

图 3-22 装配尺寸链的计算步骤

1—公称尺寸计算 2—公差设计计算 3—公差校核计算

寸链,即在组成环中选择一个比较容易加工或在加工中受限制较少的组成环作为"协调环",先按经济精度确定其他环的公差及极限偏差,然后利用公式算出"协调环"的公差及极限偏差。

中间计算法即已知封闭环及组成环的公称尺寸及极限偏差,求另一组成环的公称尺寸及极限偏差。

不论采用何种装配方法,都要应用尺寸链的概念,正确解决装配精度与零件制造精度关系,即封闭环公差与组成环公差的合理分配问题。

(三)装配尺寸链的解法示例

1. 采用完全互换法解装配尺寸链

完全互换法的装配精度由零件制造精度保证。

例 3-1 在图 3-23a 所示的装配关系中,轴是固定的,齿轮在轴上回转,要求保证齿轮与挡圈之间的轴向间隙为 0.10~0.35mm。已知 $A_1 = 30$mm, $A_2 = 5$mm, $A_3 = 43$mm, $A_4 = 3_{-0.05}^{0}$mm(标准件), $A_5 = 5$mm,采用完全互换法,求各组成环尺寸和公差。

解 (1)画装配尺寸链,如图 3-23b 所示。

(2)判断各环性质。A_0 为封闭环,$\overrightarrow{A_3}$ 为增环,$\overleftarrow{A_1}$、$\overleftarrow{A_2}$、$\overleftarrow{A_4}$、$\overleftarrow{A_5}$ 均为减环。

(3)确定封闭环的公称尺寸。

$$A_0 = A_3 - (A_1 + A_2 + A_4 + A_5)$$
$$= 43\text{mm} - (30 + 5 + 3 + 5)\text{mm}$$
$$= 0\text{mm}$$

故 $A_0 = 0_{+0.1}^{+0.35}$mm。

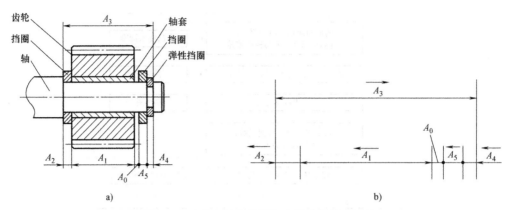

图 3-23　齿轮与轴的装配示意图及装配尺寸链

（4）确定各组成环的公差及上、下极限偏差。

先平均分配：

$$\bar{\delta} = \frac{\delta_0}{n-1} = \frac{0.25\text{mm}}{5} = 0.05\text{mm}$$

再按各组成环尺寸大小和加工难易程度进行调整。令 $\delta_1 = 0.06\text{mm}$，$\delta_2 = 0.02\text{mm}$，$\delta_3 = 0.1\text{mm}$，A_4 为标准件，按图样标注，根据入体原则（指标注工件尺寸公差时应向材料实体方向单向标注）标注得到：

$$A_1 = 30_{-0.06}^{0}\text{mm}, A_2 = 5_{-0.02}^{0}\text{mm}$$

$$A_3 = 43_{0}^{+0.1}\text{mm}, A_4 = 3_{-0.05}^{0}\text{mm}$$

（5）计算协调环 A_5 的公差和上、下极限偏差。

选 A_5 为协调环，协调环是特意留下的一个组成环，它的公差大小应在上面分配封闭环公差时，经济合理地统一确定：

$$\delta_5 = \delta_0 - (\delta_1 + \delta_2 + \delta_3 + \delta_4)$$

$$= 0.25\text{mm} - (0.06 + 0.02 + 0.1 + 0.05)\text{mm} = 0.02\text{mm}$$

其上、下极限偏差必须满足装配技术条件，通过计算得到，按入体原则标注。

$$\delta_{0\max} = \text{ES}_3 - (\text{ei}_1 + \text{ei}_2 + \text{ei}_4 + \text{ei}_5)$$

$$0.35\text{mm} = +0.1\text{mm} - (-0.06\text{mm} - 0.02\text{mm} - 0.05\text{mm} + \text{ei}_5)$$

$$\text{ei}_5 = -0.12\text{mm}$$

$$\delta_5 = \text{es}_5 - \text{ei}_5 = 0.02\text{mm}$$

$$\text{es}_5 = 0.02\text{mm} + (-0.12)\text{mm} = -0.10\text{mm}$$

$$A_5 = 5_{-0.12}^{-0.10}\text{mm}$$

验算：$\delta_{0\max} = \delta_1 + \delta_2 + \delta_3 + \delta_4 + \delta_5 = (0.06 + 0.02 + 0.1 + 0.05 + 0.02)\text{mm} = 0.25\text{mm}$

因此满足装配精度要求。

所以各组成环的尺寸及公差为

$$A_1 = 30_{-0.06}^{0}\text{mm}, A_2 = 5_{-0.02}^{0}\text{mm}, A_3 = 43_{0}^{+0.1}\text{mm}, A_4 = 3_{-0.05}^{0}\text{mm}, A_5 = 5_{-0.12}^{-0.10}\text{mm}$$

$$\delta_1 = 0.06\text{mm}, \delta_2 = 0.02\text{mm}, \delta_3 = 0.1\text{mm}, \delta_4 = 0.05\text{mm}, \delta_5 = 0.02\text{mm}$$

2. 采用分组选配法解装配尺寸链

分组选配法装配质量不是取决于零件制造公差，而是取决于分组情况。

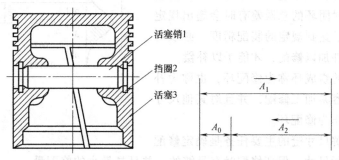

图 3-24 活塞与活塞销装配简图及装配尺寸链

例 3-2 如图 3-24 所示，活塞销直径 d 与活塞销孔直径 D 的公称尺寸为 $\phi28mm$，要求在冷态装配时销孔之间应有 $0.0025 \sim 0.0075mm$ 的过盈量。若活塞销和活塞销孔的加工经济精度（活塞销采用精密无心磨加工，活塞销孔采用精镗加工）为 $0.01mm$，现采用分组选配法进行装配，试确定活塞销孔与活塞销直径分组数目和分组尺寸。

解 （1）画装配尺寸链。A_0 为过盈量，是尺寸链的封闭环；A_1 为活塞销的直径尺寸，A_2 为活塞销孔的直径尺寸，是组成环。

（2）确定分组数。首先按完全互换法确定各组成环的公差和极限偏差值。

$$\delta_0 = (-0.0025)mm - (-0.0075)mm = 0.0050mm$$

取 $\delta_1 = \delta_2 = 0.0025mm$，则销子的直径（基轴制原则）应为 $A_1 = \phi28_{-0.0025}^{0}mm$。

据题意有 $0.0025 \sim 0.0075mm$ 过盈量，所以销孔的直径应为 $A_2 = \phi28_{-0.0075}^{-0.0050}mm$。

制造公差为 $0.01mm$，要求装配公差为 $0.0025mm$，故将组成环的公差均扩大 4 倍以满足要求，$0.0025mm \times 4 = 0.01mm$，分组数为 4。

（3）确定分组尺寸。

活塞销直径尺寸定为 $A_1 = \phi28_{-0.01}^{0}mm$；活塞销孔直径定为 $A_2 = \phi28_{-0.015}^{-0.005}mm$。

将上述尺寸分为 4 组，各组直径尺寸列于表 3-1 中，活塞销与活塞销孔分组公差带如图 3-25 所示，每组获得的过盈量均为 $0.0025 \sim 0.0075mm$。

表 3-1 活塞销孔与活塞销直径分组尺寸 （单位：mm）

组别	标志颜色	活塞销直径	活塞销孔直径
I	蓝	$\phi28_{-0.0025}^{0}$	$\phi28_{-0.0075}^{-0.0050}$
II	红	$\phi28_{-0.0050}^{-0.0025}$	$\phi28_{-0.0100}^{-0.0075}$
III	白	$\phi28_{-0.0075}^{-0.0050}$	$\phi28_{-0.0125}^{-0.0100}$
IV	黑	$\phi28_{-0.0100}^{-0.0075}$	$\phi28_{-0.0150}^{-0.0125}$

3. 采用修配法解装配尺寸链

采用修配法时，尺寸链各尺寸均按经济公差制造。装配时，封闭环的总误差有时会超出规定的允许范围，为了达到规定的装配精度，必须对尺寸链中某一零件加以修配，才能予以补偿。

要进行修配的组成环称为修配环，也称为补偿环。通常选择容易加工修配，并且对其他尺寸没有影响的零件作为修配环。

采用修配法解尺寸链的主要任务是确定修配

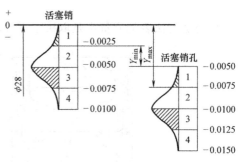

图 3-25　活塞销与活塞销孔的尺寸公差带

环在加工时的实际尺寸，保证修配时有足够的、并且是最小的修配量。

例 3-3　如图 3-26 所示，为保证精度，卧式车床前后顶尖中心线只允许尾座高出 $0 \sim 0.06$ mm。已知 $A_1 = 202$ mm，$A_2 = 46$ mm，$A_3 = 156$ mm，组成环经济公差分别为 $\delta_1 = \delta_3 = 0.1$ mm（镗模加工），$\delta_2 = 0.5$ mm（半精刨）。试用修配法解该尺寸链。

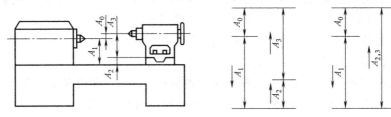

图 3-26　车床前后顶尖中心线等高度尺寸链简图

解　（1）画出装配尺寸链。实际生产中通常把尾座和尾座垫板的接触面先配制好，并以尾座垫板的底面为定位基准，精镗尾座顶尖套筒孔，其经济加工精度为 0.1mm。装配时，尾座与垫板是作为一个整体进入总装的，因此，原组成环 A_2 和 A_3 合并成一个环 $A_{2,3}$。

此时，装配精度取决于 A_1 的制造精度 $\delta_1 = 0.1$ mm 及 $A_{2,3}$ 的制造精度（也等于 0.1mm）。选定 $A_{2,3}$ 为修配环。

（2）根据经济加工精度确定各组成环的制造公差及公差带分布位置，如图 3-27 所示。

$$A_1 = (202 \pm 0.05) \text{mm}$$

$$A_{2,3} = A_2 + A_3 = (46\text{mm} + 156\text{mm}) \pm 0.05\text{mm} = (202 \pm 0.05)\text{mm}$$

（3）确定修配环尺寸。对 A_1 及 $A_{2,3}$ 的极限尺寸进行分析可知，当 $A_{1\text{min}} = 201.95$ mm，$A_{2,3\text{max}} = 202.05$ mm 时，要满足装配要求，$A_{2,3}$ 应有 $0.04 \sim 0.10$ mm 的刮削余量，刮削后 A_0 为 $0 \sim 0.06$ mm；当 $A_{1\text{max}} = 202.05$ mm，$A_{2,3\text{min}} = 201.95$ mm 时，已没有刮削余量。为了保证必要的刮削余量，就应将 $A_{2,3}$ 的极限尺寸加大；为使刮削量不致过大，又应限制

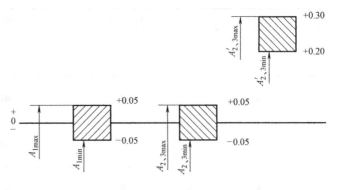

图 3-27　各组成环的制造公差及公差带

$A_{2,3}$ 的增大值,一般认为最小刮削余量不应小于 0.15mm。这样,为保证当 $A_{1max}=202.05$mm 时仍有 0.15mm 的刮削余量,则应使修配环的下极限尺寸为 202.05mm+0.15mm=202.20mm。考虑到 $A_{2,3}$ 的制造公差,则 $A'_{2,3}=202.20$mm+0.10mm=202.30mm。所以,修配环的实际尺寸为 $A'_{2,3}=202^{+0.30}_{+0.20}$mm。

（4）计算最大刮削量 Z_K。由图 3-27 可知,当 $A'_{2,3max}=202.30$mm,$A_{1min}=201.95$mm 时,若要满足装配要求,$A'_{2,3max}$ 应刮削至 $201.95 \sim 202.01$mm,刮削余量为 $0.29 \sim 0.35$mm,此余量为最大刮削量。

五、装配中的调整

（一）认识装配中的调整

1. 调整的含义

装配中的调整就是按照规定的技术规范调整零件或机构的相互间位置、配合间隙与松紧程度,以使设备工作协调可靠。

2. 调整的程序

装配中的调整基本程序是:首先确定调整基准面,校正基准件的准确性,再测量实际位置偏差,并进行分析以确定调整方案;其次进行补偿,在调整工作中,只有通过改变尺寸链中某一环节的尺寸,才能达到调整的目的;然后根据方案进行调整,即以基准面为基准,调节相关零件或机构,使其位置偏差、配合间隙及结合松紧在技术范围内;最后进行紧固,即对调整合格的零件或机构的位置进行固定。

（二）装配中的调整示例

例 3-4 图 3-28 所示蜗轮蜗杆机构要求蜗杆轴轴向间隙 Δ 为 $0.01 \sim 0.02$mm,装配中应对间隙进行调整。

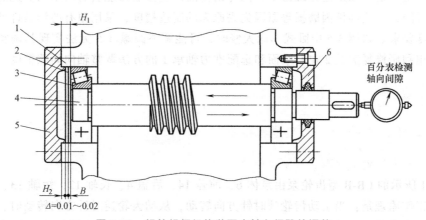

图 3-28 蜗轮蜗杆机构装配中轴向间隙的调整

1—箱体 2—调整垫片 3—圆锥滚子轴承 4—蜗杆轴 5—轴承闷盖 6—轴承透盖

调整程序如下:

（1）装配。装配时首先将蜗杆轴 4 与两圆锥滚子轴承 3 内圈合成的组件装入箱体 1,然后从箱体孔的两端装入两轴承外圈,再装入右轴承透盖组件,并用螺钉紧固和固定。

（2）调整。此时可轻轻敲击蜗杆轴 4 左端,使右端的轴承消除间隙贴紧轴承透盖 6,再装入调整垫片 2 和轴承闷盖 5，调整垫片 2 的厚度 $B=(H_1-H_2)-0.01\text{mm}$，$H_1$ 和 H_2 分别为图 3-28 中箱体 1 和轴承闷盖 5 的深度安装尺寸，通过游标卡尺测量得到，然后用螺钉紧固。最后用百分表在蜗杆轴 4 的伸出端进行实际轴向间隙检查，应保证轴向间隙 $\Delta = 0.01 \sim 0.02\text{mm}$。根据检查情况，通过修配或更换调整垫片 2 的方法进行进一步调整，直至符合间隙要求。

例 3-5 图 3-29 所示为卧式车床进给箱部件装配中丝杠连接轴的轴向间隙检测示意图，要求丝杠传动平稳，轴向窜动量控制在 $0.01 \sim 0.015\text{mm}$，请分析其调整方法和调整程序。

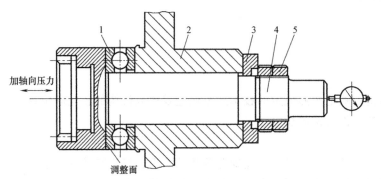

图 3-29 卧式车床进给箱丝杠连接轴轴向间隙检测示意图

1—推力轴承 2—法兰 3—止推环 4—连接轴 5—圆螺母

该组件轴向窜动量可以通过调整推力轴承的轴向间隙达到，圆螺母为调整件。

调整程序：选择丝杠连接轴的右端面作为调整基准面，拧动圆螺母使其沿轴向移动，施加轴向力，用百分表检查其轴向窜动量 Δ，调整圆螺母位置直至窜动量符合技术要求，紧固圆螺母以固定调整位置。

值得一提的是，如果是在维修中，同样结构的调整方法可能会有所不同。此时设备已使用了一定时间，一些零件因磨损等原因失去原来的制造精度，采用原有的调整件调整可能无法达到精度要求。如例 3-5 中卧式车床大修时，可能调整圆螺母 5 无法实现其调整精度，此时可以采用刮研修复法兰 2 左右端面和选配推力轴承 1 的方法调整轴向间隙精度。

项目实施

一、齿轮泵装配与调整工量具准备

1. CB-B 型齿轮泵的组成与原理分析

图 3-1 所示的 CB-B 型齿轮泵由泵体 6、前盖 14、后盖 4、长轴 12、短轴 13、齿轮 7 等组成。其工作原理是：当主动齿轮顺时针方向转动，从动齿轮逆时针方向转动时，齿轮啮合区左边的压力降低，油池中的油在大气压力作用下，从进油口进入泵腔内。随着齿轮的转动，齿槽中的油不断被轮齿带到右边，高压油从出油口送到输油系统。

2. 安装与连接部位分析

齿轮泵前、后盖与泵体用内六角螺钉连接，用圆锥销定位；两齿轮与长、短轴用平键连接，轴向用两卡环定位，长、短轴用装在前、后泵盖内的滚针轴承或滑动轴承支承，轴向位置靠齿轮端面与前、后盖内侧面接触而定位。为了防止漏油及灰尘、水分进入泵体内，前、后盖上开有泄油孔，泵体两侧开有封油槽，将径向和轴向泄漏的油引回吸油腔，还在主动齿轮轴的伸出端装有骨架油封装置。另外，法兰与前盖为过盈连接，其外圆表面用于泵安装时定位。

3. 拆装方法分析

齿轮泵的拆装涉及螺纹连接、键连接、销连接、过盈连接、轴承、骨架油封及齿轮拆装方法。

4. 工量具准备

齿轮泵装调工量具及物料准备见表 3-2。

表 3-2　齿轮泵装调工量具及物料准备

名称	材料或规格	数量	备注
内六角螺钉旋具	套	1	用于螺纹连接装配
尖嘴钳		1	用于卡环装配
游标卡尺	150mm	1	尺寸测量
锤子		1	用于销连接、轴承装配等
橡胶锤		1	用于齿轮装配等
冲子		1	用于销连接装配
铜棒		1	用于销连接装配
外径千分尺		1	尺寸测量
内径千分尺		1	尺寸测量
清洁布		若干	清洁零件
油纸		若干张	用于装配骨架油封
润滑油		少量	用于装配骨架油封、轴承

二、齿轮泵装配与调整步骤

1. 绘制装配单元系统图

（1）CB-B 型齿轮泵装配精度分析。CB-B 型齿轮泵尺寸精度中的配合精度有：长轴 12 及短轴 13 与轴承 3 之间的配合精度，如 $\phi18H7/h6$；长轴 12 及短轴 13 与齿轮之间的配合精度，如 $\phi20H7/h6$；长轴 12 与骨架油封的配合精度，如 $\phi18H7/h6$；齿轮与泵体轴向配合精度，如 25H8/h7，径向配合精度，如 $\phi48H8/h7$。距离精度有长短轴中心距精度，如 42H8。其接触精度要求是齿轮泵装配好后，齿轮啮合面应占全齿长的 2/3 以上，泵体和泵盖的平面度不能超过 0.005mm，以保证泵工作时不吸入空气。

装配技术要求还包括齿轮泵装配好后，用手转动齿轮时不得有卡阻现象；起动后不能有泄漏。

（2）CB-B 型齿轮泵装配方法分析。CB-B 型齿轮泵在装配时采用完全互换法，即用制造精度保证装配精度。CB-B 型齿轮泵的装配精度要求不高，配合精度及距离精度为 IT6 ~ IT8，均可通过经济制造精度达到；前、后泵盖与泵体间为硬接触，泵盖与泵体接触面可通过研磨加工，使其平面度误差不超过 0.005mm。

（3）绘制装配单元系统图。在完成装配精度和装配方法分析后，划分装配单元，拟订装配顺序，绘制装配单元系统图，如图 3-30 所示。

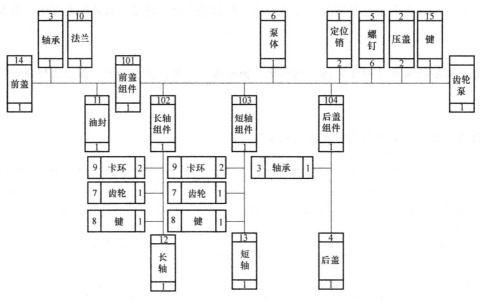

图 3-30　CB-B 型齿轮泵装配单元系统图

2. 检查装配件

3. 完成齿轮泵装配和调整

在装配单元系统图指导下完成齿轮泵装配，并按照装配技术要求完成泵的调整和检验。最后，整理装配现场。

项目作业

一、选择题

1. 用完全互换法装配机器一般适用于_____的场合。

a. 大批大量生产　　　b. 高精度多环尺寸链　　　c. 高精度少环尺寸链　　　d. 单件小批生产

2. 分组选配法是将组成环的公差放大到经济可行的程度，通过分组进行装配，以保证装配精度的一种装配方法，因此它适用于组成环不多，而装配精度要求高的_____场合。

a. 单件生产　　　　b. 小批生产　　　　c. 中批生产　　　　d. 大批大量生产

3. 修配装配法适合_____。

a. 大量生产　　　　b. 大批生产　　　　c. 成批生产　　　　d. 单件小批生产

4. 调整装配法需要增加_____。

a. 调整件　　　　b. 修配件　　　　c. 制造件　　　　d. 加工原材料

5. T68 主轴装配时对关键件进行预检，掌握零件的误差情况及最大误差的方向，利用误差相抵消的方法进行的是_____装配法。

a. 互换　　　　b. 选配　　　　c. 修配　　　　d. 定向

6. 装配尺寸链的出现是由于装配精度与_____有关。

a. 多个零件的精度　　　　　　　　b. 一个主要零件的精度

c. 生产量　　　　　　　　　　　　d. 所用的装配工具

7. 装配尺寸链的构成取决于_____。

a. 零部件结构的设计　　　　　　　　b. 工艺过程方案

c. 具体加工方法

8. 影响装配精度的主要因素是_____。

a. 尺寸链的环数　　b. 定位基准　　c. 零件加工精度　　d. 设计基准

9. O形密封圈的密封压力为_____。

a. $1.33 \times 10^{-5}Pa \sim 200MPa$　　　　　b. $1.33 \times 10^{-5}Pa \sim 300MPa$

c. $1.33 \times 10^{-5}Pa \sim 400MPa$　　　　　d. $1.33 \times 10^{-5}Pa \sim 500MPa$

10. 安装油封的轴端应有导入倒角, 锐边倒圆, 其角度应为_____。

a. $10° \sim 30°$　　　　　b. $30° \sim 50°$　　　　　c. $50° \sim 70°$

二、判断题

1. 在查找装配尺寸链时, 一个相关零件可有多个尺寸作为组成环列入装配尺寸链。

（　　）

2. 一般在装配精度要求较高, 而环数又较多的情况下, 应用极值法来计算装配尺寸链。

（　　）

3. 修配法主要用于单件、成批生产中装配组成环较多而装配精度又要求比较高的部件。

（　　）

4. 调整装配法与修配法的区别是调整装配法不是靠去除金属, 而是靠改变补偿件的位置或更换不同长度的补偿件。（　　）

5. 采用分组选配法装配时按对应组装配。对于不同组, 由于 $T_孔$ 与 $T_轴$ 不同, 配合间隙也会不同, 从而得到不同的配合性质。（　　）

6. 保证装配精度的方法有互换法、选配法、修配法和调整法。（　　）

7. 装配中的调整目的是使设备工作协调可靠。（　　）

8. 产品的装配精度包括尺寸精度、位置精度、相对运动精度和接触精度。（　　）

9. 采用更换不同尺寸的调整件以保证装配精度的方法称为选配装配法。（　　）

10. 机械的装配精度取决于零件的制造精度, 但主要取决于装配方法。（　　）

三、计算题

1. 已知各环尺寸及极限偏差, 如图 3-31 所示, 求装配后封闭环 A_0 的极限尺寸。

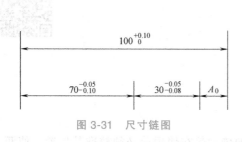

图 3-31　尺寸链图

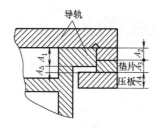

图 3-32　矩形导轨装配尺寸链计算

2. 图 3-32 所示为矩形导轨, 要求导轨与压板之间的间隙为 $A_\Delta = 0.02 \sim 0.08mm$, 设图中 $A_1 = 50^{+0.02}_{0}mm$, $A_2 = 45^{0}_{-0.02}mm$, $A_4 = (40 \pm 0.05)mm$, 请用完全互换法确定垫片的极限尺寸 A_{3max} 和 A_{3min}。

项目四

减速器装调与检修

📐 学习目标

（1）掌握带传动、链传动、齿轮传动及蜗杆传动机构的装配技术。

（2）了解装配工艺规程的编制过程，会识读装配工艺规程。

（3）理解机械零件失效及其对策，能进行失效零件检测及修换判别。

（4）熟悉机械零件修复工艺，掌握轴类及箱体类零件的失效分析及修复技术。

（5）初步具备简单机械设备的装调和检修能力。

📐 项目任务

（1）完成图 4-1 所示 JZQ 型二级斜齿圆柱齿轮减速器的装配与调整。

（2）完成减速器轴及箱体的失效分析及修复工艺讨论。

图 4-1　JZQ 型二级斜齿圆柱齿轮减速器实物图

📐 知识技能链接

一、带传动及链传动机构装配技术

13. 带传动机
构装配技术

（一）传动轮的校准技术

1. 传动轮的校准定义

链传动、带传动、齿轮传动等各种传动装置的传动轮在使用前必须校准其位置，使两个传动轮的中间平面重合，称为传动轮的校准，又称为校直。带传动机构的传动轮校准不当时，会造成传动轮之间出现倾斜角和轴向偏移量过大的现象，运行时将导致带及轮的擦伤和损坏。如果是链轮或齿轮传动的传动轮校准不当，则链条或轮齿会迅速磨损，同时轴承和联轴器也将磨损加剧，使整个机构的运动精度降低、运行寿命缩短。

2. 传动轮的校准方法

传动轮的校准包括在水平方向和垂直方向的校准。现以某一链传动机构装配中对链轮的校准为例讲解水平校准和垂直校准的步骤。图 4-2 为其装配现场示意图。

首先完成两链轮的水平校准。如图 4-3 所示，其校准步骤为：

（1）滑动各轴或传动轮，使两个传动轮两端面处于同一直线（先目测）。

（2）直尺或刀口尺紧靠传动轮端面，检查两个传动轮端面是否处于同一直线上，即直尺或刀口尺应均匀接触两轮端面，图中 1、2、3、4 点均应接触到。

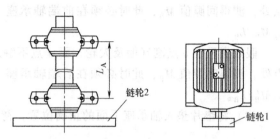

图 4-2　链传动机构装配现场示意图

（3）如果不合要求，则继续调整轮的前后位置直到合乎要求。

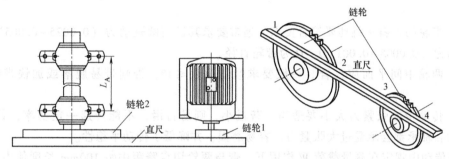

图 4-3　链传动机构传动轮水平校准示意图

其次完成两链轮的垂直校准。如图 4-4 所示，在校准前应首先消除轮的端面圆跳动对垂直方向校准测量带来的影响。操作方法是：使用百分表找出轮子端面圆跳动量的最高点和最低点（即端面跳动误差），并使这些点处于同一水平中心线上。

然后按照图 4-5 所示完成传动轮的垂直校准。传动轮在垂直方向上的校准是通过在轴承座下方垫垫片的方法实现的，其校准步骤为：

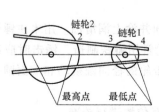

图 4-4　找出轮的端面跳动量示意图

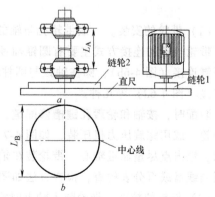

图 4-5　链传动机构传动轮垂直校准示意图

（1）测量直尺与轮子端面的间隙值 M_B。以小轮为基准面，用直尺分别在轮子的中心线上方（最好接近轮子上端）和下方（最好接近轮子下端）测量直尺或刀口尺与轮子端面之间的间隙值 M_B。

（2）判别轴承座垫入垫片的位置和计算垫入垫片的厚度 M_A。

假如直尺在 a 点刚好触及大轮，而 b 点不触及，则直尺与轮子端面之间的间隙在靠近 b 点处，测得间隙值 M_B，此时必须在前端轴承座（靠近轮子处）下面垫垫片，厚度值 $M_A = L_A M_B / L_B$。

假如直尺在 b 点刚好触及大轮，而 a 点不触及，则直尺与轮子端面之间的间隙在靠近 a 点处，测得间隙值 M'_B，此时必须在后端轴承座（靠近轮子处）下面填垫片，厚度值 $M_A = L_A M'_B / L_B$。

（3）将垫片垫入轴承座下面的正确位置，待轮子均已处于正确位置后，紧固轴承组件。

（二）带传动机构装配技术

1. V带传动机构的装配技术要求

V带传动是应用最为广泛的带传动方式，V带传动机构的装配技术要求主要有以下几点：

（1）带轮的歪斜和跳动要符合要求。通常要求其径向圆跳动为 $(0.0025 \sim 0.005)D$，端面圆跳动为 $(0.0005 \sim 0.001)D$，D 为带轮直径。

（2）两轮中间平面应重合。一般要求倾斜角度 $\leqslant 1°$，否则带易脱落或加快带的侧面磨损。

（3）传动带的张紧力大小要适当。若过小，则易打滑，不能传递一定功率；若过大，则带、轴和轴承都会承受过大张紧力，容易磨损，并降低了传动平稳性。

V带传动中规定在测量载荷 W 作用下，带与两轮切点跨距中每100mm长度使中点产生1.6mm 挠度的张紧力为恰当值，即规定在 W 测量载荷作用下产生的挠度为 $y = \dfrac{1.6}{100}t$，式中 t 是 V 带在两切点间距离。测量载荷 W 大小与 V 带型号、小带轮直径及带速有关，可查表选取。

若实测挠度大于计算值，说明张紧力小于规定值；反之，则张紧力大于规定值，此时均需要对张紧力进行调整。调整的方法有改变中心距和张紧轮调整两种。

2. V带传动机构的装配要点

（1）带轮的安装。一般带轮孔与轴的连接为过渡配合，这种配合对同轴度要求较高。

带轮与轴的连接方式主要有圆锥轴颈与圆锥轮毂连接（图 4-6a），圆柱轴颈与圆柱轮毂用平键连接（图 4-6b），圆柱轴颈与圆柱轮毂用楔键连接（图 4-6c），圆柱轴颈与轮毂用花键连接（图 4-6d）等几种。

装配时，按轴和轮毂孔键槽修配键，然后清理安装面并涂上润滑油。用木质锤子轻轻打入带轮，或用螺旋压力机压装，如图 4-7 所示。由于带轮常用铸铁制造，锤击时应避免锤击轮缘，锤击点尽量靠近轴心。带轮装在轴上后，要检查带轮的径向圆跳动和端面圆跳动。通常用划线盘或百分表检查，检查方法如图 4-8 所示。

（2）带轮的校准。带轮装入轴上时需要对轮子的相互位置进行校准。

（3）传动带的安装。安装要点：一是不要强行将带装入带轮，二是要注意带在轮槽中的位置，不能过高或过低。

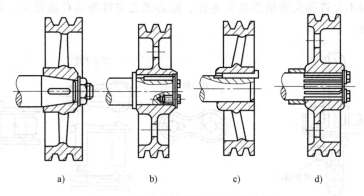

a)　　　　　　b)　　　　　　c)　　　　　　d)

图 4-6　带轮与轴的连接方式示意图

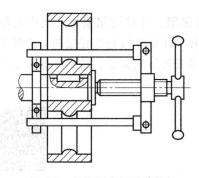

图 4-7　螺旋压力机压装带轮

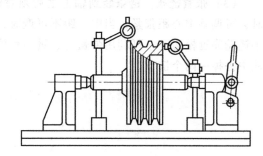

图 4-8　带轮装入后圆跳动误差检验示意图

（三）链传动机构装配技术

1. 链传动机构的装配技术要求

（1）两链轮的轴线必须平行。

（2）两链条之间的轴向偏移量不能太大。

（3）链轮的径向圆跳动和端面圆跳动应符合要求。跳动量要求根据链轮直径查表可得，可用百分表进行检查。

（4）链条的松紧适当。可用检查和调整链条下垂量的方法来控制。一般水平传动时，下垂量 $f \leqslant 20\%L$；链条垂直放置时，$f \leqslant 0.1\%L$，L 为两链轮的中心距。链条使用一段时间后会拉长，当伸长量超过原长的 3% 时，需更换链条。

（5）链条运行自由，严禁与链罩相擦碰。

（6）润滑良好。将润滑油加在松边上，利于润滑油的渗透。

2. 链传动机构的装配要点

（1）将链轮装配到轴上。如图 4-9 所示，链轮在轴上的固定方法是先用键连接，然后再用圆锥销固定或用紧定螺钉固定。链轮的装配方法与带轮基本相同。

（2）装配链条。图 4-10 所示为套筒滚子链的几种接头形式，分别是用开口销、用弹簧卡片以及用过渡链节连接。在使用弹簧卡片时要注意必须使开口端方向与链条的速度方向相反，以免运动中受到碰撞而脱落。

对于链条两端的连接，如果两轴中心距可调且链轮在轴端，则可以预先接好，再装到链轮上；如果结构不允许预先将链条接头连好，则必须先将链条套在链轮上，再利用专用的拉紧工具进行连接。

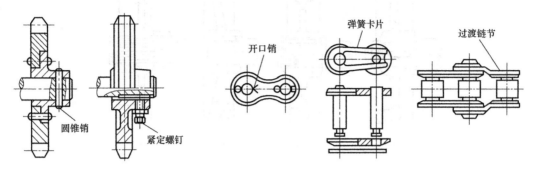

图 4-9　链轮的固定方法　　　　　图 4-10　套筒滚子链的接头形式

（3）张紧链条。链条装到轴上之后须对链条进行张紧，并检查张紧量。当中心距可调时，可调整中心距张紧；当中心距不可调时，设置直径与小链轮接近的张紧轮，必须布置在小链轮靠近松边处，可利用弹簧力、重力和位置变动等几种方式张紧；若链条磨损变长，可从中去掉一两个链节。

二、齿轮传动及蜗杆传动机构装配技术

（一）圆柱齿轮传动机构装配技术

1. 齿轮传动机构的装配技术要求

齿轮传动机构的装配技术要求主要有：

（1）齿轮孔与轴配合适当。

（2）两齿轮之间有准确安装中心距和适当的齿侧间隙。

（3）两齿轮的齿面有一定的接触面积和正确的接触位置。

14. 齿轮传动机构装配技术

2. 圆柱齿轮传动机构的装配步骤

装配圆柱齿轮传动机构时，一般先把齿轮装在轴上，再把齿轮轴部件装入箱体中。

（1）将齿轮装到轴上。齿轮与轴的常见连接方法有图 4-11 所示几种。

齿轮与轴间的相对运动有空转、滑移和固定连接三种方式。图 4-12 所示 CA6140 型卧式车床二支承型主轴结构示意图中的主轴装有 7、8、9 三个齿轮。右端斜齿圆柱齿轮 9 空套在主轴 15 上，中间齿轮 8 可以在主轴花键上滑移，左端齿轮 7 用平键和弹性挡圈固定连接在主轴上。这三个齿轮分别与主轴间产生空转、轴向滑移和同速转动运动。

在轴上空转或滑移的齿轮与轴为间隙配合，装配方便，装配后要求齿轮在轴上不得有晃动现象。在轴上固定的齿轮通常与轴为过渡配合或少量过盈配合。若配合的过盈量较小，可用手工工具敲击压装，对于过盈量较大的，可用

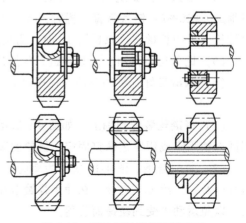

图 4-11　齿轮与轴常见连接方法

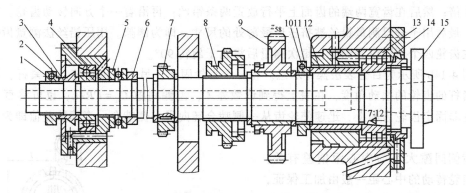

图 4-12　CA6140 型卧式车床二支承型主轴结构示意图

1、10—调整螺母　2、11—紧定螺钉　3—甩油环　4—角接触球轴承　5—推力球轴承　6、12—套筒
7~9—齿轮　13—双列圆柱滚子轴承　14—轴承端盖　15—主轴

压力机或采用热装法进行装配。

对于精度要求高的齿轮传动机构，在压装后需要检查其径向圆跳动和端面圆跳动误差，检查方法如图 4-13 所示。

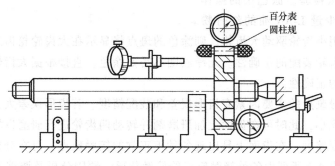

图 4-13　齿轮压装后径向圆跳动和端面圆跳动检查方法示意图

（2）将齿轮轴部件装入箱体。在此装配前应检验箱体的主要部位是否达到规定的技术要求，检验内容主要有孔和平面的尺寸精度和几何形状精度、孔和平面的表面粗糙度及外观质量、孔和平面的相互位置精度。

3. 圆柱齿轮传动机构的装配质量检验

圆柱齿轮传动机构装配质量检验的主要项目是啮合质量的检验，即齿轮轴部件装入箱体后对齿侧间隙大小的检验和齿轮的接触斑点的检查。

（1）齿侧间隙的检测与调整。

齿轮齿侧间隙是两齿轮间沿着法线方向测量的两轮齿齿侧之间的间隙。为防止齿轮在运转中由于轮齿制造误差、传动系统的弹性变形等使啮合轮齿卡死，同时也为了在啮合轮齿间存留润滑剂等，而在啮合齿对的齿厚与齿槽间留有适当的间隙。间隙过小，齿轮传动不灵活，热胀时易卡齿，加剧磨损；间隙过大，则易产生冲击和振动。齿侧间隙通常根据齿轮的模数、中心距、尺寸精度和齿轮的应用范围选择。

齿侧间隙的检测方法有压铅丝法和百分表法。

图 4-14a 所示为压铅丝法操作示意。首先取两根直径相同的铅丝，其直径不超过最小间

隙的 4 倍；然后在齿宽两端的齿面上平行放置两条铅丝；再沿着一个方向转动齿轮，将铅丝压扁；最后用千分尺测量铅丝被挤压后最薄处的尺寸，即为侧隙。用压铅丝法测量齿侧间隙时应在齿轮四个不同位置测量，每次测量后将轮子旋转 90°。

图 4-14b 所示为百分表法操作示意。将一个齿轮固定，另一个齿轮装上夹紧杆，测量装有夹紧杆的齿轮的摆动角度，在表上得到读数差 C，齿侧间隙 $C_n = CR/L$；也可将百分表直接顶在非固定齿轮齿面上，迅速使轮齿从一侧啮合转向另一侧啮合，表读数差值即为齿侧间隙值。

齿侧间隙大小与中心距偏差有关，圆柱齿轮传动的中心距一般由加工保证，不能调整。如果是滑动轴承支承，可刮削轴瓦以调整侧隙大小；如果是锥齿轮传动机构，则可以通过调整两齿轮轴向位置来调整齿侧间隙。

（2）接触斑点的检测与调整。

齿轮接触斑点的分布位置和大小可用涂色法或光泽法检验。涂色法的操作方法是先将加有少量 L-AN 油的红丹粉

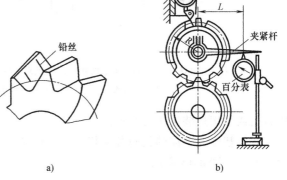

图 4-14 用压铅丝法或百分表法检验齿侧间隙示意图

涂在小齿轮上，用小齿轮驱动大齿轮，则涂色的斑点将显示在大齿轮轮齿工作表面上，可根据接触斑点判定齿轮装配的正确性。光泽法则不需要涂色，直接根据大齿轮轮齿接触面金属的亮度判定装配的正确性。

影响齿面接触斑点的主要因素有齿形误差和装配精度。若齿形误差太大，会导致接触斑点位置正确但面积小，此时可在齿面上加研磨剂并转动两齿轮进行研磨以增加接触面积。若齿形正确但装配误差大，在齿面上易出现各种不正常的接触斑点，可在分析原因后采取相应措施进行处理。表 4-1 所列为各种接触斑点的接触状况、原因分析及调整方法。

表 4-1 圆柱齿轮不同接触斑点的接触状况、原因分析及调整方法

接触斑点	状况及原因	调整方法	接触斑点	状况及原因	调整方法
	正常接触			偏齿根接触，两齿轮中心距过小	在中心距公差范围内，刮削轴瓦或调整轴承座
	单向角接触，两齿轮轴线不平行	在中心距公差范围内，刮削轴瓦或调整轴承座		一面接触正常，一面接触不好，两面齿向不统一	调换齿轮或对齿轮进行研齿
	对角接触，两齿轮轴线歪斜	在中心距公差范围内，刮削轴瓦或调整轴承座		分散接触，齿面有波纹、毛刺	去毛刺、硬点，对齿轮进行研齿或电火花磨合
	偏齿顶接触，两齿轮中心距过大	在中心距公差范围内，刮削轴瓦或调整轴承座	齿圈上接触区由一边逐渐移至另一边	沿齿向游离接触，齿轮端面与回转轴线不垂直	检查、校正齿轮端面与回转轴线的垂直度

（二）蜗杆传动机构装配技术

1. 蜗杆传动机构的装配技术要求

（1）传动精度要求。国家标准 GB/T 10089—2018 规定蜗杆传动的精度要求分为 12 个精度等级，第 1 级最高，第 12 级最低。

（2）传动侧隙要求。国家标准 GB/T 10089—2018 规定蜗杆传动的侧隙共分 8 种，选择时根据工作条件和使用要求合理选用，可查表。

（3）接触斑点要求。蜗杆副的接触斑点要求可根据蜗杆精度等级查表。

（4）对蜗杆和蜗轮轴线的要求。蜗杆轴线应与蜗轮轴线垂直；蜗杆的轴线应在蜗轮轮齿的对称中心平面内；蜗杆、蜗轮间的中心距要准确。

2. 蜗杆传动机构的装配步骤

装配前应检验箱体质量，包括蜗杆孔轴线与蜗轮孔轴线中心距误差和垂直度误差。如图 4-15 所示，检验箱体孔中心距时先测量两心轴至平板的距离，然后算出中心距 a。图 4-16 所示为测量轴线间的垂直度误差，测量时旋转心轴 2，百分表的读数差即轴线的垂直度误差。

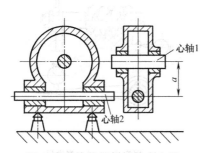

图 4-15　检验蜗杆箱的中心距

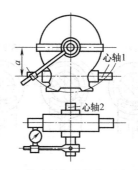

图 4-16　检验蜗杆箱轴线垂直度误差

装配步骤根据蜗杆传动机构结构特点的不同而不同，有的应先装蜗杆，后装蜗轮；有的则相反。一般情况下，装配工作是从蜗轮的装配开始。

（1）将蜗轮装到轴上。蜗轮装到轴上的安装和检验方法与圆柱齿轮相同。若是组合式蜗轮，在装配时应首先装配好蜗轮组件。

（2）把蜗杆装入箱体。一般蜗杆轴线的位置是由箱体安装孔所确定，可参见图 3-28。

（3）将蜗轮轴装入箱体，要求蜗杆轴线位于蜗轮轮齿的对称中心平面内，可通过改变垫圈厚度或其他方式调整蜗轮的轴向位置来达到此要求，一般在装配之前要先试装。

图 4-17 所示为某锥齿轮-蜗轮减速器的蜗轮轴向位置装配与调整示意图。先确定蜗轮轴向的正确装配位置，将轴承 5 的内圈装入轴的大端，然后将轴通过箱体孔，装上已试配好的蜗轮 3、轴承外圈及工艺套 2（为了调整时拆卸方便，暂以工艺套代替小端轴承），然后移动轴，使蜗轮与蜗杆 4 达到正确啮合位置，要

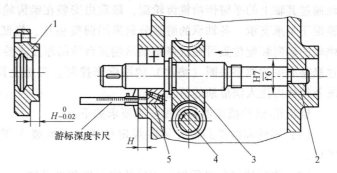

图 4-17　蜗轮轴向位置装配与调整示意图

1—轴承盖　2—工艺套　3—蜗轮　4—蜗杆　5—轴承

求蜗轮轮齿的对称中心平面与蜗杆轴线重合，用游标深度卡尺测量尺寸 H，并修整轴承盖 1 的台阶尺寸至 $H_{-0.02}^{0}$。此处采用的是修配法，即修整轴承端盖台阶尺寸来调整蜗轮的轴向装配位置。

3. 蜗杆传动机构的啮合精度检验

蜗轮的轴向位置及接触斑点的检验也是采用涂色法，即先将红丹粉涂在蜗杆的螺旋面上，并转动蜗杆，检查在蜗轮轮齿上获得的接触斑点。图 4-18 所示为各种接触情况。正确的接触斑点应在蜗轮中部稍偏于蜗杆旋出方向。如果轴向位置不对，应配磨垫片或修整轴承端盖的台阶尺寸来调整蜗轮的轴向位置。

蜗杆传动机构的齿侧间隙一般用百分表检测，如图 4-19 所示。在蜗杆轴上固定一带量角器的刻度尺 2，百分表测头抵在蜗轮齿面上，用手转动蜗杆，在百分表指针不动的条件下，用刻度盘相对固定指针 1 的最大转角判断侧隙大小。对于不重要的蜗杆机构，也可用手转动蜗杆，根据空程量的大小判断侧隙的大小。

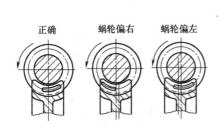

图 4-18　用涂色法检验蜗轮齿面接触斑点

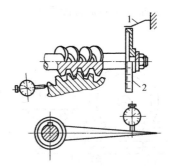

图 4-19　蜗杆传动机构侧隙检验
1—固定指针　2—刻度尺

对于装配后的蜗杆传动机构，还要检查它的转动灵活性。蜗轮在任何位置上，用手旋转蜗杆所需的转矩均应相同，没有咬住现象。

（三）某锥齿轮-蜗轮减速器装配实例

图 4-20 为某锥齿轮-蜗轮减速器装配图，请分析减速器装配过程并编制装配工艺规程。

1. 减速器结构及装配技术要求分析

图 4-20 中，该锥齿轮-蜗轮减速器的运动由联轴器传来，经蜗杆轴传至蜗轮，蜗轮的运动通过其轴上的平键传给锥齿轮副，最后由安装在锥齿轮轴上的齿轮传出。各传动轴采用圆锥滚子轴承支承，各轴承的游隙分别采用调整垫片、修配端盖、调整螺钉等方法进行调整。蜗轮的轴向装配位置可通过修整轴承端盖台阶的厚度来控制。锥齿轮的轴向装配位置则可通过修整有关的调整垫圈（垫片）的厚度来控制。箱盖上设有观察孔，可检视齿轮的啮合情况及箱体内注入润滑油的情况。

锥齿轮-蜗轮减速器的装配技术要求如下：

（1）零件和组件必须安装在规定位置，不得装入图样中未规定的垫圈、衬套之类的零件。

（2）固定连接件必须保证连接的牢固性和可靠性。

（3）旋转机构能灵活转动，轴承间隙合适，润滑良好，各密封处不得有漏油现象。

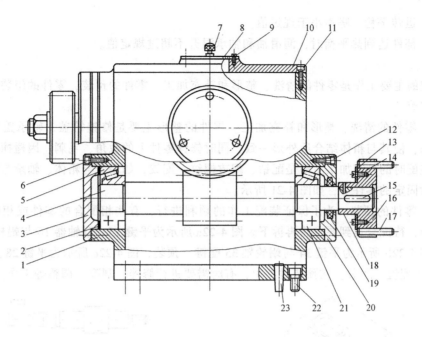

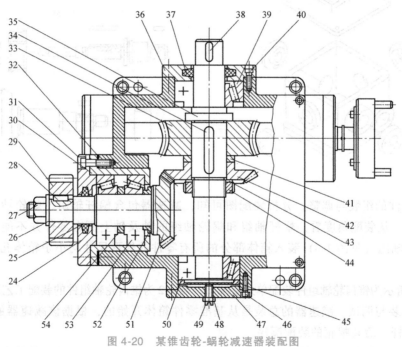

图 4-20 某锥齿轮-蜗轮减速器装配图

1—箱体 2、32—调整垫片组 3、20、24、36、47—轴承端盖 4—蜗杆轴 5、21、39、50、53—轴承
6、9、11、12、14、22、31、40、46、49—螺钉 7—通气器 8—盖板 10—箱盖 13—环 15、28、34、38—平键
16—联轴器 17—锥销 18—防松钢丝圈 19、25、37—毛毡 23—销轴 26—垫圈 27、44、48—螺母
29、42、51—齿轮 30—轴承套 33—蜗轮 35—蜗轮轴 41—调整垫圈 43—止动垫圈 45—调整件
52—衬垫 54—隔圈

（4）齿轮副及蜗杆副的齿侧间隙和接触斑点必须达到规定的技术要求。另外，蜗杆轴线应与蜗轮轴线垂直，蜗杆轴线应在蜗轮轮齿的对称中心平面内。

（5）运转平稳，噪声小于规定值。

（6）部件达到热平衡时，润滑油和轴承温升不超过规定值。

2. 减速器的装配工艺过程分析

装配的主要工作是零件的清洗、整形和补充加工，零件的预装，零件的组装与调整，总装与调试等。

（1）零件的清洗、整形和补充加工。零件的整形主要是修锉箱盖、轴承盖等铸件的不加工表面，使其与箱体结合后外形一致，同时修锉零件上的锐角、毛刺、因碰撞而产生的印痕等。装配时的补充加工主要是配钻、配攻螺纹、配铰，如箱盖与箱体、轴承与箱体、轴与轴上相对固定的零件等，如图 4-21 所示。

（2）零件的预装。为了保证装配工作的顺利进行，有些相配合的零件或相啮合的零件应先预装，待配合达到要求后再拆下。图 4-22a 所示为平键 15、联轴器 16 与蜗杆轴 4 配键、预装，图 4-22b 所示为平键 34 与蜗轮轴 35 配键、预装，图 4-22c 所示为平键 28、齿轮 29 与锥齿轮 51 配键、预装。在预装过程中，有时需要进行修锉、刮削、调整等工作。

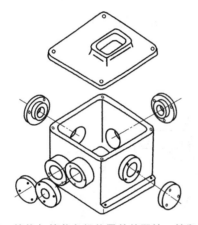

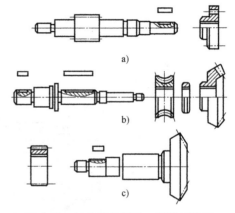

图 4-21　箱体与箱盖各相关零件的配钻、铰和攻螺纹　　图 4-22　轴类零件配键、预装示意图

（3）零件的组装与调整。分析装配图可知，减速器包含蜗杆轴组、蜗轮轴组和锥齿轮轴组三部分，从装配角度看，蜗杆轴组和蜗轮轴组的轴及轴上所有零件并不能单独进行装配，锥齿轮轴组（见图 1-4）装入箱体部分的所有零件的外形尺寸均小于箱体孔的直径，可先组装。

图 1-5 所示为锥齿轮轴组件装配单元系统图，表 4-2 为锥齿轮轴组件的装配工艺过程卡。

（4）总装与调试。减速器的总装是从基准零件箱体开始的，根据该减速器的结构特点，采用先装蜗杆、后装蜗轮的装配顺序。

首先装配蜗杆轴。装配蜗杆轴时要求蜗杆装配后保持 0.01~0.02mm 的轴向间隙，具体装配与调整方法见项目三中例 3-4 的图 3-28 所示有关内容。用百分表检测间隙合格后，蜗杆轴可不必拆下。

然后进行蜗轮轴组件及锥齿轮轴组件的装配。为了保证蜗杆副和锥齿轮副的正确啮合，蜗轮轮齿的对称平面应与蜗杆轴线重合，两锥齿轮的轴向位置必须正确。从装配图可知，蜗轮轴向位置由轴承盖的预留调整量来控制，锥齿轮的轴向位置由调整垫圈的尺寸来控制，为此必须先进行预装以确定轴承盖的预留量及调整垫圈的尺寸。

预装时先将轴承内圈装入蜗轮轴大端,通过箱体孔,装上蜗轮、轴承外圈、工艺套(代替小端轴承,便于拆卸)。移动轴,使蜗轮与蜗杆达到正确啮合位置(用涂色法检查),测量尺寸 H,并调整轴承盖的台肩尺寸为 $H_{-0.02}^{0}$,参见图 4-17。再如图 4-23 所示,将有关零部件装入(后装锥齿轮轴组件),调整两锥齿轮轴向位置使其正确啮合,然后测量 H_1 和 H_2,H_1 和 H_2 为调整垫片组 32 和调整垫圈 41 的厚度尺寸,根据尺寸调整好,最后卸下各零件。

预装后即可进入装配。

步骤一:从大轴承孔方向将蜗轮轴装入,依次将键、蜗轮、调整垫圈、锥齿轮、止动垫圈和圆螺母装在轴上。从箱体两端轴承孔分别装入滚动轴承和轴承盖,用螺钉拧紧并调好间隙。装好后用手转动蜗杆轴,应灵活无阻滞现象。

步骤二:将锥齿轮轴组件和调整垫圈装入箱体,并用螺钉拧紧。

步骤三:安装联轴器,用涂色法空盘转动检验传动副的啮合情况,并做必要的调整。

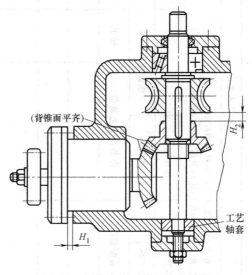

图 4-23 两锥齿轮副装配位置示意图

步骤四:清理箱体内腔,安装箱盖,注入润滑油,最后盖上盖板,连接电动机。

步骤五:空运转试机。先用手转动联轴器,一切符合要求后接上电源,用电动机带动空运转。试机 30min 左右后,观察运转情况。运转后,各项指标均符合技术要求,达到热平衡时,轴承的温度及温升值不超过规定要求,齿轮和轴承无明显噪声并符合其他各项装配技术要求,这样,总装就完成了。

表 4-3 所示为该锥齿轮-蜗轮减速器总装装配工艺过程卡。

三、机械设备维修技术概述

机械设备维修技术以机械设备为研究对象,探索设备出现性能劣化的原因,研究并寻找减缓和防止设备性能劣化的技术及方法,保持或恢复设备的规定功能并延长其使用寿命。

(一) 机械设备维修类别

1. 大修

大修是工作量最大、修理时间较长的一项计划修理。

大修时,将设备的全部或大部分解体,修复基础件,更换或修复全部不合格机械零件、电器元件;修理、调整电气系统;修复设备附件以及翻新外观;整机装配和调试,从而全面消除大修前存在的缺陷,达到设备出厂或修理技术文件所规定的性能和精度标准。

2. 项修

项修是根据机械设备的结构特点和实际技术状态,对设备状态达不到生产工艺要求的某些项目或部件按实际需要进行的针对性修理。

按行业修理精度、出厂精度或项修技术任务书规定的精度检验标准,对修完的设备进行

表4-2 锥齿轮轴组件装配工艺过程卡

××公司	装配工艺过程卡片	(锥齿轮轴组件装配图)	装配技术要求			
			1. 组装时,各装入零件应符合图样要求 2. 组装后锥齿轮应转动灵活,无轴向窜动	产品型号	部件图号	共2页
				产品名称	部件名称	第1页

工序号	工序名称	工序内容及技术要求	装配部门	设备及工艺装备	锥齿轮轴组件 辅助	工时定额/min
1	领料	根据装配图明细领取相应零件及标准件				
2	清洗	将相关零件放入煤油(柴油)清洗待用				
3	锥齿轮轴分组件装配	以锥齿轮轴1为基准,将衬垫2套装在轴上				
4	轴承盖分组件装配	将已剪好的毛毡圈6套入轴承盖槽内				
5	轴承套分组件装配	5-1 用专用量具分别检查轴承套孔及轴承外圆尺寸 5-2 在配合面上涂上全损耗系统用油 5-3 以轴承套3为基准,将圆锥滚子轴承B-1的外圈压入孔内至底面		内、外径千分尺 压力机		
			设计(日期)	审核(日期)	标准化(日期)	会签(日期)
标记	处数	更改文件号	签字	日期	标记	处数	更改文件号	签字	日期

（续）

×× 公司		装配工艺过程卡片			锥齿轮轴组件装配图）	装配技术要求				
						1. 组装时,各装入零件应符合图样要求 2. 组装后锥齿轮应转动灵活,无轴向窜动			共 2 页	第 2 页
					产品型号			部件图号		工时定额/min
					产品名称			部件名称	锥齿轮轴组件	
工序号	工序名称	工序内容及技术要求			装配部门			设备及工艺装备	辅助	
6	轴承套组件装配	6-1 以锥齿轮轴分组件为基准,将轴承套装在轴上								
		6-2 在配合面上加油,将圆锥滚子轴承 B-1 的内圈压装在轴上,并紧贴衬垫						压力机		
		6-3 套上隔圈 4,将另一轴内圈压装在轴上,直至与隔圈接触								
		6-4 将另一轴承外圈涂上油,轻压至轴承套内								
		6-5 装入轴承盖分组件,调整端面的高度使轴承间隙符合要求后,拧紧三个螺钉 B-2						游标卡尺、内六角扳手		
		6-6 安装平键 B-3,套装圆柱齿轮 7,垫圈 B-4,拧紧螺母 B-5,注意应在配合面加油						锤子、铜棒、呆扳手		
		6-7 检查锥齿轮转动的灵活性及轴向窜动								
					设计(日期)			审核(日期)	标准化(日期)	会签(日期)
标记	处数	更改文件号	签字	日期	标记	处数	更改文件号	签字	日期	

机械装配与维修技术

表4-3 锥齿轮-蜗轮减速器总装装配工艺过程卡

××公司	装配工艺过程卡片	（锥齿轮-蜗轮减速器装配图）	装配技术要求

装配技术要求：
1. 零件、组件必须正确安装，不得装入图样未规定的垫圈
2. 固定连接件必须保证将零件、组件紧固在一起
3. 旋转机构必须转动灵活，轴承间隙应合适
4. 啮合零件的啮合必须符合图样要求
5. 各轴线之间应有正确的相对位置

产品型号		部件图号		共3页	第1页
产品名称	锥齿轮-蜗轮减速器	部件名称		工时定额/min	
装配部门		设备及工艺装备	辅助		

工序号	工序名称	工序内容及技术要求	设备及工艺装备
1	领料	根据装配图明细领取相应零件及标准件	
2	清洗	将相关零件放入煤油（柴油）清洗待用	
3	蜗杆轴装配	3-1 将蜗杆组件装入箱体	压力机
		3-2 用专用量具分别检查箱体孔和轴承外圈尺寸	卡规
		3-3 从箱体孔两端装入轴承外圈	塞尺
		3-4 装上右端轴承盖组件，并用螺钉旋紧，轻敲蜗杆轴端，使右端轴承消除同隙	
		3-5 装入垫圈的左端轴承盖，并用百分表测量同隙确定垫圈厚度，最后将上述零件装入，用螺钉旋紧，保证蜗杆轴向同隙为0.01~0.02mm	游标卡尺 百分表及表架

				设计（日期）	审核（日期）	标准化（日期）	会签（日期）
标记	处数	更改文件号	签字	日期	标记	处数	更改文件号	签字	日期

（续）

×× 公司　装配工艺过程卡片

（锥齿轮-蜗轮减速器装配图）

装配技术要求
1. 零件、组件必须正确安装,不得装入图样未规定的垫圈
2. 固定连接件必须保证将零件、组件紧固在一起
3. 旋转机构必须转动灵活,轴承同隙合适
4. 啮合零件的啮合必须符合图样要求
5. 各轴线之间应有正确的相对位置

产品型号		部件图号		共 3 页
产品名称		部件名称	锥齿轮-蜗轮减速器	第 2 页
装配部门		设备及工艺装备	辅助	工时定额/min

工序号	工序名称	工序内容及技术要求	设备及工艺装备	辅助	工时定额
4	蜗轮轴组件及锥齿轮组件预装	4-1　用专用量具测量轴承相配零件的外圈及孔尺寸	内径千分尺		
		4-2　将轴承内圈装入蜗轮轴大端	卡规		
		4-3　将蜗轮轴通过箱体孔,装上蜗轮、锥齿轮、轴承盖组件(代替小端轴承),轴承盖组件	压力机游标卡尺		
		4-4　移动蜗轮轴,调整蜗杆与锥齿轮正确啮合位置,测量轴承端面至孔端面距离 H,台肩尺寸 $=H_{-0.02}^{0}$	塞尺		
		4-5　装入锥齿轮轴组件,调整两锥齿轮至正确的啮合位置,使齿背平齐			
		4-6　分别测量轴承台肩面与孔端面距离 H_2,并调好垫圈尺寸,然后卸下各齿轮端面与蜗轮端面距离 H_1,以及锥零件			

					设计（日期）	审核（日期）	标准化（日期）	会签（日期）
标记	处数	更改文件号	签字	日期				
	处数	更改文件号	标记	日期	签字	日期		

（续）

×× 公司　装配工艺过程卡片
（锥齿轮-蜗轮减速器装配图）

产品型号		部件图号	
产品名称		部件名称	
装配部门		设备及工艺装备	辅助
共 3 页	第 3 页		工时定额/min

装配技术要求

1. 零件、组件必须正确安装，不得装入图样未规定的垫圈
2. 固定连接件必须保证将零件、组件紧固在一起
3. 旋转机构必须转动灵活，轴承动间隙合适
4. 啮合零件的啮合必须符合图样要求
5. 各轴线之间应有正确的相对位置

工序号	工序名称	工序内容及技术要求	设备及工艺装备
5	蜗轮轴组件及锥齿轮组件装配	5-1 从大轴孔方向装入蜗轮轴，依次将键、蜗轮、整圈、锥齿轮、止动垫圈和圆螺母装在轴上。从箱体两端轴承孔分别装入滚动轴承和轴承盖，用螺钉拧紧并调好间隙。装好后用手转动蜗杆轴，应灵活无阻滞现象 5-2 将锥齿轮组件与调整圈一起装入箱体，并用螺钉紧固	压力机
6	联轴器安装	安装联轴器	刀口尺
7	运转试验	清理内腔，安装箱盖，注入润滑油，最后盖上盖板，连接电动机。接上电源，进行空转试车。运转 30min 左右，要求齿轮无明显噪声，轴承温度不超过规定要求以及符合装配各项技术要求	

			设计（日期）	审核（日期）	标准化（日期）	会签（日期）
标记	处数	更改文件号	签字	日期		
标记	处数	更改文件号	签字	日期		

全部检查。对项修时难以恢复的个别精度项目可适当放宽。

3. 小修

小修是指工作量最小的局部修理。小修主要是根据设备日常检查或定期检查中所发现的缺陷或劣化征兆进行修复。

小修的工作内容是拆卸有关的设备零部件，更换和修复部分磨损较快和使用期限等于或小于修理间隔期的零件，调整设备的局部机构，以保证设备能正常运转到下一次计划修理时间。

4. 定期精度调整

定期精度调整是对精、大、稀设备的几何精度进行有计划的定期检查并调整，使其达到或接近规定的精度标准，保证其精度稳定以满足生产工艺要求。

(二) 机械设备维修的典型工作过程

1. 解体前的检查

为保证修理工作顺利进行，在机械设备修理前，修理人员应对设备技术状态进行调查、了解和检测，熟悉设备说明书、设备图样、修理检验标准及历次检修记录，以确定设备修理工艺方案、修后的精度检验项目和试车验收要求。

2. 部件的拆卸与清洗

应熟悉所拆零部件的结构、相互关系和作用，防止拆卸过程中因不熟悉结构而造成对零部件的额外损坏。

3. 修复或更换失效零件

对拆卸下来的零件进行检验并做好记录，对已因磨损或其他原因造成失效的零件按照修理的类别、修理工艺进行修复或更换新件，修复后的零件应重新检验直至达到技术要求。

4. 部件的修理及装配

当零件修复完并检验合格后即可进行装配，包括部装和总装。

5. 精度检验与试车

总装完毕要进行精度检验、空运转试验、负荷试验等，以全面检查和衡量所修设备的质量、精度和工作性能的恢复情况。

(三) 机械设备维护与保养

通过擦拭、清扫、润滑、调整等一般方法对设备进行护理，以维持和保护设备的性能和技术状况，称为设备维护保养。

设备的维护必须达到的四项要求是整齐、清洁、润滑、安全。

图4-24所示为机械拆装现场常用的回转式台虎钳装配图。在保养前往往需要分析其组成、结构、原理，拟订拆卸内容及拆卸顺序，明确需清洁、润滑的部位；保养过程中还需要检查设备，发现有问题应及时解决；保养后应达到整齐、清洁、润滑、安全四项要求。

四、机械零件失效分析与对策

机械零件丧失规定的功能时即称为失效。当一个零件处于下列两种状态之一就可认定为失效：一是不能完成规定的功能，二是不能可靠和安全地继续使用。按照失效件的外部形态特征，主要有磨损、变形、断裂、蚀损四种主要失效形式。对零件失效的分析应从设计、材料、加工、安装使用等几方面着手。

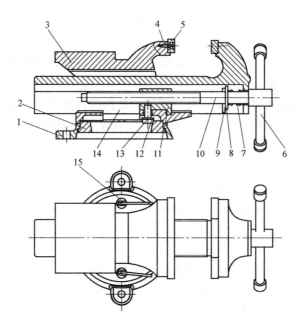

图 4-24　回转式台虎钳装配图

1—转盘座　2—夹紧盘　3—固定钳身　4—螺钉　5—钳口　6—施力手柄　7—弹簧　8—挡圈　9—开口销
10—丝杠　11—丝杠螺母　12—垫片　13—螺钉　14—活动钳身　15—夹紧手柄

(一) 零件磨损的失效分析及对策

1. 零件的磨损特性

机械设备在工作过程中，有相对运动的零件的表面上发生尺寸、形状和表面质量变化的现象称为磨损。磨损是最普遍的失效形式。

磨损一般分为磨合磨损、稳定磨损和剧烈磨损三个阶段。在磨合磨损阶段，由于新加工零件表面较粗糙，零件磨损十分迅速，随着时间延长，表面粗糙度下降，实际接触面积增大，磨损速度逐渐下降，当达到正常磨损条件时进入稳定磨损阶段。

在稳定磨损阶段，摩擦表面的磨损量随着工作时间的延长而稳定、缓慢增长，属于自然磨损。在磨损量达到极限值以前的这一段时间是零件的耐磨寿命，它与摩擦表面工作条件、维护保养好坏关系极大，使用保养得好，可以延长磨损寿命，提高设备可靠性及有效利用率。

在剧烈磨损阶段，由于温度升高、金属组织发生变化、冲击载荷增大、润滑状态恶化等原因，摩擦条件发生较大变化，磨损速度急剧增加，机械效率下降、精度降低，最后导致零件失效，机械设备不能继续使用。此时应采取修复、更换等措施，防止设备发生故障与事故。

2. 零件磨损的失效分析及对策

(1) 磨料磨损。它是由于摩擦副的接触表面之间存在着硬质颗粒，或者当摩擦副材料一方的硬度比另一方硬度大得多时，所产生的一种类似金属切削过程的磨损现象。减轻磨料磨损的措施可以从减少磨料的进入和增强零件的耐磨性这两方面来考虑，前者如配置空气过滤器及燃油、润滑油过滤器，增加用于防尘的密封装置，在润滑系统中装入吸铁石、集屑房及油污染程度指示器，经常清理更换空气、燃油、润滑油过滤装置等，后者如选用耐磨性能好的材料或采用热处理和表面处理的方法改善零件材料性质，尽可能使表面硬度超过磨料的硬度。

（2）粘着磨损。它是指构成摩擦副的两个摩擦表面，在相对运动时接触表面的材料从一个表面转移到另一个表面所引起的磨损。减少粘着磨损可从控制摩擦副表面状态和表面材料成分与金相组织两方面着手，前者可根据工作条件选用适当的润滑剂，或在润滑剂中加入添加剂等，后者可选用不同材料成分和晶体结构的材料，如用巴氏合金、铝青铜等作为轴承衬瓦的表面材料，用钢与铸铁配对摩擦副。

（3）疲劳磨损。它是指摩擦副材料表面上局部区域在循环接触应力作用下产生疲劳裂纹，由于裂纹不断扩展并分离出微片和颗粒的一种磨损形式，分为滚动接触和滑动接触疲劳磨损两种。由于疲劳磨损就是裂纹产生和扩展的破坏过程，减少疲劳磨损的对策就是控制裂纹的产生和扩展因素，可从材质、表面粗糙度两方面着手。

（4）腐蚀磨损。它是指在摩擦过程中金属同时与周围介质发生化学反应或电化学反应，引起金属表面的腐蚀产物剥落的现象，可通过控制腐蚀性介质形成条件，选用合适的耐磨材料及改变腐蚀性介质的作用方式来降低腐蚀磨损速率。

（5）微动磨损。它是指两个固定接触表面由于受相对小振幅振动而产生的磨损，主要发生在相对静止的零件结合面上，往往容易被忽视。减少或消除微动磨损可从材质、载荷、振幅和温度等几个方面考虑。

（二）零件变形的失效分析及对策

1. 零件变形的类型

零件在外力作用下产生形状或尺寸变化的现象称为变形，分为弹性变形和塑性变形。

在使用过程中，若产生超量弹性变形会影响零件正常工作。例如，传动轴超量弹性变形会引起轴上齿轮啮合状况恶化，影响齿轮和支承轴承的工作寿命；机床导轨或主轴超量弹性变形会引起加工精度降低，甚至不能满足加工精度要求。

塑性变形将导致机械零件各部分尺寸和外形的变化，引起一系列不良后果。例如，机床主轴塑性弯曲，将不能保证加工精度，废品率增大，甚至主轴不能工作；又如键连接、挡块和销钉等，由于静压力的作用，引起配合的一方或双方的接触表面挤压，随着挤压变形的增大，特别是那些能够反向运动的零件将引起冲击，使原配合关系破坏的过程加剧，从而导致机械零件失效。

2. 防止和减少零件变形的对策

目前条件下变形不可避免，减轻变形危害应从设计、加工、修理和使用等多方面考虑。

（1）设计。应正确选用材料，注意工艺性能，合理布置零部件，选择适当的结构尺寸，改善零件的受力状况。如避免尖角、棱角，厚薄悬殊的部分开工艺孔或加厚太薄的地方，安排好孔洞的位置，把不通孔改为通孔等，形状复杂的零件可采用组合结构、镶拼结构等。

（2）加工。在制订机械零件加工工艺规程时，要在工序、工步的安排以及工艺装备和操作上采取减小变形的工艺措施。如按照粗、精加工分开的原则，在粗、精加工中间留出一段存放时间以利于消除内应力；在加工和修理中尽量减少基准的转换，减少因基准不统一而造成的误差；对于要经过热处理的零件，要注意预留加工余量、调整加工尺寸、预加变形等。

（3）修理。大修时不只是检查配合表面磨损情况，还必须认真检查和修复相互位置精度。

（4）使用。加强设备管理，严格执行安全操作规程，加强机械设备的检查和维护，避免超负荷运行和局部高温。

（三）零件断裂的失效分析及对策

1. 零件断裂的类型

机械零件在某些因素作用下发生局部开裂或分裂成几部分的现象称为断裂。断裂是最危险的失效形式，一般分为韧性断裂、脆性断裂和疲劳断裂等几种。

（1）韧性断裂。它是指零件在断裂之前有明显的塑性变形并伴有颈缩现象的断裂形式，其实质是实际应力超过了材料的屈服强度。

（2）脆性断裂。它是指在断裂之前无明显的塑性变形、发展速度极快的断裂形式，非常危险。

（3）疲劳断裂。它是指金属零件经过一定次数的循环载荷或交变应力作用后引发的断裂现象，分为高周疲劳断裂和低周疲劳断裂。高周疲劳是指机械零件断裂前在低应力（低于材料的屈服强度甚至低于弹性极限）下，所经历的应力循环周次多（一般大于 10^5 次）的疲劳，是一种常见的疲劳；低周疲劳承受的交变应力很高，一般接近或超过材料的屈服强度，断裂前所经历的循环周次一般只有 $10^2 \sim 10^5$ 次，寿命短。

2. 零件断裂的失效分析及其对策

零件断裂后形成的新的表面称为断口。零件发生断裂的原因是多方面的，其断口能真实地记录断裂的动态变化过程。图 4-25 所示为几种不同断裂类型的断口形状。韧性断裂断口为断裂前伴随大量塑性变形的断口，断口的底部裂纹不规则地穿过晶粒，呈灰暗色的纤维状或鹅绒状，边缘有剪切唇，断口附近有明显的塑性变形。脆性断裂断口平齐光亮，且与正应力相垂直，断口上常有人字纹或放射花样，断口附近截面的收缩很小，一般不超过 3%；疲劳断裂断口有疲劳核心区、疲劳裂纹扩展区和瞬时破断区三个区域。

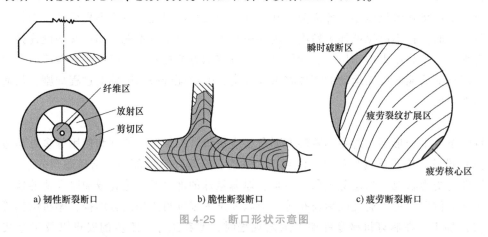

a) 韧性断裂断口　　　　b) 脆性断裂断口　　　　c) 疲劳断裂断口

图 4-25　断口形状示意图

断裂失效分析的步骤大致如下：

（1）现场记载与拍照。

（2）分析主导失效件。一个关键零件发生断裂失效后，往往会造成其他关联零件及构件的断裂，因此要理清次序，准确找出起主导作用的断裂件，否则会误导分析结果。

（3）找出主导失效件上的主导裂纹。哪一条裂纹最先发生，这一条裂纹即为主导裂纹。

（4）断口处理。如果需要对断口做进一步的微观分析，或保留证据，就应对断口用压缩空气或酒精进行清洗，然后烘干，如需长期保存，可涂防锈油并存放在干燥处。

（5）确定失效原因。从设计、材料、加工、安装使用等几方面着手分析原因。

（6）确定失效对策。在零件结构设计时，应尽量减少应力集中，根据环境介质、温度、负载性质合理选材；表面强化处理可大大提高零件的疲劳寿命，采用适当的表面涂层以防止杂质造成的脆性断裂；在安装使用时应防止产生附加应力与振动，对重要零件应防止碰伤、拉伤，正确设置保护设备的运行环境，防止腐蚀性介质的侵蚀，防止零件各部分温差过大。

（四）零件蚀损的失效分析及对策

1. 零件蚀损的类型

蚀损是指金属材料与周围介质产生化学或电化学反应造成表面材料损耗、表面材料破坏、内部晶体结构损伤，最终导致零件失效的现象，包括化学腐蚀和电化学腐蚀。

2. 减少或消除机械零件蚀损的对策

（1）正确选材。根据环境介质和使用条件，选择合适的耐蚀材料，如含有镍、铬、铝、硅、钛等元素的合金钢；在条件许可的情况下，尽量选用尼龙、塑料、陶瓷等材料。

（2）合理设计。尽量使零件各部位条件均匀一致，结构合理，外形简化，表面粗糙度合适。

（3）覆盖保护层。在金属表面上覆盖保护层，可把金属与介质隔离开，以防止腐蚀。常用的覆盖材料有金属或合金、非金属保护层和化学保护层等。

（4）电化学保护。对被保护的机械零件接通直流电流进行极化，以消除电位差，使之达到某一电位时，被保护层的腐蚀可以很小，甚至没有腐蚀。

（5）添加缓蚀剂。在介质中添加少量缓蚀剂可减轻腐蚀。无机类缓蚀剂能在金属表面形成保护，使金属与介质隔开。有机化合物能吸附在金属表面上，使金属溶解并抑制还原反应。

例 4-1 某煤矿从国外购进的减速器安装使用 30 余小时后，减速器轴发生弯曲，无法正常使用，在对弯曲的减速器轴进行冷校直时，轴突然发生断裂。

查阅该减速器轴的有关技术资料，可知该轴采用 17CrNiMo6 钢制造，轴整体经调质处理后，表面进行中频感应淬火处理，使轴表面及退刀槽根部洛氏硬度达到 59~62HRC。

（1）理化检验。

1）断轴宏观分析。如图 4-26 所示，断裂位于减速器轴表面退刀槽根部。

断口如图 4-27 所示，宏观断口表面有较明显的贝壳状花样，属于典型的疲劳断裂，断口由疲劳核心区（A）、疲劳裂纹扩展区（中间）和瞬时断裂区（A 对面）三个区域组成。

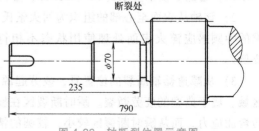

图 4-26 轴断裂位置示意图

2）断口微观分析。用 AMRAY21000B 型扫描电镜观察样品断口，断裂起源于轴表面退刀槽根部，该处有机加工刀痕，疲劳裂纹扩展区可见疲劳条纹，瞬时断裂区为细小韧窝。

3）化学成分分析。试样取自断口附近，分析结果列于表 4-4 中，化学成分符合技术要求。

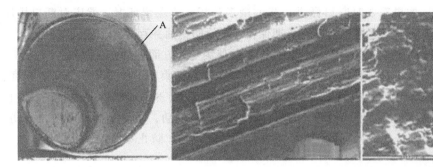

a) 宏观断口形貌   b) 断裂源形貌   c) 疲劳裂纹扩展区疲劳条纹

图 4-27　断口分析

表 4-4　断轴化学成分分析表

项目	化学成分(质量分数,%)									
	C	S	Mn	Si	P	Cr	Ni	Mo	Cu	V
断裂轴	0.18	0.007	0.55	0.27	0.009	1.69	1.62	0.27	0.11	0.013
技术要求	0.13~0.19	≤0.025	0.40~0.60	0.15~0.40	≤0.025	1.50~1.80	1.40~1.70	0.25~0.35	≤0.20	—

4)洛氏硬度检测。在断口附近取样,从边缘向心部逐点进行硬度测定,结果均在 36~37HRC 范围内;沿轴的纵向表面测定硬度,结果在 38~39HRC 范围内。从硬度检测结果看出,轴的表面硬度与心部硬度相近,且均低于设计要求。

5)金相检验。在疲劳核心区附近取样进行金相分析,非金属夹杂物为 A2、B1、D1e(GB/T 10561—2005);晶粒度为 7.5 级(GB/T 6394—2017);疲劳核心区及表面与心部显微组织均为回火索氏体。分析表明该轴是在调质热处理状态下,未经任何表面处理直接投入使用的。

(2)分析与讨论。

1)减速器轴纵向表面与轴横断面的洛氏硬度检测结果表明,失效轴硬度值为 36~39HRC,远低于技术要求的 59~62HRC,显然与设计要求不符。

2)该轴从表面至心部的组织为回火索氏体,说明该轴是在调质状态下使用的,与所要求的中频感应淬火表面处理使用状态不相符,由于工艺上的不合理,造成轴的疲劳抗力降低。

3)从减速器轴断裂的位置看,疲劳起源于轴的退刀槽应力集中处。断口有明显的三个区域,属于典型的疲劳断裂。瞬时断裂区在疲劳核心区的对面,由此可见,失效轴主要受旋转弯曲应力。而从瞬时断裂区较小、较圆的情况看,失效轴整体受力较小。根据上述断口分析结果及断裂形貌,认为轴断裂属于中等名义应力集中条件的旋转弯曲产生的疲劳断裂。轴在承受旋转弯曲应力的作用下,由于轴的表面硬度较低,加上退刀槽应力集中,使轴在正常工作应力下在退刀槽处过早产生疲劳裂纹,随着循环载荷的作用,疲劳裂纹不断向基体内扩展,致使轴的有效承载尺寸减小并产生弯曲,当进行冷校直时,对轴的凸起方向施加一定向下的外力时导致轴的断裂。

（3）结论。由于热处理工艺不合理致使材料力学性能低于设计要求，以及退刀槽底部应力集中造成轴的疲劳强度降低，产生疲劳裂纹和弯曲变形，在校直过程中发生断裂。

本例可从以下几个方面来解决问题：

1）将新轴的砂轮越程槽根部加工成小圆弧，以改善根部的应力集中情况。

2）改进轴表面热处理工艺，如进行中频感应淬火+高温回火（金相组织应为马氏体），保证硬度值达到 59~63HRC。

五、机械零件修复工艺选择

15. 机械零件修
复工艺选择

（一）修理或更换机械零件的原则

1. 确定修理或更换零件应考虑的因素

（1）零件对设备精度的影响。一般零件的磨损未超过规定公差，估计可用到下个修理周期时可不更换；估计用不到下个修理周期或会对精度产生影响而且拆卸不方便的，应考虑修复或更换。

（2）零件对完成预定使用功能的影响。当零件磨损已不能完成预定的功能时，如离合器失去传递动力的作用，液压系统不能达到规定的压力和压力分配等，都应考虑修复或更换。

（3）零件对设备性能和操作的影响。零件磨损后虽能完成预定的使用功能，但影响设备的性能和操作，应考虑修复或更换。

（4）零件对设备生产率的影响。零件磨损后导致生产率下降，如机床导轨磨损，配合表面研伤，丝杠副磨损和弯曲等，使机床不能满负荷工作，应考虑修复或更换。

（5）零件对其本身强度和刚度的影响。零件磨损后，强度下降，继续使用可能会引起严重事故，此时必须更换。

（6）零件对磨损条件恶化的影响。磨损零件继续使用会引起磨损加剧，甚至效率下降、发热、表面剥蚀等，最后引起卡住或断裂等事故，此时必须修复或更换。

2. 配合零件的修换原则

表 4-5 所列为配合零件基本修换原则。

表 4-5　配合零件基本修换原则

配合件	基本原则	
	修复	更换
一般零件与标准零件	一般零件	标准零件
主要零件与次要零件	主要零件	次要零件
较大零件与较小零件	较大零件	较小零件
加工工序多的零件与加工工序少的零件	加工工序多的零件	加工工序少的零件
非易损零件与易损零件	非易损零件	易损零件

（二）机械零件修复工艺选择

1. 机械零件的修复方法与修复工艺

机械零件的修复方法很多，主要包括机械修复法、电镀修复法、热喷涂修复法、焊接修复法、粘接修复法及刮研修复法等，每一种修复方法又可以采用多种修复工艺。

图 4-28 所示为常用机械零件的修复方法及修复工艺。

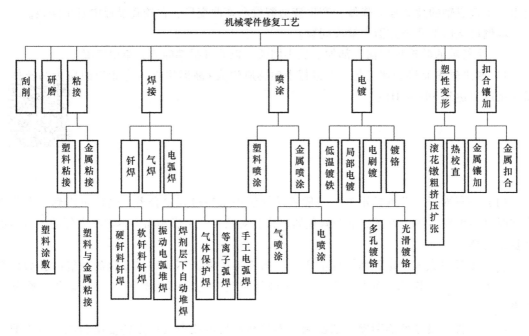

图 4-28　机械零件的修复方法及修复工艺

2. 选择修复工艺时应考虑的因素

（1）对零件材质的适应性。任何一种修复工艺都不能完全适应各种材料，表 4-6 所列为几种修复工艺对常用材料的适应性。

表 4-6　几种修复工艺对常用材料的适应性

序号	修理工艺	低碳钢	中碳钢	高碳钢	合金结构钢	不锈钢	灰铸铁	铜合金	铝
1	镀铬	+	+	+	+	+	+		
2	低温镀铁	+	+	+	+	+	+		
3	气焊	+	+		+		−		
4	手工电弧焊	+	+	+	+		−		
5	焊剂层下自动堆焊	+							
6	振动电弧堆焊	+	+	+	+		−		
7	钎焊	+	+	+	+	+	+	+	−
8	金属喷涂	+	+	+	+	+	+	+	+
9	塑料粘接	+	+	+	+	+	+	+	+
10	塑性变形							+	+
11	金属扣合						+		

注："+"为适应性良好；"−"为适应性不好。

（2）能达到的修补层厚度。厚度不同的零件所需要的修补层厚度也不同，因此必须了解各种修复工艺所能达到的修补层厚度。图 4-29 所示为几种主要修复工艺所能达到的修补层厚度。

（3）被修零件构造对修复工艺选择的影响。例如，轴上螺纹损坏可车成直径小一级的螺纹，但要考虑拧入螺母是否受到临近轴颈尺寸较大的限制；采用镶螺纹套法修理螺纹孔以及采用扩孔镶套法修理孔径时，孔壁厚度与邻近螺纹孔的距离尺寸是主要限制因素，如图 4-30 所示。

（4）修补层对零件物理性能的影响。修补层的物理性能对修复后零件的物理性能有直接影响，因此在选择修复工艺时，必须考虑修补层物理性能，如硬度、可加工性、耐磨性及密实性等。

（5）零件修理后的强度。修补层的强度、修补层与零件的结合强度以及零件修理后的强度，是衡量修理质量的重要指标。表 4-7 所列几种修复工艺修补层的力学性能可供选择修复工艺时参考。

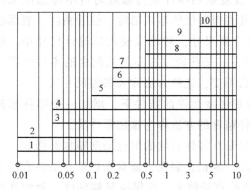

图 4-29　几种主要修复工艺能达到的修补层厚度（单位：mm）

1—镀铬　2—滚花　3—钎焊　4—振动电弧焊
5—手工电弧焊　6—镀铁　7—粘接　8—熔剂
层下电弧焊　9—金属喷涂　10—镶加零件

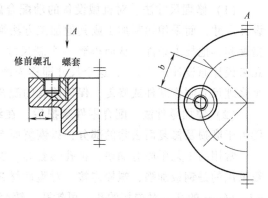

图 4-30　镶螺纹套时考虑周围结构对尺寸的影响示意图

表 4-7　几种修复工艺修补层的力学性能

序号	修复工艺	修补层本身抗拉强度/MPa	修补层与 45 钢结合强度/MPa	零件修理后疲劳强度降低的百分数（%）	硬度
1	镀铬	400～600	300	25～30	600～1000HV
2	低温镀铁		450	25～30	45～65HRC
3	手工电弧堆焊	300～450	300～450	36～40	210～420HBW
4	焊剂层下电弧堆焊	350～500	350～500	36～40	170～200HBW
5	振动电弧堆焊	620	560	与 45 钢接近	25～60HRC
6	银焊	400	400		
7	铜焊	287	287		
8	锰青铜钎焊	350～450	350～450		217HBW
9	金属喷涂	80～110	40～95	45～50	200～240HBW
10	环氧树脂粘补		热粘:20～40 冷粘:10～20		80～120HBW 80～120HBW

（6）对零件精度的影响。对精度有一定要求的零件，主要考虑修复中的受热变形。修复时，大部分零件温度比常温高。对于电镀、金属喷涂、电火花镀敷及振动电弧堆焊等，零件温度低于100℃时，热变形很小，对金属组织几乎没有影响；软焊料钎焊温度为250～400℃，对零件的热影响也较小；硬焊料钎焊时，零件要预热或加热到较高温度，如达到800℃以上时就会使零件退火，热变形增大。

六、轴套类及箱体类机械零件的修复方法

（一）轴套类机械零件的常用修复方法

1. 机械修复法

16. 机械修复法

采用机械加工、机械连接和机械变形等各种机械方法，使磨损、断裂、缺损的零件得以修复的方法称为机械修复法。根据具体工艺的不同，机械修复法主要又分为下述几种方法：

（1）修理尺寸法。对机械设备的动配合副中较复杂的零件进行修理时可不考虑原来的设计尺寸，而采用切削加工或其他加工方法恢复其磨损部位的形状精度、位置精度、表面粗糙度和其他技术条件，从而得到一个新尺寸（这个新尺寸，对轴来说比原设计尺寸小，对孔来说比原设计尺寸大），这个尺寸即称为修理尺寸。与此较复杂零件相配合的零件则按这个修理尺寸制作新件或修复，保证原有的配合关系不变，这种方法称为修理尺寸法。

（2）镶加零件法。配合零件磨损后，在结构和强度允许的条件下，增加一个零件来补偿由于磨损及修复而去除的部分，以恢复原有零件精度的方法称为镶加零件法。

常用的工艺手段有加垫、扩孔镶套等。加垫法是在零件裂纹的附近局部镶加补强板，一般采用的是钢板加强，螺栓连接。对脆性材料裂纹，应钻止裂孔，通常在裂纹末端钻直径为 $\phi 3 \sim \phi 6mm$ 的孔。对损坏的孔，可镗孔、镶套，将孔直径镗大，应保证足够刚度，套的外径与孔应保证适当过盈量，套的内径可按原来与轴外径的配合尺寸加工好，也可留有加工余量，镶入后再切削加工至与轴外径的配合尺寸。对损坏的螺纹孔，可将旧螺纹扩大，再攻螺纹，然后加工一个内外均有螺纹的螺套拧入螺孔中。

图 4-31 所示为加垫及扩孔镶套修复法示例。

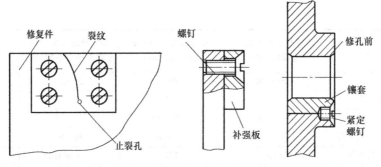

图 4-31　镶加零件法之加垫及扩孔镶套修复法示例

采用镶加零件法时应注意镶加零件的材料和热处理一般应与基体零件相同，必要时可选用比基体性能更好的材料。为防止松动，镶加零件与基体零件配合要有适当的过盈量，必要时可在端部加胶粘剂、止动销、紧定螺钉、骑缝螺钉或点焊固定等方法定位。

（3）局部修换法。对于各部位磨损量不均匀，只是某个部位磨损严重，其余部位尚好

或磨损轻微的零件，如果零件结构允许，将磨损严重的部位切除，重制该部位新件，用机械连接、焊接或粘接的方法固定在原来的零件上，使零件得以修复的方法称为局部修换法。失效齿轮修复即可采用局部修换法。

（4）塑性变形法。塑性材料零件磨损后，为了恢复零件表面原有的尺寸精度和形状精度，可采用塑性变形法修复，常用的工艺手段有滚花、镦粗、挤压、扩张、热校直等。

（5）换位修复法。某些零件如果局部磨损且可调头转向使用，则可采用换位修复法。此法应用必须满足结构对称或稍微加工即可实现调头转向使用的条件，如键槽或螺纹孔就可采用换位修复法。

2. 焊接修复法

利用焊接技术修复失效零件的方法称为焊接修复法。焊接修复法结合强度高、修复质量好、生产率高、成本低、灵活性大，但其热影响区大，易产生变形和应力以及裂纹、气孔、夹渣等缺陷。重要零件焊接后应进行退火处理以消除内应力。焊接修复法可以修复大部分金属零件因各种原因引起的损坏，但不宜修复较高精度、细长、薄壳类零件。

手工堆焊和自动堆焊是钢制零件常用的焊接修复方法。

3. 热喷涂修复法

用高温热源将喷涂材料加热至熔化或呈塑性状态，同时用高速气流使其雾化，喷射到经过预处理的工件表面上形成一层覆盖层的过程称为喷涂。将喷涂层继续加热，使之达到熔融状态而与基体形成冶金结合，获得牢固的工作层称为喷焊或喷熔，这两种工艺总称为热喷涂。

设备维修中最常用的是氧乙炔火焰喷涂和喷焊。

4. 电镀修复法

电镀是利用电解的方法，使金属或合金沉积在零件表面上形成金属镀层的工艺方法。电镀可用于修复失效零件的尺寸，还可用于提高零件表面的耐磨性、硬度和耐蚀性等，目前常用的有镀铬、镀铁和电刷镀等工艺。

（1）镀铬。镀铬层具有硬度高、摩擦因数小、耐磨性高，热导率比钢和铸铁高约40%等特点；且具有较高化学稳定性，耐蚀性强，镀层与基体结合强度高。其主要缺点是性脆，只能承受均布载荷，受冲击时易破裂，且随着镀层厚度增加，镀层强度、疲劳强度降低。

（2）镀铁。镀铁工艺分为高温镀铁和低温镀铁，低温镀铁应用较广，具有可控制镀层硬度、可提高耐磨性、沉积速度快、镀层厚度可达2mm及成本低、污染小等优点。当磨损量较大，又需要耐腐蚀时，可用镀铁层作为底层或中间层补偿磨损的尺寸。

（3）电刷镀。电刷镀是依靠一个与阳极接触的垫或刷提供电镀所需电解液的电镀方法，可通过调整电镀时间、镀笔与工件相对运动速度及电流密度获得所需镀层厚度。电刷镀属于无槽电镀，相比槽镀有设备简单、不受零件尺寸限制、沉积速度快等优点，其缺点是劳动强度大、消耗镀液较多等。

（二）轴类零件的具体修复内容及修复方法

轴类零件的具体修复内容主要有轴颈磨损修复、轴上裂纹或断轴修复、轴弯曲变形修复、中心孔损坏修复、轴上圆角及螺纹修复、键槽修复、花键轴修复等。

1. 轴颈磨损时的修复方法

当轴颈因磨损而失去原有的尺寸和形状精度，变成椭圆或圆锥形等，常用以下方法修复：

（1）修理尺寸法。当轴颈磨损量小于 0.5mm 时，可用机械加工方法使轴颈恢复正确的几何形状，然后按轴颈的实际尺寸选配新轴衬。此法可避免变形，经常使用。

（2）堆焊法。几乎所有的堆焊工艺都能用于轴颈的修复。堆焊后不进行机械加工的，堆焊层厚度应保持在 1.5~2.0mm；若堆焊后仍需进行机械加工，堆焊层厚度应比轴颈公称尺寸大 2~3mm，堆焊后应进行退火处理。

（3）电镀或热喷涂。当轴颈磨损量在 0.4mm 以下时，可用镀铬修复，但成本较高，只适用于重要的轴。对于非重要的轴用低温镀铁修复效果很好，镀层厚度可达 1.5mm，硬度较高。磨损量不大的可用热喷涂修复。

（4）粘接修复。把磨损的轴颈直径车小 1mm，然后用玻璃纤维蘸上环氧树脂胶，一层一层缠在轴颈上，待固化后加工到规定的尺寸。

2. 轴出现裂纹或断裂时的修复方法

（1）粘接法。该方法适用于轻微裂纹。在裂纹处开槽，用环氧树脂填补和粘接，固化后再进行机加工。

（2）焊补法。该方法适用于承载较小或不重要的轴，且裂纹深度不超过轴直径的 10%。焊补前先清洁轴，并在裂纹处开好坡口；焊补时，先在坡口周围加热，然后焊补；焊补后回火处理以消除内应力，最后通过机械加工达到规定的技术要求。

（3）焊接法。当受力不大或不重要的轴折断时可采用焊接修复方法，分别有焊接断轴、断轴套接和断轴接段三种工艺手段。

图 4-32 所示为采用焊接断轴修理法修复断轴。图 4-32a 所示为用焊接法把断轴两端对接起来，焊接前先将两轴端面钻好圆柱销孔、插入圆柱销，然后开坡口对接，销直径一般为 $(0.3~0.4)d$，d 为断轴直径；图 4-32b 所示为用双头螺柱代替圆柱销。

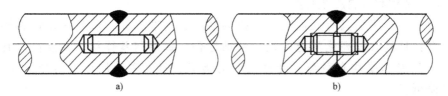

图 4-32　采用焊接断轴修理法修复断轴

如果是轴的过渡部分折断，可另加工一段新轴代替折断部分，新轴一端车出带有螺纹的尾部，旋入轴端已加工好的螺孔内，然后进行焊接，此法属于断轴套接。

如果折断轴的断面经过修整后，轴的长度缩短了，可在轴的断口部位再接上一段轴颈，即断轴接段修理法。

值得注意的是，对于承受载荷很大或重要的轴，当裂纹深度超过轴直径的 10% 或存在角度超过 10° 的扭转变形时，都应予以及时调换。

3. 轴弯曲时的修复方法

对于弯曲变形的轴可采用热校法或冷校法修复。弯曲量较小可用冷校法，通常在车床上校正，也可使用千斤顶或螺旋压力机；要求较高或弯曲量较大的轴则用热校法，即通过加热使轴的温度达到 500～550℃，待冷却后进行校正，热校后应使轴的加热处退火。

4. 轴出现其他形式失效时的修复方法

轴的中心孔如果损坏不严重，用三角刮刀或油石等修整；当损坏严重时，应将轴装在车床上用中心钻加工修复至完全符合规定的技术要求。轴的圆角磨伤时，可用细锉或通过车削、磨削加工修复，当磨损很大时，需进行堆焊，退火后车削至原尺寸。轴上螺纹碰伤、螺母不能拧入时，可用圆板牙或通过车削加工修整；若螺纹滑牙或掉牙，可先把螺纹全部车削掉，然后进行堆焊，再通过车削加工修复。轴上键槽有小凹痕、毛刺或轻微磨损时，可用细锉、油石或刮刀进行修整；若键槽磨损较大，可扩大键槽或重新开槽，也可在原槽位置上旋转 90°或 180°重新开槽，开槽前需先把旧键槽用气焊或电焊填满。

例 4-2　某 ZD40 型减速器齿轮轴突然断裂，采用修复断轴办法处理，断裂轴如图 4-33 所示。

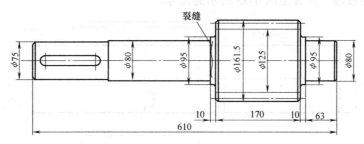

图 4-33　ZD40 型减速器断裂齿轮轴结构尺寸及裂纹位置示意图

1. 断轴失效与修复分析

经查询，该减速器用于 1.7m×2.5m 风扫式煤磨系统，所配电动机为 JR116-6 型，功率为 95kW，转速为 1000r/min，保证齿轮的原始强度、硬度及轴的刚度是修理的关键。

（1）失效形式：疲劳断裂。

（2）损伤特征：可见到断口表层或深处的裂纹痕迹，并有新的发展迹象。

（3）产生原因：交变应力作用，局部应力集中，微小裂纹扩展。

（4）修复方法：可采用焊接断轴、断轴套接或断轴接段方法。

2. 确定修复方案

根据对该轴结构、轴裂纹产生及断裂位置分析，拟采用断轴套接法，即把齿轮中心镗空后与另外加工的一根 ϕ95mm 新轴套接；新轴与镗空的齿轮之间可以用键连接或过盈连接。

由图 4-33 可知齿顶圆 ϕ161.5mm，齿根圆 ϕ125mm，计算得模数 $m = 8$mm；轴径为 ϕ95mm，查表得键槽尺寸为 28mm×16mm，轴上键槽深度 $t_1 = 10$mm，毂上键槽深度 $t_2 = 6.4$mm，齿轮齿根与键槽槽底距离 δ（见图 4-34）仅 8.6mm。而在齿轮结构设计中，当 $\delta \leqslant 2.5m$ 时，宜采用齿轮轴，δ 过小很可能导致齿轮报废，不宜采用键连接，故采用过盈连接来连接新轴和齿轮。

3. 拟订修复工艺

（1）确定新轴材质。原齿轮轴的材质为 40Cr，根据轴与齿轮的结合要求，选用综合性能较好且较便宜的经调质处理的 45 钢作为新轴的材料。

（2）确定齿轮内孔与轴的配合尺寸。修复后轴与齿轮结合处将传递较大的转矩，因而应选用大过盈量的配合。确定齿轮与轴结合处的轴孔公称尺寸为 ϕ95mm，选用 H7/y7 配合，

查表得其配合值为 $\phi 95^{+0.035}_{0}$ mm$/\phi 95^{+0.249}_{+0.214}$ mm。

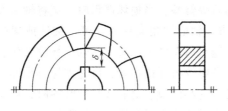

图 4-34　齿轮齿根与键槽槽底距离示意图

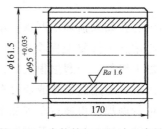

图 4-35　齿轮的加工尺寸示意图

（3）齿轮的处理。齿轮镶全轴，必须把齿轮中心镗空。将齿轮夹在车床上，以齿轮外径及端面为基准进行找正，保证两者的圆跳动量均不大于 0.022mm，即可进行加工。先车去齿轮上所带的残轴，并镗至图 4-35 所示的尺寸。

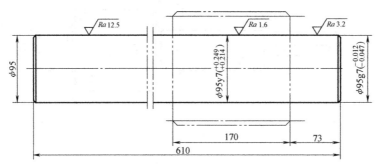

图 4-36　轴的初加工尺寸示意图

（4）轴的初加工。为保证齿轮与轴的结合强度，在轴与齿轮过盈配合组装后，还将在齿轮两端与轴结合处进行焊接作业。这样，有可能造成轴的变形。因此，在初加工轴时，要保证后加工工序有足够的加工余量。初加工后的轴如图 4-36 所示。

（5）轴与齿轮的装配。经过加工的齿轮和初加工的轴在装配时，因选用的配合过盈量较大，采用压力法及油煮法装配难度较大，因而选用柴火加热方法装配。加热时将齿轮牢固支起，齿轮周围要有防风设施，以免齿轮受热不均。加热时要缓慢，以免造成齿轮局部过热而影响齿轮强度。待齿轮内孔胀到合适尺寸（可做一专用测量工具），即可用吊具将轴吊装入齿轮孔中。装配前要在轴上做好记号，确保一次到位，然后熄火等待轴与齿轮冷却抱死。

（6）轴与齿轮的焊接。为增加轴与齿轮的结合强度，待轴与齿轮降至同温后，选用抗裂性能较好的 J427 焊条在齿轮两端进行焊接。焊接时采用小电流对称焊，高度达到能加工出 $R5$mm 圆弧即可。焊接时要用敲击法消除内应力，同时要尽力减小轴的热变形。

（7）齿轮轴的加工。经过焊接的齿轮轴待温度完全降至室温后即可上车床加工。在加工前，首先要以齿轮外径为基准，在齿轮径向圆跳动量<0.022mm 的情况下，对轴两端的中心孔进行修正。然后将轴两端用顶尖顶住，按原图样的要求，对轴上各段进行加工，达到要求为止。

（三）箱体类机械零件的常用修复方法

1. 金属扣合法

金属扣合法属于机械修复法，是利用高强度合金材料制成的特殊连接件以机械方式将损坏的机件重新牢固地连接成一体，以达到修复目的的工艺方法。该方法主要适用于大型铸件裂纹或折断部位的修复。

（1）强固扣合法。该法适用于修复壁厚为 8～40mm 的一般强度要求的薄壁机件，其工艺过程如图 4-37 所示。首先在垂直于机件裂纹或折断面方向上加工出具有一定形状和尺寸的波形槽，然后镶入形状与波形槽相吻合的高强度波形键，在常温下铆击使波形键产生塑性变形充满槽腔，这样波形键的凸线与波形槽的凹部相互扣合，损坏的两面重新牢固地连接成一体。

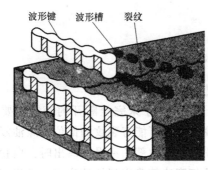
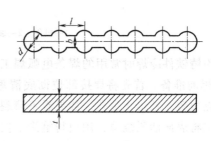

图 4-37　强固扣合法及其所采用的波形键

（2）强密扣合法。对于有密封要求的机件，如承受高压的气缸、高压容器等防渗漏的零件，除了保证一定强度外，还应保证其密封性，此时可采用强密扣合法，如图 4-38 所示。

该法是在强固扣合法的基础上，在两波形键之间、裂纹或折断面的结合线上加工缀缝拴孔，并使第二次钻的缀缝拴孔稍微切入已装好的波形键和缀缝拴，形成一条密封的"金属纽带"，以达到阻止流体受压渗漏的目的。

（3）优级扣合法。该法主要用于修复在工作过程中要求承受高载荷的厚壁机件，如水压机横梁、轧钢机主梁、辊筒等。为了使载荷分布到更多的面积并远离裂纹或折断处，在垂直于裂纹或折断面的方向上应镶入钢制的砖形加强件，用缀缝拴连接，有时还用波形键加强，如图 4-39 所示。

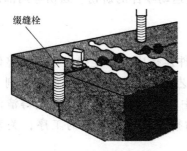
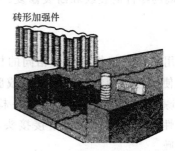

图 4-38　强密扣合法　　　　　　　　　　图 4-39　优级扣合法

（4）热扣合法。该法利用加热的扣合件在冷却过程中产生收缩而将开裂的机件锁紧，适用于修复大型飞轮、齿轮和重型设备机身的裂纹和折断面。如图 4-40 所示，圆环状扣合件适用于修复轮廓部分的损坏，工字形扣合件适用于修复机件壁部的裂纹或断裂。

2. 焊补法

当铸铁材料的箱体类零件有裂纹时常进行焊补，铸铁件的焊补分为热焊法和冷焊法。

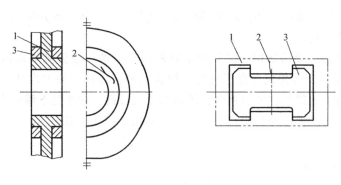

图 4-40　热扣合法

1—机件　2—裂纹　3—扣合件

以下为铸铁件冷焊时常用的焊条电弧焊工艺过程：

（1）焊前准备。首先将焊接部位彻底清理干净，对于未完全断开的铸铁件要找出全部裂纹及端点位置，钻出止裂孔。如果看不清裂纹，可将可能有裂纹的部位用煤油浸湿，再用氧乙炔火焰将表面油质烧掉，用白粉笔涂上白粉，裂纹内部的油慢慢渗出时，白粉上即可显示出裂纹的痕迹，也可采用王水腐蚀法、手砂轮打磨法等确定裂纹的位置。再将焊接部位开出坡口，为使断口合拢复原，可先点焊连接，再开坡口。铸铁件组织较疏松，可能吸有油脂，因此焊接前要用氧乙炔火焰进行火烤脱油，并在低温（50～60℃）均匀预热后进行焊接。焊接时要根据铸铁件的作用及要求选用合适的焊条，其中使用较为广泛的是镍基铸铁焊条。

（2）施焊。焊接场地应无风、暖和。采用小电流、快速焊、先点焊定位，用对称分散的顺序、分段、短段、分层交叉、断续、逆向等操作方法，每焊一小段，熄弧后马上捶击焊缝周围，使铸铁件应力松弛，并且在焊缝温度下降到60℃左右不烫手时，再焊下一道焊缝，最后焊止裂孔。铸铁件经打磨铲修后，修补缺陷，便可使用或进行机械加工。

铸铁件对钎焊修复法的适应性较好。钎焊相比其他焊接方法，焊缝强度低，适用于强度要求不高的零件的裂纹和断裂修复，尤其适用于低速运动零件的研伤、划伤等局部缺陷的补修。

3. 粘接法

利用黏结剂把相同或不相同的材料或损坏的工件连接成一个连续、牢固的整体，使其恢复使用性能的方法称为粘接或胶接。粘接的工艺过程是表面处理—配黏结剂—涂黏结剂—晾置—合拢—清理—固化—检查—加工，其中，表面处理的目的是获得清洁、粗糙、活性的表面，以保证粘接接头牢固，是整个粘接工艺中最重要的工序，关系到粘接的成败。

粘接法主要应用场合是：机床导轨磨损的修复，零件动、静配合磨损部位的修复，零件裂纹和破损部位的修复，填补铸件的砂眼和气孔，以及连接表面的密封堵漏和紧固防松。

（四）变速器箱体主要失效形式及修复方法

1. 变速器箱体失效分析与修复

变速器箱体的主要失效形式有箱体的变形、裂纹以及箱体上轴承孔的磨损等，原因主要有箱体在制造加工中出现的内应力和外载荷、切削热和夹紧力；装配不良，间隙调整方法不当或未达到技术要求；变速器使用过程中超载、超速；润滑不良等。

可采用的修复方法主要有：

（1）研磨法或机械加工法。当箱体上平面翘曲较小时，可将箱体倒置于研磨平台上进行研磨修平；当箱体上平面翘曲较大时，采用磨削或铣削加工，应以孔的轴线为基准找平，保证加工后平面与轴线的平行度。

（2）当箱体产生裂纹时应用焊补法。此时应注意尽量减少箱体的变形和产生的白口组织。

（3）镶加零件法或修理尺寸法。当箱体的轴承孔磨损或孔的轴线之间的平行度超差时，可用镗孔镶套的方法修复，轴承孔磨损还可采用修理尺寸法修复。

（4）根据箱体的轴承孔磨损时的具体情况还可采用局部电镀、喷涂或电刷镀等方法修复。

如图 4-41 所示，某变速器箱体几何尺寸较大，现壳体轴承松动，需要修复。如果采用镗孔镶套法，费时费工；如果采用轴承外环镀铬方法，则给以后更换轴承带来麻烦。可采用在现场利用零件建立一个临时电镀槽进行局部电镀的方法，直接修复孔的尺寸。

2. 变速器箱体失效分析与修复实例

下面以某变速器箱体裂纹修复为例讲解工程实践中变速器箱体断裂（或出现裂纹）修复的工作思路。

例 4-3　图 4-42 所示为某推土机用变速器箱体裂纹位置示意图，现进行焊接修复，请进行焊接工艺分析。

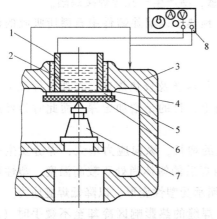

图 4-41　采用局部电镀法修复箱体轴承孔

1—纯镍阳极　2—电解液　3—箱体
4—聚氯乙烯薄膜　5—泡沫塑料
6—层压板　7—千斤顶　8—电源

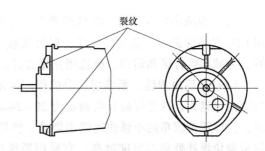

图 4-42　变速器箱体裂纹位置示意

1. 箱体焊接性分析

箱体材质是 HT250，S、P 等有害杂质含量较高，焊接接头产生裂纹的可能性较大。由于焊接熔池凝固快，焊缝及近缝处极易产生脆性组织，强度低、塑性差。另外，焊接时局部加热不均匀，快速冷却易产生较大的焊接应力，也会导致焊缝及近缝区域产生裂纹。因此，要保证修复质量就必须制订合理的补焊工艺和严格的焊接规范。

2. 焊接方法及焊接材料

使用 CO_2 气体保护焊进行修复，CO_2 气体在电弧高温下分解出原子态氧，具有很强的氧化性，焊接时能使母材过渡到焊缝中的碳大部分烧损，从而避免了焊缝中白口和淬硬组织的出现，焊缝不易出现裂纹。焊机选用 KR-200 型，焊丝选用 H08Mn2SiA，直径 $\phi0.8$mm。

3. 焊前准备

（1）清除焊缝表面的油渍及其他杂质，用着色探伤的方法找出裂纹终点。

（2）在裂纹终点前 10mm 处用手电钻钻出 $\phi10$mm 的止裂孔，如图 4-43 所示。

（3）如图 4-44 所示，用角向砂轮在裂纹处开出较大坡口来降低熔合比，阻止焊缝中 S、P 等成分增加。

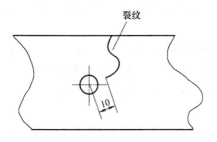

图 4-43　钻出止裂孔

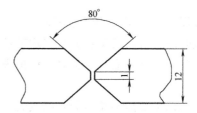

图 4-44　坡口尺寸图

（4）焊前须检查焊丝表面，不得有水分、油污等杂质，这是由于 CO_2 气体保护焊对铁锈的敏感性不太高，但对水分、油污等杂质特别敏感，易产生气孔等焊接缺陷。

（5）由于箱体已经装配，需要对坡口周围进行预热，以清除铸件中石墨所吸收的油渍及润滑脂，直到不再渗出油渍为止。

4. 焊接工艺

（1）为减小白口和热影响区的宽度，采用小直径焊丝及较快焊速。在通常情况下，使用 CO_2 气体保护焊，选用反极性，即负极接于母材上，目的是增加熔深。而此时为堆焊修补，为减小熔合区和熔深，故选用正接方式。

（2）采用短焊缝、断续焊、分散焊。因随焊缝的增长，纵向应力增大，焊缝发生裂纹的倾向也越大。故将焊缝长度确定为 20~24mm。当焊后的箱体尚处于较高温度，塑性最好时，立即用带圆角的小锤快速锤击焊缝，使焊缝金属承受塑性变形，以降低焊缝应力。为了尽量避免焊补处局部温度过高，宜采用断续焊，待焊缝的热影响区冷却至不烫手时（50~60℃），再焊下道焊缝。必要时也可采用分散焊，即不在固定部位连续焊接，焊完一段马上到另一处再焊一段。这样可以更好地避免焊补区温度过高，以避免裂纹产生。

（3）采用多层多道焊接，每层厚度控制在 2~3mm。

（4）直线运条，不摆动，每焊完一段熄弧时，须将弧坑填满，并把电弧引至引弧处熄灭。

5. 焊后处理及检测

焊后用石棉布覆盖在焊接区域，以减缓冷却速度。待冷却至室温时，将焊接区域清理干净，先用低倍数放大镜检查，若未见裂纹，再将滑石粉撒在焊接处，用锤子轻敲，也未见裂纹，则完成检测。

项目实施

一、减速器装配与调整工量具准备

1. 技术资料准备

图 4-45 所示为 JZQ 型二级斜齿圆柱齿轮减速器的装配示意图，识读其组成及结构。

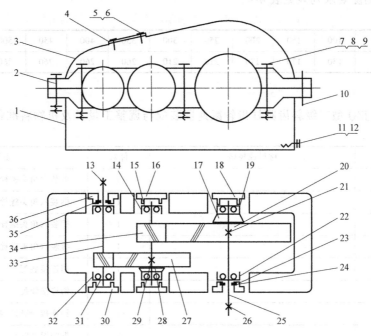

图 4-45　JZQ 型二级斜齿圆柱齿轮减速器装配示意图

1—箱座　2、7—螺栓　3—箱盖　4—视孔盖　5—螺钉　6—垫片　8—弹簧垫圈　9—螺母　10—圆锥销　11—螺塞
12—密封垫片　13、21、26、29—键　14、22、32—滚动轴承　15、19、31—调整垫　16、18、30—闷盖
17、28—锥套　20、27—Z4/Z2 齿轮　23、36—透盖　24、35—骨架油封　25—低速轴　33、34—Z1/Z3 齿轮轴

查询 JZQ 型二级斜齿圆柱齿轮减速器的产品说明书，可知该减速器在安装与调整方面的要求如下：

（1）拆卸齿轮时必须注意零件上确定位置的记号。

（2）清洗零件的注意事项：清洗前应仔细去除零件上的防锈油、密封漆，不得损伤零件的加工表面；滚动轴承用高级汽油清洗后，自然风干或吹干；清洗后在零件上不得留有棉纤维。

（3）重新装配减速器时，在滚动轴承内加入润滑脂，用油量为轴承室容量的1/3。可通端盖的密封槽内稍涂一点润滑脂。回油槽及回油孔内不准进入润滑脂。

（4）减速器在基础上装好并校正后，即可拧紧基础螺栓，须对称均匀地拧紧。

（5）减速器与电动机及工作机器的同轴度必须调整到联轴器允许的范围内。

（6）该系列减速器采用的滚动轴承有单列向心球轴承和圆锥滚子轴承两种，其中单列向心球轴承的轴向间隙用调整环调整到（0.4±0.2）mm，在制造厂调整好；圆锥滚子轴承的轴向间隙可通过旋动调整螺钉调整，其间隙列表见表4-8。

表 4-8　JZQ 型二级斜齿圆柱齿轮减速器圆锥滚子轴承的轴向间隙列表

轴承型号	7318	7526	7530	7536
轴向间隙/mm	0.07～0.18	0.08～0.20	0.08～0.20	0.10～0.22

（7）该系列减速器齿轮轮齿工作面的接触精度用涂色法或光泽法检验，接触斑点应在工作齿面的中部，沿齿长方向不小于 60%，沿齿高方向不小于 45%；侧隙的大小可用软铅丝进行检验，侧隙要求列表见表 4-9。

表 4-9　JZQ 型二级斜齿圆柱齿轮减速器齿轮啮合侧隙要求列表

中心距/mm	100	150	200	250	300	350	400	450	500	600
保证侧隙/μm	130	170	170	210	210	260	260	260	260	340

2. 工量具准备

表 4-10 为 JZQ 型二级斜齿圆柱齿轮减速器装配与调整工量具及机物料准备表。

表 4-10　JZQ 型二级斜齿圆柱齿轮减速器装配与调整工量具及机物料准备表

名称	材料或规格	件数	备注
活扳手		1	拆装六角头螺栓
呆扳手		1	拆装六角头螺栓
套筒扳手		1	拆装六角头螺栓
梅花扳手		1	拆装六角头螺栓
锤子	1kg	1	销连接装配
冲子		1	销连接装配
铜棒		1	销连接、轴组装配
自定心顶拔器		1	拆卸滚动轴承
压力机		1	拆卸齿轮
金属直尺		1	尺寸测量
游标卡尺	150mm	1	尺寸测量
内径、外径千分尺		各 1	尺寸测量
百分表及表架		1	调整检验
清洁布		若干	清洁零件
记号笔	中号	1	标记零件
润滑油		少量	装配骨架油封
软铅丝	根据侧隙确定,不超过最小间隙的 4 倍	若干根	检验齿侧间隙
红丹粉		少量	检验齿面接触
润滑脂	1 号钙基脂(SYB1717-59)	若干	滚动轴承润滑

二、减速器装配与调整步骤

1. 检查装配件

先检查待拆装减速器，并检查工量具和场地准备情况。

2. 完成减速器的拆卸、装配、调整

（1）拟订拆卸顺序，完成减速器的拆卸。

（2）拟订装配方法及装配顺序，绘制装配单元系统图（学生完成）。

（3）减速器的装配、调整与润滑。

在盖上箱盖前参照减速器产品说明书有关标准，检测齿侧间隙和齿面接触精度，检查或调整轴向间隙，经指导教师检查合格后才能合上箱盖，并在装配箱盖与箱座之间的螺栓前应先安装好定位销，最后分2~3次按适当顺序依次拧紧各个螺栓。

（4）试运转。首先进行试运转前的检查，然后以手动方式完成试运转，如果发现问题，拆开重装。最后，整理现场。

项目作业

一、选择题

1. 齿侧间隙的大小与下列因素中的_____没有关系。

a. 间隙等级　　　　b. 中心距　　　　c. 齿数　　　　d. 模数

2. 测量带的下垂量时，在带的中间_____施加力。

a. 用手压　　　　　　　　　　b. 用弹簧秤拉

c. 利用任一重物悬挂　　　　　d. 利用带的自重

3. 同步带传动中，若中心距大于最小带轮直径的_____倍时，带轮必须有凸缘。

a. 4　　　　b. 6　　　　c. 8　　　　d. 10

4. 控制带的张紧度时，可以用带张紧仪测量带的_____。

a. 振动频率　　　b. 下垂量　　　c. 张紧力　　　d. 中心距

5. 链条伸长量若超过其原长度的_____时，必须更换。

a. 2%　　　　b. 3%　　　　c. 5%　　　　d. 8%

6. 校准传动机构的轮子时，用_____检查轮子在水平平面的偏离误差。

a. 水平仪　　　b. 直尺　　　c. 平尺　　　d. 百分表

7. 某齿轮齿面的接触精度检验印痕如图4-46所示，可能的原因是_____。

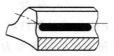

图4-46　某齿轮齿面接触精度检验印痕

a. 轴线偏斜　　　b. 中心距偏小　　　c. 中心距偏大　　　d. 齿面毛刺未清除

8. 装配链条时，弹簧卡片的开口应与链条的运动方向_____。

a. 相同　　　　b. 相反　　　　c. 无关

9. 装配链条时，应对链条的下垂量进行检查与调整，其大小与_____有关。

a. 中心距　　　b. 链条节数　　　c. 链轮大小　　　d. 链条类型

10. 链条张紧轮应安装在链条的_____部位。

a. 松边　　　b. 紧边　　　c. 松边或紧边　　　d. 靠近大链轮

11. 在生产实践中，最主要的失效形式是_____。

a. 磨损　　　　b. 变形　　　　c. 断裂　　　　d. 蚀损

12. 在生产实践中，最危险的失效形式是_____。

a. 磨损　　　　　b. 变形　　　　　c. 断裂　　　　　d. 蚀损

13. 机械零件磨损分为磨合阶段、稳定磨损阶段和剧烈磨损阶段，在_____阶段，如果使用保养得好，可以延长磨损寿命，提高设备的可靠性及有效利用率。

a. 磨合　　　　　b. 稳定磨损　　　　　c. 剧烈磨损

14. 在机械设备检修中，对于失效的一般零件和标准零件，采用的方法是_____。

a. 更换一般零件，修复标准零件　　　　b. 修复一般零件，更换标准零件

c. 都更换　　　　　d. 都修复

15. 对于承受载荷很大或重要的轴，若发现其产生裂纹，而且裂纹深度超过轴直径的10%或存在角度超过10°的扭转变形，则应采取_____方法解决。

a. 焊补　　　　　b. 更换新轴　　　　　c. 粘补　　　　　d. 电镀

16. 对于要求较高、需精确校正的轴或弯曲量较大的轴，可以采用_____方法修复。

a. 在螺旋压力机上校正　　　　b. 在车床上校正

c. 用千斤顶校正　　　　　d. 热校法

17. 在镶加零件法中，应注意镶加零件的材料和热处理一般应_____。

a. 与基体零件相同或更好　　　　b. 比基体零件差一些

c. 与基体材料无关　　　　　d. 远远超过基体零件

18. 在有色金属零件采用焊修法时，常采用_____修复法。

a. 手工堆焊　　　b. 振动电弧堆焊　　c. 钎焊　　　d. 埋弧自动堆焊

19. 对于重要零件，焊接后应进行_____处理，以消除内应力，不宜修复较高精度、细长、薄壳类零件。

a. 正火　　　　　b. 淬火　　　　　c. 调质　　　　　d. 退火

20. 如果某主轴轴颈的磨损量为 2mm 左右，同时要求耐腐蚀，那么可以采用_____层做底层或中间层补偿磨损的尺寸，然后再镀耐蚀性好的镀层。

a. 镀铁　　　　　b. 镀锌　　　　　c. 镀银　　　　　d. 镀铬

21. 整件零件进入镀槽进行电镀前，对不需要镀敷的表面应进行_____处理。

a. 防腐　　　　　b. 除锈　　　　　c. 绝缘　　　　　d. 脱油

22. 用高温热源将喷涂材料加热至熔化或呈塑性状态，同时用高速气流使其雾化，喷射到经过预处理的工件表面上形成一层覆盖层的过程称为_____。

a. 喷焊　　　　　b. 喷熔　　　　　c. 喷涂　　　　　d. 喷砂

23. 在粘接工艺过程中，关系到粘接成败的最重要的工序是_____。

a. 选择胶粘剂　　b. 设计接头　　　c. 表面处理　　　d. 完成粘接

24. 变速器箱体可能产生的主要缺陷有_____。（多选）

a. 箱体变形　　　b. 箱体裂纹　　　c. 轴承孔磨损　　d. 轴承孔变形

25. 当变速器箱体的上平面发生翘曲且翘曲较小时，一般可以采用_____的方法修复。

a. 将箱体倒置于研磨平台上研磨修平　　b. 磨削加工

c. 铣削加工　　　　　d. 锤子敲打

26. 在气缸磨损而且缸径没有超过标准直径上极限尺寸时，可采用镗削和磨削的方法将

缸径扩大到某一尺寸，然后选配与气缸相配的活塞和活塞环，恢复正确的几何形状和配合间隙，这种方法称为_____。

 a. 修理尺寸法 b. 镶加零件法 c. 局部修换法 d. 金属扣合法

27. 铸铁件采用冷焊法修复裂纹时多采用手工电弧焊，焊前准备主要包括_____。（多选）

 a. 将焊接部位彻底清理干净   b. 找出全部裂纹及端点位置

 c. 钻出止裂孔   d. 将焊接部位开出坡口

28. 轴上所倒圆角的修复方法有细锉修复、车削加工修复、磨削加工修复及_____修复。

 a. 堆焊法   b. 粘接法   c. 电镀法   d. 喷涂法

29. 在轴的折断修复中，若折断的轴断面经过修整后，轴的长度缩短了，此时需要采用_____进行修复，即在轴的断口部位再接上一段轴颈。

 a. 焊补法   b. 接段修理法   c. 粘接法   d. 金属扣合法

30. 电镀修复法不仅可用于修复失效零件尺寸，还可提高零件表面的_____。（多选）

 a. 耐磨性   b. 硬度   c. 耐蚀性   d. 接触精度

二、判断题

1. 链条张紧轮应安装在链条的松边部位靠近小链轮处。（ ）

2. 轮子的水平校准可以用直尺或刀口尺检查轮子端面是否在一条直线上。（ ）

3. 同步带传动与 V 带传动相比具有传动中心距大的优势。（ ）

4. V 带传动或链传动装配时必须检查并调整张紧力，张紧力越大，工作性能越好。（ ）

5. 齿轮传动机构的齿侧间隙都可以通过调整中心距调整。（ ）

6. 蜗杆传动的装配技术要求之一为蜗杆轴线应与蜗轮轴线垂直及中心距准确。（ ）

7. 对于长径比较小的高速旋转件，只需进行静平衡。（ ）

8. 对于转速较高或直径较大的旋转件，即使几何形状完全对称也要在装配前平衡。（ ）

9. 齿轮、滚动轴承等部件因制造精度低会引起振动而产生噪声，箱体静止部件因受到运动部件的激振也会引起振动产生噪声。（ ）

10. 封闭的齿轮箱对噪声可以起到共振的作用。（ ）

11. 相配合的主要件和次要件磨损后，一般是更换主要件，修复次要件。（ ）

12. 对于重型设备的主要承力件，发现裂纹必须更换。（ ）

13. 对于镶加、局部修换的零件，应采取过盈、粘接等措施将其固定。（ ）

14. 镶加零件的材料和热处理一般与基体零件相同，有时选用比基体性能差一点的材料。（ ）

15. 对于铸件的裂纹，在修复前一定要在裂纹的末端钻出止裂孔。（ ）

16. 经有机胶粘剂修复的零件，可在 3000℃ 的温度下长期工作。（ ）

17. 当发现减速器箱体的上表面发生翘曲时，可用铁质锤子在凸起部分锤击，使其平整。（ ）

18. 振动电弧堆焊的焊层质量好，焊后可不进行机械加工。（ ）

19. 采用焊条电弧焊修复铸铁件的裂纹时，每焊一小段，熄弧后马上锤击焊缝周围，使

铸铁件应力松弛。（　　）

20. 当轴上键槽磨损较大时，可直接在原位置上旋转 90°或 180°重新按标准开槽。

（　　）

三、读图分析题

识读图 4-47，试分析怎样保证轴承的轴向间隙以及锥齿轮的啮合精度。

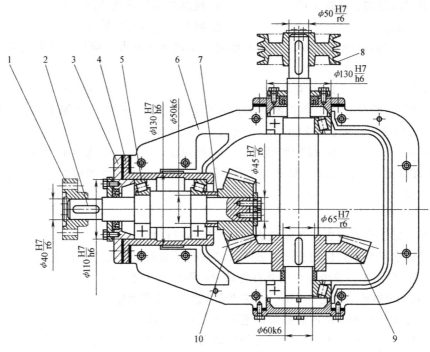

图 4-47　某锥齿轮减速器装配图

1—联轴器　2—输入轴　3—轴承盖　4—套环　5—滚动轴承　6—箱体　7—隔套　8—带轮　9、10—锥齿轮

项目五

卧式车床导轨装调与检修

学习目标

（1）能使用常用工量具完成螺旋机构装配与调整。

（2）能使用常用工量具完成导轨部件装配与调整。

（3）掌握卧式车床床身导轨几何精度检测标准，能完成其几何精度检测。

（4）会选择机床导轨适当修复工艺。

项目任务

（1）完成卧式车床刀架部件装配与调整。

（2）完成图5-1所示的卧式车床床身导轨几何精度的检验。

（3）完成卧式车床床身导轨失效分析及修复工艺讨论。

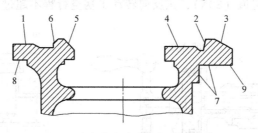

图 5-1　卧式车床床身导轨结构示意图

1~3—床鞍用导轨面　4~6—尾座用导轨面　7—齿条安装面　8、9—床身下导轨面

知识技能链接

一、螺旋传动机构装配技术

螺旋传动机构是利用螺母、螺杆组成的螺旋副来传递运动和动力，按螺旋副的摩擦状态分为滑动螺旋机构、滚动螺旋机构及静压螺旋机构。

（一）滑动螺旋机构装配与调整

1. 滑动螺旋机构的装配技术要求

（1）丝杠与螺母间应保证规定的配合间隙。

（2）丝杠与螺母的同轴度及丝杠轴线与基准面的平行度应符合规定要求。

17. 滑动螺旋机构装配技术

（3）丝杠的回转精度应在规定的范围内，丝杠与螺母间的相互转动应灵活。

2. 滑动螺旋机构的装配要点

滑动螺旋机构的装配要点在于丝杠副配合间隙的检测与调整、校正丝杠副的同轴度以及丝杠轴线对基准面的平行度。

丝杠副配合间隙包括径向和轴向两种。轴向间隙直接影响丝杠副的传动精度，但径向间隙更易反映丝杠副的配合精度，因此，配合间隙常用径向间隙表示，检验时往往测量径向间隙，调整轴向间隙。

（1）径向间隙的测量。如图5-2所示，测量时压下及抬起螺母的作用力只需大于螺母的重力，螺母离丝杠2一端的距离为3~5个螺距。测量时将丝杠副置于图示测量装置，使百分表测头抵在螺母1上，轻轻抬动螺母1，百分表指针的摆动差即为径向间隙值。

（2）轴向间隙的调整。轴向间隙大小直接影响螺旋传动的空程量和丝杠回转精度，整体式螺母依靠制造精度保证轴向间隙，而剖分式或组合式螺母则依靠调整来保证轴向间隙。CA6140型卧式车床刀架部件的螺旋机构采用的是整体式螺母，但用来接通丝杠传来运动的开合螺母是剖分式螺母，中溜板的横向移动采用的是组合式螺母。

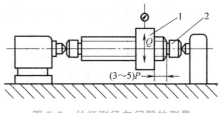

图5-2　丝杠副径向间隙的测量

1—螺母　2—丝杠

图5-3所示为CA6140型卧式车床中溜板横向进给丝杠的装配示意图，采用双螺母调整轴向间隙。其装配技术要求是调整后达到转动手柄灵活，转动力不大于规定值（80N），正反向转动手柄空行程不超过回转周的1/20转。

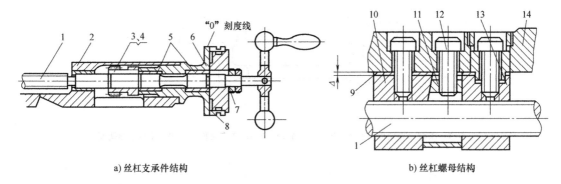

a) 丝杠支承件结构　　　　　　　　　b) 丝杠螺母结构

图5-3　CA6140型卧式车床横向进给丝杠装配示意图

1—丝杠　2—床鞍　3、4—小齿轮及键　5—镶套　6—法兰盘　7—圆螺母　8—刻度盘
9—垫片　10—左半螺母　11—斜楔块　12—调节螺钉　13—右半螺母　14—中溜板

图中横向进给丝杠的装配和调整过程：首先垫好螺母垫片9（可估计垫片厚度 Δ 值并分成多层），再用螺钉将左、右半螺母10、13及斜楔块11挂住，先不拧紧，然后转动丝杠1，使之依次穿过丝杠右半螺母13、斜楔块11、丝杠左半螺母10，再将小齿轮3（包括键4）、法兰盘6（包括镶套5）、刻度盘8及圆螺母7，按顺序装在丝杠1上。旋转丝杠1，同时将法兰盘6压入床鞍2安装孔内，然后锁紧圆螺母7。最后紧固左半螺母10、右半螺母13的连接螺钉。在紧固左、右半螺母时，需要调整垫片9的厚度 Δ 值，以达到规定的装配技术要求。

（二）滚珠丝杠副装配与调整

滚珠丝杠副是目前传动机械中精度最高的传动装置，运动极灵敏，低速无爬行，无间隙并可预紧，故有轴向刚度较高、反向定位精度高、摩擦系数小、无自锁能可逆传动等特点。

1. 滚珠丝杠副组成及工作原理

如图 5-4 所示，滚珠丝杠副主要由丝杠 1、螺母 2 及滚珠 3 组成。当丝杠或螺母转动时，滚动体在螺纹滚道内滚动，使丝杠和螺母相对运动时成为滚动摩擦，并将螺旋运动转化为直线往复运动。滚珠的循环分为外循环和内循环两种，图 5-4a 所示为外循环，滚珠在循环过程结束后通过螺母外表面的回珠管 4 返回丝杠螺母间重新进入循环；图 5-4b 所示为内循环，是采用反向器 5 实现滚珠循环。

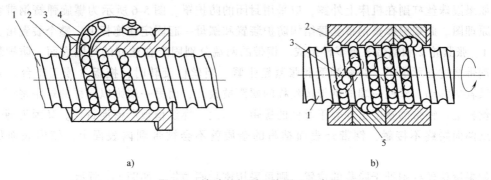

a)　　　　　　　　　　　　　　　b)

图 5-4　滚珠丝杠副工作原理示意图

1—丝杠　2—螺母　3—滚珠　4—回珠管　5—反向器

2. 滚珠丝杠副的预紧

预紧是指滚珠丝杠副在过盈配合的条件下工作，把弹性变形量控制在最小限度。滚珠丝杠多采用双螺母消隙机构来调整，如图 5-5 所示，依次为垫片式、螺纹式和齿差式双螺母消隙机构。

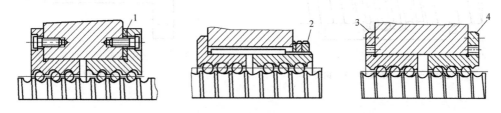

图 5-5　滚珠丝杠副的双螺母消隙机构原理示意图

1—垫片　2—圆螺母　3、4—内齿圈

（1）垫片式。调整垫片 1 的厚度使左、右螺母产生轴向位移从而起到消除间隙和产生预紧力的作用。

（2）螺纹式。用键限制螺母在螺母座内的转动。调整时，拧动圆螺母 2，将螺母沿轴向移动一定距离，在消除间隙之后用圆螺母 2 将其锁紧。

（3）齿差式。在左、右螺母的凸缘上分别切出 Z_1 和 Z_2 两个外齿轮，两个齿轮的齿数 Z_1 和 Z_2 相差一个齿，两个外齿轮分别与两端相应的两个内齿圈 3 和 4 相啮合，内齿圈与外齿轮齿数分别相同，并用预紧螺钉和销钉固定在螺母座的两端。预紧时脱开内齿圈，使两个螺母同向转过相同的齿数，然后再合上内齿圈。两螺母的轴向相对位置发生变化，从而实现间隙的调整和施加预紧力。

3. 滚珠丝杠副的润滑与密封

滚珠丝杠副的润滑十分重要，润滑油一般采用全损耗系统用油，润滑脂一般采用锂基润滑脂，不能使用含石墨或 MoS_2（粒状）的润滑脂。用润滑油润滑的滚珠丝杠副可在每次机床工作前加油一次，润滑油经过壳体上的油孔注入螺母的空间内；润滑脂一般加在螺纹滚道和安装螺母的壳体空间内，根据滚珠丝杠的工作状态每半年（或每 $500 \sim 1000h$）对滚珠丝杠上的润滑脂进行一次更换，清洗丝杠上的旧润滑脂，涂上新的润滑脂。

滚珠丝杠副的传动元件必须有密封防护装置，有防护罩密封和密封圈密封。

如果滚珠丝杠副在机床上外露，应采用封闭的防护罩。图 5-6 所示为螺旋弹簧钢带套管工作原理图。此螺旋弹簧钢带套管结构防护装置和螺母一起固定在拖板上，整个装置由支承滚子 1、张紧轮 2 和钢带 3 等零件组成。钢带的两端分别固定在丝杠的外圆表面，防护装置中的钢带绕过支承滚子，并靠弹簧和张紧轮张紧。当丝杠旋转时，拖板（或工作台）相对丝杠做轴向移动，丝杠一端的钢带按丝杠的螺距被放开，而另一端则以同样的螺距将钢带缠卷在丝杠上。钢带的宽度正好等于丝杠的螺距，因此，螺纹槽被严密地封住。又因为钢带的正、反两面始终不接触，钢带外表面粘附的杂质就不会被带到内表面上，使内表面保持清洁。

如果滚珠丝杠副处于隐蔽的位置，则可采用密封圈防护，如图 5-7 所示。

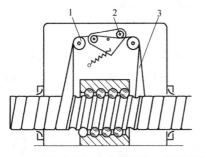

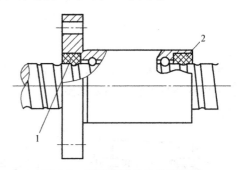

图 5-6　螺旋弹簧钢带套管防护工作原理图

1—支承滚子　2—张紧轮　3—钢带

图 5-7　密封圈防护工作原理图

1、2—密封圈

4. 滚珠丝杠副的安装与调整

在实际生产中，滚珠丝杠副的安装有两种情况：一种是螺母已经被供应商安装在丝杠上了，此时不需要装配技术人员进行螺母的装配；另一种是螺母在交货时没有安装在丝杠上，它的孔中（丝杠经过的地方）会装有一个安装塞，用于防止安装过程中滚珠跑出来。

将螺母安装在丝杠上时，安装塞在丝杠轴颈上滑动，并从螺母内反向退出，螺母就可以旋在丝杠上了。其安装示意如图 5-8 所示，图中的橡胶圈是为了防止螺母从安装塞上滑下来，在安装螺母时要先将此橡胶圈卸下来并妥善保管以备拆卸螺母时用。拆卸螺母的步骤与安装步骤相反，首先要将安装塞滑装到丝杠轴颈上，然后旋转螺母至安装塞上，再把它们一起卸下来。螺母卸下来后，应重新装上橡胶圈。

滚珠丝杠必须与导轨在水平和垂直方向上平行，如图 5-9 所示。否则，整个运动装置就会处于过定位状态，并出现阻滞现象。

图 5-8　滚珠丝杠螺母的安装示意图

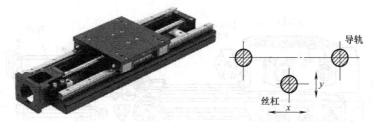

图 5-9　滚珠丝杠与导轨实物图及调整示意图

对滚珠丝杠副进行调整时，在水平方向上可以通过调整丝杠轴承座的左右位置达到与导轨平行的目的，而在垂直方向上则是通过在低的轴承座下面塞入一些不同厚度的垫片使两个轴承座具有相同高度的方法来达到与导轨平行的目的，其平行度误差可以通过百分表检测。

二、导轨装配技术

(一) 导轨简介

1. 导轨的作用、组成及分类

导轨是机械的关键部件之一，其作用主要是支承、引导移动装置或设备并减少其摩擦，用于直线往复运动。导轨一般由承导件和运动件组成，按截面形状分为平导轨、圆柱形导轨、燕尾导轨及 V 形导轨，见表 5-1。

18. 平导轨装配与调整

表 5-1　导轨类型及截面形状

类型	平导轨	圆柱形导轨	燕尾导轨	V 形导轨	
截面	矩形	圆形	燕尾形	对称三角形	不对称三角形
凸形			55°55°	45° 45°	90° 15°~30°
凹形			55° 55°	90°~120°	65°~70° 90°

平导轨承载能力大，必须用镶条调整间隙，导向精度低，需要良好防护，用于载荷大的机床或组合导轨。圆柱形导轨内孔可珩磨，外圆采用磨削达到配合精度，磨损后不能自动调

整间隙，用于受轴向载荷的场合。燕尾导轨制造较复杂，用一根镶条可调整间隙，尺寸紧凑，调整方便，用于要求高度小的部件中。V形导轨导向精度高，磨损后可自动补偿，凸形便于加工与清屑，凹形便于储存润滑油。

机床上有许多往复直线运动是通过导轨副实现的。如图5-10所示，CA6140型卧式车床的床身与床鞍之间以及床身与尾座之间是由平导轨和V形导轨组成的组合导轨副，床鞍与中溜板之间以及转盘与刀架溜板之间是燕尾导轨副，尾座体与尾座套筒之间是圆柱形导轨副。

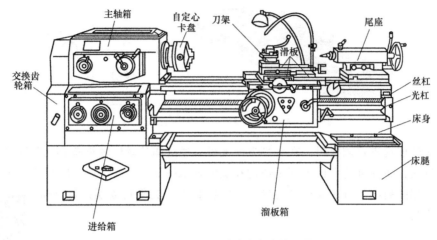

图 5-10　CA6140 型卧式车床外形图

2. 导轨的基本要求

导轨的基本要求有导向精度高、刚度大、运动轻便平稳、耐磨性好、受温度变化影响小及工艺性好。除导轨的精度及导轨副运动时的平稳性会影响到运动零部件的位置精度外，导轨的爬行现象也会影响到零部件的位置精度，进而影响被加工零件的尺寸精度和表面粗糙度。

导轨的爬行现象即滑块在导轨上运动时发生的间歇性停顿或跳动，当滑块运行速度较低时比较容易发生，主要原因是摩擦系数随运动速度的变化和传动系统刚度不足，可通过减小运动部件间隙增加运动系统刚度、选择合适切削速度及在运动副中涂防爬油等措施消除爬行现象。

（二）平导轨装配间隙的调整与检验

平导轨的导轨副间隙必须能调整，调整的方法有多种，如图5-11所示的平导轨副间隙就分别采用了修配压板、调整平镶条及调整垫片的厚度三种方法来调整，图中A、B分别指压板与导轨接触的不同表面。无论是平导轨还是燕尾导轨，其间隙都是采用塞尺检验。

1. 平镶条调整间隙

平镶条是一种最简单的间隙调整用零件，它是一块小的矩形板，常用塑料制成，有时采用青铜材料。平镶条调整间隙的方法有以下几种：

（1）拉紧螺栓调整法。图5-12a所示，为中间采用一个拉紧螺栓，两端各采用一个压紧螺钉压紧。拉紧螺栓属于紧固螺栓，可以把平镶条向该螺栓拉近，两个压紧螺钉将平镶条向前推，使平镶条发生弯曲。平镶条弯曲得越厉害，间隙就越小。图5-12b所示为在每个拉紧

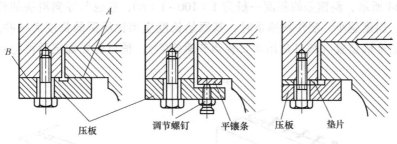

图 5-11　平导轨副间隙调整方法示意图

螺栓附近安装一个压紧螺钉，平镶条就不会发生弯曲，而且平镶条可以在整个长度范围内都与导轨发生接触。

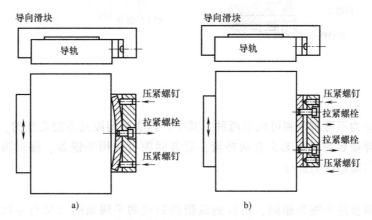

图 5-12　平镶条拉紧螺栓调整法调整平导轨间隙

（2）调节螺钉调整法。图 5-13 所示导向滑块上配有一定数量的调节螺钉，螺钉的数量与导向滑块的长度有关。导向滑块越长，调节螺钉数量就越多。拧紧调节螺钉时，间隙就会变小，但拧紧调节螺钉时必须从导向滑块两端向中间对称且均匀地进行。

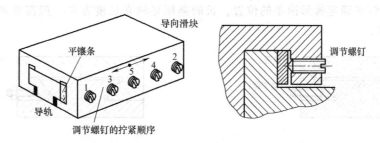

图 5-13　平镶条调节螺钉调整法调整平导轨间隙

调节螺钉施加在平镶条上的力使平镶条在力的作用点处发生弯曲，因此，平镶条会发生一定程度的波纹状变形。

2. 斜镶条调整间隙

斜镶条是比平镶条更好的间隙调整件。利用带肩螺栓可以使斜镶条得到精确的调整，使其在整个长度范围内都能与导轨接触，拧紧螺栓时，斜镶条就会向前推进，从而使间隙变小。

如图 5-14 所示，斜镶条的斜度一般为 1∶100~1∶60，它也与导向滑块的长度有关。导向滑块越长，斜度越小。制作斜镶条时，其原始长度应当比所需的长度大一些。在安装时，先确定槽口的准确位置（槽口是用来安装调节螺栓的），槽口位置确定后再把斜镶条多余的长度切割掉。

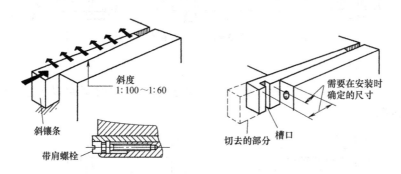

图 5-14　斜镶条调整平导轨间隙

（三）燕尾导轨装配间隙的调整

燕尾导轨分为不可调节和可调节两种，其中，前者的间隙是不能改变的，这种导轨的配合精度高，但磨损后的间隙无法自动补偿，后者间隙可采用平镶条、梯形镶条及斜镶条调整，导轨间无须高精度的配合。

1. 平镶条调整间隙

与平导轨调整用平镶条相同，用青铜或塑料制成的平镶条的形状与导轨副间的空隙相同，通过调整螺栓或调节螺钉可以让平镶条压向导轨一侧。在采用平镶条调整燕尾导轨间隙时存在的缺点是平镶条与调节螺钉之间存在一定的锥度，如图 5-15 所示。

2. 梯形镶条调整间隙

梯形镶条比平镶条稳定，且梯形镶条基本上不会发生弯曲。对于短的燕尾导轨，可以利用一个调节螺钉来确定梯形镶条的位置，长的燕尾导轨在长度方向一般需要两个调节螺钉，如图 5-16 所示。

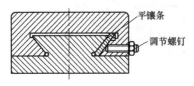

图 5-15　平镶条调整燕尾导轨间隙

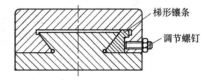

图 5-16　梯形镶条调整燕尾导轨间隙

3. 斜镶条调整间隙

通过带肩螺钉将斜镶条压紧在导轨副之间，从而使间隙变小，如图 5-17 所示。

4. 导轨的润滑

平导轨一般采用润滑油润滑，因为润滑脂的黏度太大，无法渗透到整个导轨副的间隙中。燕尾导轨因为运行时摩擦比较大，容易发热或磨损，可根据具体情况选用润滑油或润滑脂。另外，现在开发出的一些无润滑导轨，采用 PA（尼龙）和 PTFE（聚四氟乙烯）等特殊材料制成，本身具有润滑特性，可应用于轻载和低速场合。

（四）直线滚动导轨副装配

1. 直线滚动导轨副的结构

直线滚动导轨副的实物及结构示意图如图 5-18 所示。导轨 1 可以设计成不同的结构，一般安装在数控机床的床身或立柱等支承面上，滑块 2 安装在工作台或滑座等移动部件上，当导轨与滑块做相对运动时，反向器 3 引导滚动体反向进入滚道，形成连续的滚动循环运动，反向器两端装有防尘密封盖 4，可有效防止灰尘、切屑等进入滑块内部。导轨副的润滑通过油杯 5 注入润滑剂实现。

2. 直线滚动导轨的连接

直线滚动导轨均有各种长度供选择，最大长度均不相同，一般为 3~4m。当机床所需的长度超过单根导轨的最大长度时，可以将多根导轨拼接安装。

导轨的端面都有编号，只要把编号相同的端面连接起来，就可以获得长的导轨。在连接导轨时，各段导轨应对齐，其操作方式是利用量棒夹紧在导轨侧面上将导轨校直，如图 5-19 所示。量棒必须经过磨削达到规定的直线度，否则会直接将量棒的直线度误差复制到导轨上。

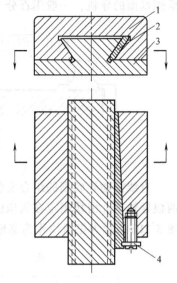

图 5-17　斜镶条调整燕
尾导轨间隙

1—导向滑块　2—斜镶条
3—导轨　4—带肩螺钉

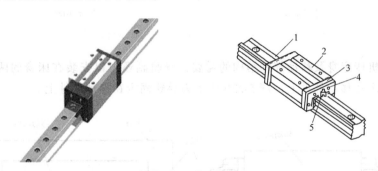

图 5-18　直线滚动导轨副的实物及结构示意图

1—导轨　2—滑块　3—反向器　4—防尘密封盖　5—油杯

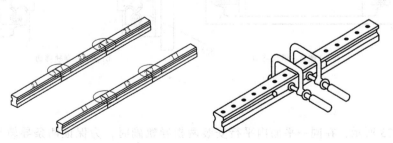

图 5-19　直线滚动导轨的连接及对齐操作示意图

3. 直线滚动导轨的校准

直线滚动导轨副通常两根成对使用，这样工作台运行起来较稳定。两根导轨必须相互平行，且两根导轨在整个长度范围内必须具有相同的高度，如图 5-20 所示。对于没有装配基准侧基面的导轨，一般用百分表进行精确校准。

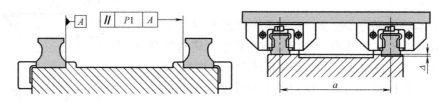

图 5-20　直线滚动导轨的平行度及高度差要求

4. 直线滚动导轨副的组合安装形式

直线滚动导轨副的组合安装形式如图 5-21 所示。图 5-21a 所示为在同一平面内平行安装两根导轨副，滑块固定在机床的移动部件上，称为水平正装，这是最常用的组合安装形式。图 5-21b 所示为把滑块作为基座，将导轨固定在机床的移动部件上，称为水平反装。

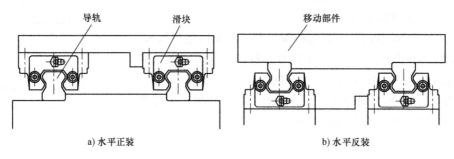

a) 水平正装　　　　　　　　　　　　　　b) 水平反装

图 5-21　直线滚动导轨副的组合安装形式示意图（一）

根据数控机床床身及移动部件结构的需要，导轨副还可以安装在床身的两侧。图 5-22a 所示为滑块固定在移动部件上；图 5-22b 所示为导轨固定在移动部件上。

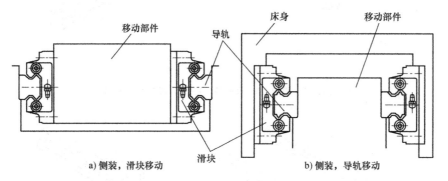

a) 侧装，滑块移动　　　　　　　　　　　　b) 侧装，导轨移动

图 5-22　直线滚动导轨副的组合安装形式示意图（二）

5. 直线滚动导轨副的安装形式

如图 5-23 所示，在同一平面内平行安装两根导轨副时，为保证两条导轨平行，通常把一条导轨作为基准导轨（侧面一般有标记 J），也称为基准侧导轨。

安装形式有单导轨定位和双导轨定位两种。前者是指基准侧导轨和滑块的侧面均要定位，而另一侧导轨和滑块侧面是开放的。此法易于安装，容易保证平行度，非基准侧对床身没有侧向定位面平行度的要求。后者是指非基准侧导轨的侧面也需要定位的安装形式，适合于振动和冲击较大、精度要求较高的场合。

下面以双导轨定位方式来讲解导轨副的装配工艺。

导轨的装配工艺如下：

（1）保持导轨、机器零件、测量工具及安装工具的干净和整洁。

（2）将基准侧的导轨基准面（有标记）紧靠机床装配表面的侧面，对准螺纹孔，然后在孔内插入螺栓。

（3）利用内六角扳手拧紧所有的螺栓。

（4）上紧导轨侧面的顶紧装置，使导轨基准侧面紧紧贴在床身的侧基面。

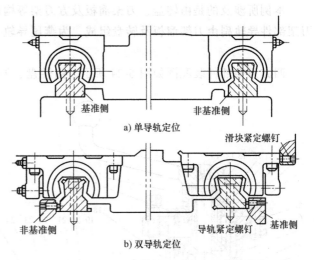

图 5-23　单导轨定位和双导轨定位的安装形式示意图

（5）用定扭矩扳手将螺栓旋紧。注意螺栓拧紧顺序，扭矩大小取决于螺栓的直径和等级，具体数值可查表得到（或由供应商提供）。

（6）非基准侧的导轨与基准侧的安装次序相同，只是侧面只需轻轻靠上，不要顶紧，否则会引起过定位，影响运行的灵敏度和精度。

滑块的装配工艺如下：

（1）将工作台置于滑块座的平面上，并对准安装螺纹孔，用手拧紧所有的螺栓。

（2）拧紧基准侧滑块座侧面的压紧装置，使滑块座基准面紧紧贴在工作台的侧基面。

（3）按对角线顺序，逐个拧紧基准侧和基准侧滑块座上的各个螺栓。

安装完毕后，检查其全行程内运行是否轻便、灵活、无停顿阻滞现象。摩擦阻力在全行程内不应有明显的变化。达到上述要求后，检查工作台的运行直线度、平行度是否符合要求。

6. 直线滚动导轨副的装配精度检验

装配后的精度按如下两个步骤进行检验：

（1）不装工作台，分别对基准侧和非基准侧的导轨副进行直线度检验。

（2）装上工作台，进行直线度和平行度的检验。

（五）CA6140 型卧式车床刀架部件装配实例讲解

1. 认识刀架部件

普通车床刀架部件用来装夹车刀，并可做纵向、横向及斜向运动。

刀架部件主要组成：床鞍又称大溜板，与溜板箱牢固相连，可沿床身导轨做纵向移动；中溜板装置在床鞍顶面的横向导轨上，可做横向移动；转盘固定在中溜板上，松开紧固螺母后可转动转盘，使它和床身导轨成一个所需要的角度，而后再拧紧螺母以加工圆锥面等；刀架溜板又称小溜板，装在转盘上面的燕尾槽内，可做短距离的进给移动，还可转一定角度以加工锥面；方刀架固定在刀架溜板上，可同时装夹四把车刀，松开锁紧手柄，即可转动方刀架，把所需要的车刀更换到工作位置上。

本例所涉及的是由转盘、刀架溜板及方刀架等构成的四方刀架部件，又称小刀架。四方刀架部件导轨副由刀架溜板及转盘组成，为燕尾导轨。

2. 四方刀架部件装配图样分析

四方刀架部件装配图如图 5-24 所示，由转盘、刀架溜板等 30 余种零件组成。

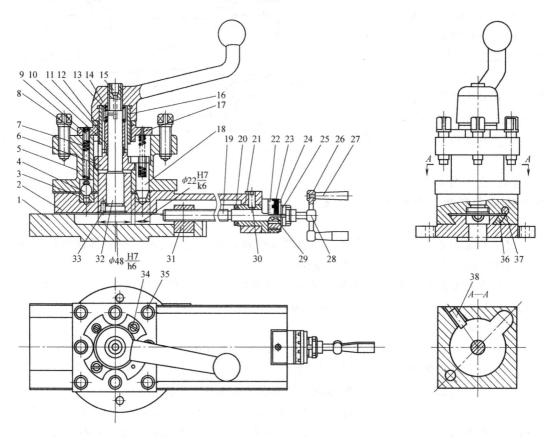

图 5-24　四方刀架部件装配图

1—转盘　2—刀架溜板　3—锥套　4—钢球　5—方刀架　6—凸轮　7、13—弹簧　8—压盖　9—螺钉　10—外花键套筒　11—内花键套筒　12—垫片　14、27—手柄　15—弹子油杯　16—骑缝销　17、18—定位销　19—丝杠　20—挡圈　21—法兰　22—刻度圈　23—止动簧片　24—刻度圈底座　25—圆螺母　26—手柄体　28—销　29—键　30、33—紧定螺钉　31—螺母　32—轴　34—压盖螺钉　35—刀架螺钉　36—镶条　37—调节螺钉　38—转位销

四方刀架转位及调整工作原理：逆时针方向转动手柄 14，通过骑缝销 16 带动内花键套筒 11、外花键套筒 10、凸轮 6 回转并将定位销 18 抬起，继续转动手柄 14 则带动方刀架转位；顺时针方向转动手柄 14 时，钢球 4 依靠弹簧 7 压在方刀架 5 的圆锥孔内，方刀架粗定位，同时凸轮 6 转回原位放下定位销 18，定位销 18 依靠弹簧的压力进行精定位，继续转动手柄 14 则依靠螺纹压紧刀架。

四方刀架部件的装配技术要求包括：锥套 3 与刀架溜板 2 间的配合精度 $\phi22\ H7/k6$，刀架溜板 2 与方刀架 5 间的配合精度 $\phi48\ H7/h6$；刀架溜板 2 与转盘 1 导轨面接触精度不少于

10~12 点/(25mm×25mm)；位置精度要求主要有 φ48mm 定位圆柱面与刀架溜板 2 上表面的垂直度要求；镶条调节合适后，刀架溜板的移动应无轻、重或阻滞现象；燕尾导轨面对转盘表面的平行度误差不大于 0.03mm。

另外，要求手柄 14 动作灵活，锁紧位置正确（俯视方向看，手柄打开或锁紧在方便操作的右上方 90°范围内）；顺时针方向转动手柄 27 时，刀架运动方向为朝外（即远离操作者）；车刀必须能夹牢，否则会飞出伤人；刀架和丝杠采用润滑油润滑。

3. 绘制刀架部件装配单元系统图

首先确定刀架部件装配方法。采用完全互换法、修配装配法及调整装配法完成四方刀架部件装配，其中，完全互换法主要用于轴孔配合精度保证，修配装配法是依靠修磨垫片 12 的厚度来调整手柄 14 的起止位置，调整装配法用于用镶条 36 和调节螺钉 37 调整燕尾导轨间的间隙，使刀架溜板移动均匀、平稳，丝杠向左的轴向移动和轴向间隙是靠两个圆螺母限制与调整的，调整好后两个圆螺母相互并紧止退。

然后划分装配单元，拟订装配顺序。选择转盘 1 作为装配基准件，直接进入装配的组件有刀架溜板组件 201、丝杠组件 202、刀架体组件 203、压盖组件 204、手柄组件 205，其余以零件形式进入装配。按照装配顺序的一般原则拟订装配顺序（略）。

最后绘制刀架部件装配单元系统图，如图 5-25 所示。

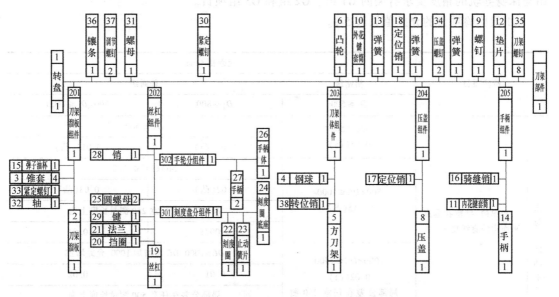

图 5-25　CA6140 型卧式车床刀架部件装配单元系统图

4. 完成刀架部件的装配和调整

在装配单元系统图的指导下完成刀架部件的装配，按润滑要求润滑部件。参照刀架部件的装配技术要求完成刀架的检验与调整。最后，整理装配现场。

三、卧式车床床身导轨几何精度检验

机床床身导轨是确立机床主要部件位置和刀架运动的基准，其精度直接

19. G1 组几何精度检验标准及方法

119

影响到被加工零件的几何精度和相互位置精度，其精度保持对机床的使用寿命也有很大影响。一般来说，可通过磨削或刮研方法来实现床身导轨的精度保证。

（一）床身导轨的精度要求及检验标准

1. 床身导轨的精度要求（以 CA6140 型卧式车床为例）

（1）纵向：导轨在垂直平面内的直线度，在全长上为 0.02mm，在任意 250mm 测量长度上的局部允差为 0.0075mm，只许凸（见表 5-2）。

（2）横向：导轨应在同一平面内，全长允差为 0.04mm/1000mm（见表 5-2）。

（3）溜板移动在水平面内的直线度允差，在全长上为 0.02mm（见表 5-3）。

（4）尾座移动对溜板移动的平行度允差，在垂直和水平面内全长上均为 0.03mm，在任意 500mm 测量长度上的局部允差为 0.02mm（见表 5-4）。

（5）溜板用导轨与下滑面的平行度允差，在全长上为 0.03mm，在任意 500mm 测量长度上的局部允差为 0.02mm，只许车头处厚。

（6）导轨面的表面粗糙度要求，用磨削时表面粗糙度值不高于 $Ra1.6\mu m$，用刮削时每 25mm×25mm 面积不少于 10 点。

2. 床身导轨的几何精度检验标准

机床几何精度按 GB/T 4020—1997 标准项目进行检验，该标准共有 15 个项目。下面介绍与床身导轨的精度要求有关的 G1 组、G2 组和 G3 组项目。

G1 组检验项目的允差值见表 5-2。

表 5-2　G1 组检验项目的允差值

检验项目		允差值/mm		
		精密级	普通级	
		$D_a \leq 500$	$D_a \leq 800$	$800 < D_a \leq 1600$
床身导轨调平	a）纵向：导轨在垂直平面内的直线度	$DC \leq 500$ 0.01（凸）	$DC \leq 500$	
			0.01（凸）	0.015（凸）
		$500 < DC \leq 1000$ 0.015（凸）	$500 < DC \leq 1000$	
			0.02（凸）	0.03（凸）
			局部公差在任意 250 测量长度上为	
			0.0075	0.01
		$1000 < DC \leq 1500$ 0.02（凸） 局部公差在任意 250 测量长度上为 0.005	$DC > 1000$，DC 每增加 1000，允差增加	
			0.01	0.02
			局部公差在任意 500 测量长度上为	
			0.015	0.02
	b）横向：导轨应在同一平面内	水平仪的变化为 0.03/1000	水平仪的变化为 0.04/1000	

注：DC=最大工件长度，D_a=床身上最大回转直径。

（1）检验项目 a）纵向：导轨在垂直平面内的直线度。实质上就是检测导轨在纵向垂直平面内的直线度。检验简图如图 5-26 所示。

检验时，在溜板上靠近刀架的地方放置一个与纵向导轨平行的水平仪 1。移动溜板，在全部行程上分段检验，每隔一段距离（如 250mm）记录一次水平仪的读数，然后将水平仪读数依次排列，画出导轨的误差曲线。曲线上任意局部测量长度的两端点相对曲线两端点连线的坐标差值就是导轨的局部误差。曲线相对其两端点连线的最大坐标值就是导轨全长的直线度误差。

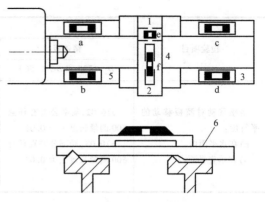

（2）检验项目 b）横向：导轨应在同一平面内。实质上就是检测前后导轨在垂直平面内的平行度，要求前后导轨在同一平面内，无扭曲。如图 5-26 所示，检验时在溜板上横向放一水平仪 2，等距离移动溜板 4 进行检验，移动的距离等于局部误差的测量长度，每隔 250mm（或 500mm）记录一次水平仪读

图 5-26　床身导轨 G1 组几何精度检验简图
1~3—水平仪　4—溜板　5—导轨　6—专用桥板

数。水平仪在全部测量长度上读数的最大代数值就是导轨的平行度误差。

G2 组检验项目的允差值见表 5-3。

表 5-3　G2 组检验项目的允差值

检验项目	允差值/mm		
	精密级	普通级	
	$D_a \leqslant 500$	$D_a \leqslant 800$	$800 < D_a \leqslant 1600$
溜板 溜板移动在水平面内的直线度 在两顶尖轴线和刀尖所确定的平面内检验	$DC \leqslant 500$ 0.01	$DC \leqslant 500$ 0.015	0.02
	$500 < DC \leqslant 1000$ 0.015	$500 < DC \leqslant 1000$ 0.02	0.025
	$1000 < DC \leqslant 1500$ 0.02	$DC > 1000$ 最大工件长度每增加 1000，允差增加 0.005，最大允差	
		0.03	0.05

G2 组项目检验方法根据溜板行程不同而不同。

图 5-27 为溜板行程 ≤1600mm 时的检验简图。检验时将百分表固定在床鞍上，使其测头触及主轴和尾座顶尖间的检验棒表面，调整尾座，使百分表在检验棒两端的读数相等。移动溜板，在全部行程上检

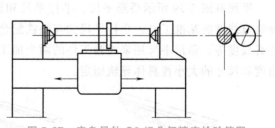

图 5-27　床身导轨 G2 组几何精度检验简图

验，百分表读数的最大差值就是该导轨在水平面的直线度误差。

G3 组检验项目的允差值见表 5-4。

G3 组项目检验方法如图 5-28 所示。检验时将百分表固定在溜板上，使其测头触及尾座端面的顶尖套，a）为在水平平面内，b）为在竖直平面内，锁紧顶尖套。使尾座与床鞍一起移动，在床鞍全行程上检验，百分表在任意 500mm 行程上和全部行程上读数的最大差值分别是局部长度上和全长上的平行度误差值。a）和 b）的误差分别计算。

表 5-4　G3 组检验项目的允差值

检验项目	允差值/mm		
	精密级	普通级	
	$D_a \leqslant 500$ 和 $DC \leqslant 1500$	$D_a \leqslant 800$	$800 < D_a \leqslant 1600$
尾座移动对溜板移动的平行度： a) 在水平面内 b) 在垂直平面内	a) 0.02,局部公差在任意 500 测量长度上为 0.01 b) 0.03,局部公差在任意 500 测量长度上为 0.02	$DC \leqslant 1500$	
		a) 和 b) 0.03	a) 和 b) 0.04
		局部公差在任意 500 测量长度上为 0.02	
		$DC > 1500$	
		a) 和 b) 0.04,局部公差任意 500 测量长度上为 0.03	

3. 机床导轨的刮研精度检验标准

机床导轨刮研精度的检验一般用边长为 25mm×25mm 的方框罩在被检测面上，根据方框内显示的研点数的多少来表示刮研质量。在整个平面内任何位置抽检都应达到规定的研点数。各种平面接触精度的研点数可查有关标准得到，如 CA6140 型卧式车床床身导轨的装配技术要求就规定刮研精度检验标准为每 25mm×25mm 面积不少于 10 点。

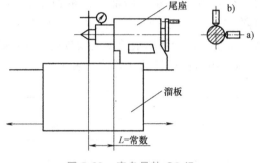

图 5-28　床身导轨 G3 组几何精度检验简图

（二）机床几何精度检验常用检具及量仪

在机床几何精度检验中常用的检具有平尺、平板、方尺和直角尺、垫铁（角度底座）、检验棒和检验桥板，常用的量仪有框式水平仪及光学平直仪（准直仪），下面介绍其中几种。

1. 平尺

平尺主要作为测量基准，用于检验工件的直线度和平面度误差，也可作为刮研基准，有时还用来检验零部件的相互位置精度。平尺精度分为 0 级、1 级、2 级三个等级。

平尺有图 5-29 所示桥形平尺、平行平尺和角形平尺三种。桥形平尺是刮研和测量机床导轨直线度的基准工具；平行平尺常与垫铁配合使用来检验导轨间的平行度、平板的平面度和直线度等；角形平尺用来检验工件的两个加工面的角度组合平面，如燕尾导轨的燕尾面，角度和尺寸的大小视具体导轨而定。

a) 桥形平尺　　　　　　　b) 平行平尺　　　　　　　c) 角形平尺

图 5-29　平尺的种类

2. 检验棒

检验棒是机床精度检验的常备工具，主要用来检验主轴、套筒类零件的径向圆跳动、轴向窜动、相互间同轴度、平行度及轴与导轨的平行度等。

按结构形式及测量项目不同，常用检验棒分成长检验棒、短检验棒及圆柱检验棒几种，如图 5-30 所示。长检验棒用于检验径向圆跳动、平行度、同轴度，短检验棒用于检验轴向窜动，圆柱检验棒用于检验机床主轴和尾座中心线连线对机床导轨的平行度及床身导轨在水平面内的直线度。

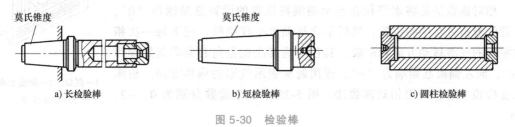

a) 长检验棒　　　　　b) 短检验棒　　　　　c) 圆柱检验棒

图 5-30　检验棒

3. 垫铁

在机床制造及修理中，垫铁（角度底座）是一种测量导轨精度的通用工具，主要用作水平仪及百分表架等测量工具的基座。垫铁材料多为铸铁，根据导轨的形状不同而做成多种形状，如图 5-31 所示。

4. 检验桥板

检验桥板用于检验导轨间相互位置精度，常与水平仪、光学平直仪等配合使用，按不同形状的机床导轨做成不同的结构型式，主要有 V-平面形、山-平面形、V-V 形、山-山形等，如图 5-32 所示。为适应多种机床导轨组合的测量，也可做成可调式检验桥板。

图 5-31　垫铁的种类

1—平面垫铁　2—V 形垫铁　3—凸 V 形垫铁
4—V 形不等边垫铁　5—直角垫铁
6—55°角垫铁

5. 框式水平仪

框式水平仪主要用来检验导轨在垂直平面内的直线度、工作台面的平面度、零部件间的垂直度和平行度等，主要组成包括框架 1、调整水准 2 和主水准器 3，如图 5-33 所示。

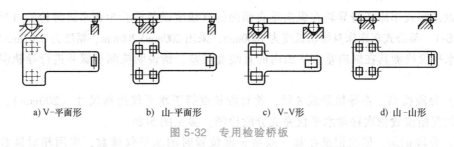

a) V-平面形　　　b) 山-平面形　　　c) V-V 形　　　d) 山-山形

图 5-32　专用检验桥板

（1）水平仪的读数原理。水平仪中的水准器是一封闭玻璃管，内装精馏乙醚，并留有一定量的空气以形成气泡，水平仪倾斜时气泡永远保持在最上方，即液面永远保持水平。框式水平仪的精度（分度值）是以气泡偏移一格时被测平面在 1m 长度内的高度差来表示的。如果偏移一格，高度差为 0.02mm，则精度为 0.02mm/1000mm。

（2）水平仪的读数方法。它分为绝对读数法、相对读数法和平均值读数法。

123

绝对读数法是将气泡在中间位置读作"0"，水平仪逆时针方向倾斜，气泡向右偏离起始端读为"+"，水平仪顺时针方向倾斜，气泡向左偏离起始端读为"-"，或用箭头表示气泡的偏移方向。图 5-34 中三个读数分别为 0、+2、-3。

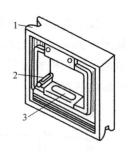

图 5-33　框式水平仪

1—框架　2—调整水准

3—主水准器

相对读数法是将水平仪在起始端测量位置的读数总是读作"0"，不管气泡是否在中间位置；然后依次移动水平仪垫铁，记下每一次相对零位的气泡移动方向和格数，其正负值读法也是向右偏离起始端为"+"，向左偏离起始端为"-"，或用箭头表示气泡的偏移方向。机床精度检验中通常采用相对读数法。图 5-35 中三个读数分别为 0、-2、-5。

平均值读数法是为了避免环境温度影响，从气泡两端边缘分别读数，然后取其平均值，这样读数的精度高。图 5-34 如果采用平均值读数法，三个读数分别为 0、+2、-2.5。

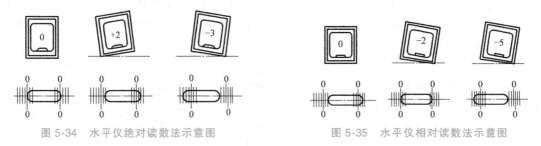

图 5-34　水平仪绝对读数法示意图　　　　图 5-35　水平仪相对读数法示意图

（3）高度差的计算。测量时高度差的计算公式是 $\Delta h = nli$，其中，n 为偏移格数，l 为被测平面长度，i 为水平仪精度。

图 5-34 中气泡向右移动了 2 格，假如被测平面长度为 400mm，水平仪精度为 0.02mm/1000mm，则高度差 $\Delta h = nli = 2×400×0.02\text{mm}/1000 = 0.016\text{mm}$（右边高）。

（三）卧式车床床身导轨 G1 组几何精度检验

G1 组几何精度检验项目包括导轨在纵向垂直面内的直线度误差检验以及横向前后导轨在垂直面内的平行度检验。

1. 卧式车床床身导轨在纵向垂直面内的直线度误差检验

现以某卧式车床床身导轨在纵向垂直面内的直线度误差检验为例来讲解检验过程。

例 5-1　某卧式车床床身导轨长度为 1600mm，采用 200mm×200mm、精度为 0.02mm/1000mm 的框式水平仪检测其在纵向垂直平面内的直线度误差，请说明检测步骤并进行导轨误差和形状分析。

（1）分段检测。将导轨分成 8 段，使每段长度等于水平仪边框尺寸（200mm），从主轴箱一端的起始位置依次移动水平仪完成分段检测，参见图 5-26。

（2）分段记录。依次记录在每一测量长度位置时的水平仪读数，采用相对读数法。测得各段读数为 +1、+2、+1、0、-1、0、-1、-0.5。

（3）绘制误差曲线。将这些读数依次排列，用适当的比例画出导轨在垂直平面内的直线度误差曲线。导轨测量长度为横坐标，水平仪读数为纵坐标，在起始位置时的水平仪读数为起点，由坐标原点起作一折线段，其后每次读数都以前一折线段的终点为起点，画出对应折线段，各折线段组成的曲线即为导轨在垂直平面内直线度曲线。

绘制误差曲线如图 5-36 所示，将曲线两端连成Ⅰ-Ⅰ线，经曲线的最高点 A 作Ⅰ-Ⅰ的平行线Ⅱ-Ⅱ，则夹在Ⅰ-Ⅰ和Ⅱ-Ⅱ之间的高度 A-B 的读数 n 即为导轨的直线度误差格数。测出最大误差格数为 $n=3.5$。

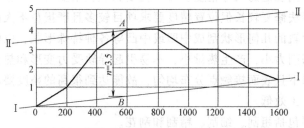

图 5-36 某卧式车床纵向导轨直线度误差曲线

（4）误差计算。曲线相对其两端连线的最大坐标值就是导轨全长的直线度误差，曲线上任一局部测量长度内的两端点相对曲线两端点的连线坐标差值即导轨的局部误差。

图中最大误差值 $\Delta h=nli=3.5\times200\times0.02\text{mm}/1000=0.014\text{mm}$。

（5）导轨形状分析。由曲线图可以看出导轨在全长范围内呈中间凸状态，且凸起的最大值在导轨 $600\sim800\text{mm}$ 长度处。将计算出来的误差值与机床出厂公差比对（如 Δ 允 $=0.025\text{mm}$（+）），可知该导轨直线度 $\Delta h<\Delta$ 允，合格。

2. 卧式车床床身导轨横向前后导轨在垂直面内的平行度检验

导轨平行度误差检验则是将框式水平仪横向放置在溜板上，从一端极限位置开始，从左向右移动刀架，分段检验，读出水平仪上每段误差值，水平仪读数的最大代数差值即为导轨的平行度误差。

例 5-2 用精度为 $0.02\text{mm}/1000\text{mm}$ 的框式水平仪测量某卧式车床床身导轨前后的平行度，测量长度为 250mm，导轨长度为 2000mm，水平仪读数依次为 $+0.4$、$+0.2$、$+0.3$、0、$+0.2$、-0.3、-0.5、-0.4 格，请计算其平行度误差。

导轨全长内的平行度误差为 $\Delta=[0.4-(-0.5)]\times\dfrac{0.02}{1000}\times250\text{mm}=0.0045\text{mm}$。

四、卧式车床床身导轨修复

（一）卧式车床床身导轨修复方案

1. 确定修复方法

20. 床身导轨刮研修复工艺

床身修复的实质是修复床身导轨面，其修复方案是根据导轨的损伤程度、生产现场的技术条件及导轨表面的材质确定的，若导轨表面整体磨损，可用刮研、磨削、精刨等方法修复。其中，长导轨或表面淬火的导轨多采用磨削，特长或磨损较重的导轨可用精刨，短导轨或磨损较轻的或需拼装的导轨多用刮削修复，导轨较长但位置精度要求项目较多且磨损量不大时，往往也采用刮削方法修复。若导轨表面局部损伤可用焊补、粘补、涂镀等方法修复。

2. 确定修复基准

在修复床身导轨时，可以选择齿条安装面或原导轨上磨损较轻的面作为导轨修复时的测量基准。在生产实际中，刮削修复床身导轨时多采用前者，磨削修复时多采用后者。

（二）采用刮研修复法修复床身导轨

1. 刮研修复法简介

刮研是利用刮刀、拖研工具、检测器具和显示剂，以手工操作的方式，边刮研加工、边研点测量，使工件达到规定的尺寸精度、几何精度和位置精度的一种精加工工艺。在床身导轨修复中常采用刮研法修复较长但位置精度要求项目较多且磨损量不大的导轨。

刮研修复可将导轨的几何形状刮成中凹或中凸等各种特殊形状，以解决机械加工不易解决的问题；刮研的切削力小，产生热量小，不易引起导轨受力变形和热变形；刮研掉的金属层可以小到几微米以下且表面接触点分布均匀，故能达到很高的精度要求。但刮研法的显著缺点是劳动强度大、工效低。

刮研的工艺主要包括粗刮、细刮、精刮和刮花。

（1）粗刮。粗刮是用粗刮刀进行操作，并使刀迹连成一片，当粗刮到每刮方内的研点数有 2~3 点时，就可进行细刮。

（2）细刮。细刮是用细刮刀进行操作，在粗刮的基础上进一步增加接触点，细刮后的研点数一般每刮方内有 12~15 点。

（3）精刮。在细刮后为进一步提高工件的表面质量需要进行精刮，精刮后的表面要求在每刮方内的研点数有 20~25 点。

（4）刮花。刮花可增加刮研面的美观，或能使滑动表面之间形成良好的润滑条件，且可根据花纹的消失情况来判断平面的磨损程度。

平面刮研、研点方法根据工件形状和面积大小的不同而不同，对中小型工件，一般是基准平板固定，工件待刮面在平板上拖研；当工件面积等于或略超过基准平板时，拖研时工件超出平板部分不得大于工件长度的 1/4，否则容易出现假点子；对大型工件，一般是将平板或平尺在工件被刮研面上拖研；对重量不对称的工件，拖研时应单边配重或采取支托的办法。

内孔刮研时刮刀在内孔面上做螺旋运动，以配合轴或检验心轴作为研点工具。研点时将显示剂薄而均匀地涂布在轴表面，然后将轴在轴孔内来回转动显示研点。

2. 床身导轨刮研修复工艺

首先要选择刮研基准。选择刮研基准的原则是：选择变形小、精度高、刚度好、主要导向的导轨；尽量减少基准转换，便于刮研和测量。

然后确定刮研顺序。确定导轨刮研顺序的原则是：先刮与传动部件有关联的导轨，后刮无关联的导轨；先刮形状复杂的导轨，后刮简单的导轨；先刮长的或面积大的导轨，后刮短的或面积小的导轨；先刮施工困难的导轨，后刮容易施工的导轨；对于两件配刮时，一般先刮大工件，配刮小工件；先刮刚度好的，配刮刚度较差的；先刮长导轨，后刮短导轨。

然后拟订刮研工艺。导轨刮研一般分为粗刮、细刮和精刮几个步骤。

以下为 CA6140 型卧式车床床身导轨刮研修复工艺示例，导轨结构可参见图 5-1。

（1）床身安装与测量。如图 5-37 所示，按规定的调整垫铁数量和位置将床身置于调整垫

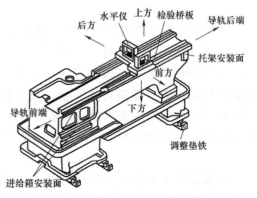

图 5-37 车床床身的安装与测量

铁上。在自然状态下，调整床身并测量床身导轨面在垂直平面内的直线度误差和相互平行度误差（G1），绘制床身导轨直线度误差曲线，了解床身导轨磨损情况，从而拟订刮研方案。

（2）粗刮表面1、2、3。如图5-38所示，刮研前先测量导轨面2、3对齿条安装面7的平行度误差。

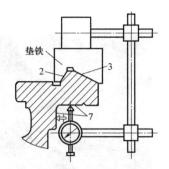
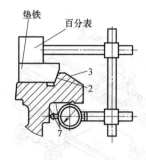

a) V形导轨对齿条安装面平行度测量　　　　b) 导轨面2对齿条安装面的平行度测量

图 5-38　导轨对齿条安装平面的平行度测量

　　分析该项误差与床身导轨直线度误差间的相互关系，从而确定刮研量及刮研部位。然后用平尺拖研及刮研表面2、3。在刮研时随时测量导轨面2、3对齿条安装面7之间的平行度误差，并按导轨形状修刮好垫铁。粗刮后导轨全长上直线度误差应不大于0.1mm（中凸），且接触点应均匀分布，使其在精刮过程中保持连续表面。在V形导轨初步刮研至要求后，按图5-37所示测量导轨在垂直平面内直线度误差和导轨的平行度误差（G1）。在同时考虑此两项精度的前提下，用平尺拖研并粗刮表面1（见图5-1），表面1的中凸应低于V形导轨。

　　（3）精刮表面1、2、3。利用配刮好的床鞍（床鞍先按床身导轨精度最佳的一段配刮）与粗刮后的床身相互配研。精刮导轨面1、2、3，精刮时按图5-37所示测量导轨在垂直面内的直线度误差和导轨的平行度误差（G1），按图5-39所示测量床身导轨在水平面内的直线度误差（G2）。

　　（4）刮研表面4、5、6。用平行平尺拖研及刮研表面4、5、6，粗刮时按图5-40所示测量每条导轨面对床鞍导轨的平行度误差。在表面4、5、6粗刮均达到全长平行度误差为0.05mm的要求后，用尾座底板作为研具进行精刮，接触点在全部表面上要均匀分布，使导轨4、5、6在刮研后达到修复要求（G3）。精刮时的测量方法如图5-41所示。

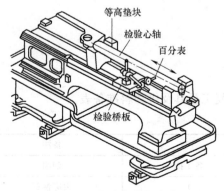
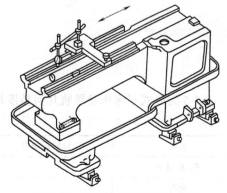

图 5-39　测量床身导轨在水平　　　　　图 5-40　测量每条导轨面对床鞍
面内的直线度误差　　　　　　　　　　导轨的平行度误差

（三）采用磨削修复法修复床身导轨

磨削修复法属于机械修复法。如图5-42所示，床身导轨的磨削可在导轨磨床或龙门刨床（加磨削头）上进行，磨削时将床身从床腿上拆下后，置于工作台上，调整垫铁垫稳，调好水平后找正。

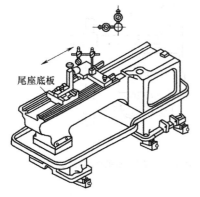

图5-41 测量尾座导轨对床鞍导轨的平行度误差　　　图5-42 淬硬床身导轨的磨削修复法

找正时以齿条安装面7为直线度基准，即将千分表固定在磨头主轴上，其测头触及齿条安装面，移动工作台，调整垫铁使千分表读数变化量不大于0.01mm；再将直角尺的一边紧靠进给箱安装面，测头触及直角尺另一边，转动磨头，使千分表读数不变。找正后将床身夹紧，夹紧时要防止床身变形。

磨削顺序是首先磨削导轨面1、4，检查两面等高后，再磨削床身下导轨面8、9，然后调整砂轮角度，磨削3、5面和2、6面。磨削过程应严格控制温升，以手感知导轨面不发热为宜。

由于导轨中间部位磨损最严重，为了补偿磨损和弹性变形，一般使导轨磨削后导轨面呈中凸状。可采用三种方法：一为反变形法，即安装时使床身导轨适当产生中凹，磨削完成后床身自动恢复成中凸；二是控制吃刀量法，即在磨削过程中使砂轮在床身导轨两端多走刀几次，最后精磨一刀形成中凸；三是靠加工设备本身形成中凸，即将导轨磨床本身的导轨调成中凸状，使砂轮相对工作台走出凸形轨迹，这样在调整后的机床上磨削导轨即呈中凸状。

▶▶ 项目实施

一、卧式车床床身导轨几何精度检验与修复工量具准备

表5-5为卧式车床床身导轨几何精度检验与修复工量具及机物料准备表。

表5-5 卧式车床床身导轨几何精度检验与修复工量具及机物料准备表

名称	材料或规格	件数	备注
粗、精刮刀		各1把	刮削
油石		1	刃磨油石
桥形平尺		1	拖研用

（续）

名称	材料或规格	件数	备注
垫铁	不等边，200mm×250mm	1	刮研、测量床身导轨
	等边，长 200~250mm	1	刮研、测量床身导轨
框式水平仪	0.01mm/1000mm	1	导轨几何精度检验用
磁性表座和百分表		1套	导轨几何精度检验用
塞尺		1	导轨配合面间隙检验用
检验桥板	长 250mm	1	测量床身导轨精度
检验心轴	φ80mm×1500mm	1	测量床身导轨直线度
25mm×25mm 显示框		1	刮研精度检查
毛刷		1	清扫刮研面
粉笔		1	标记
显示剂	红丹粉	若干	刮研精度显示
机床清洁布		1	清洁

二、卧式车床床身导轨几何精度检验与修复步骤

1. 卧式车床床身导轨 G1 组几何精度检验

（1）画出 G1 组几何精度检验简图。

（2）写出检验步骤和方法。

（3）完成导轨在垂直平面内的直线度检验。

（4）完成导轨在垂直平面内的平行度检验。

（5）完成导轨在垂直平面内直线度曲线的绘制和导轨形状分析。

2. 床身导轨刮研法修复

（1）绘制床身导轨截面图。

（2）拟订刮削工艺。

（3）整理现场。

项目作业

一、选择题

1. 在平面导轨中，平镶条采用螺钉调整间隙时，拧紧螺钉的顺序是_____。

a. 从中间向两边　　　b. 从两边向中间　　　c. 交叉进行　　　d. 无所谓

2. 在平面导轨中装配斜镶条时，其长度在_____确定。

a. 装配前　　　b. 装配时　　　c. 装配后　　　d. 随时

3. 平面导轨中检查间隙用_____量具。

a. 游标卡尺　　　b. 千分尺　　　c. 塞尺　　　d. 百分表

4. 调整导轨间隙的斜镶条，其斜度一般为_____，它与导向滑块的长度有关。

a. 1：50~1：80　　　　　　　　　　b. 1：60~1：100

c. 1：80~1：120　　　　　　　　　　d. 1：100~1：160

5. 燕尾导轨的燕尾角度一般设计为_____。

a. 30°   b. 55°   c. 80°

6. 平板的精度等级分为 0、1、2 和 3 级，其中_____级精度最高。

a. 0   b. 1   c. 2   d. 3

7. 水平仪是机床修理和制造中进行_____测量的精密测量仪器之一。

a. 直线度   b. 位置度   c. 尺寸

8. 水平仪的绝对读数法是按气泡的位置读数，唯有气泡在水平仪_____位置时才读作 "0"；相对读数法是将水平仪在_____位置上的气泡位置读作 "0"。

a. 两条长刻度线中间   b. 起始测量

9. 修理设备，进行两件配刮时，应按_____的顺序进行修理。

a. 先刮大作用面   b. 先刮小作用面   c. 同时刮削   d. 大小面随意刮削

10. 下列机械零件修复法中，_____产生热量少，不易引起工件受力变形和热变形。

a. 电镀法   b. 焊补法   c. 喷涂法   d. 刮研法

11. 刮研法中所采用的显示剂的种类有红丹粉、_____和松节油等。

a. 铅油   b. 普鲁士蓝油   c. 机油   d. 矿物油

12. 机床导轨严重磨损后，下列方法中不会破坏机床原有的尺寸链的方法是_____。

a. 刨削   b. 磨削

c. 刮削   d. 合成有机胶粘剂粘接

13. 检验棒在机床精度检验时主要用来检查各轴_____及轴与导轨平行度。（多选）

a. 径向圆跳动   b. 轴向窜动   c. 相互间同轴度   d. 相互间平行度

14. 卧式车床在使用过程中，导轨_____部位磨损最严重。

a. 靠床尾   b. 中间   c. 靠床头   d. 整个

15. 采用磨削法修复车床导轨时，由于导轨中间磨损最严重，为了补偿磨损和弹性变形，一般应将导轨面磨成_____状。

a. 中凹   b. 中凸   c. 波纹   d. 水平

16. 当导轨面损伤特别严重，伤痕或沟槽深度超过 5mm 时，不宜采用_____修复法，因为这样会大大降低导轨的强度，引起与导轨配合的各部件间的尺寸链变化。

a. 补焊   b. 粘补   c. 喷涂   d. 机械加工

17. 导轨接合面配合过松时将会影响_____精度和产生振动。

a. 几何   b. 接触   c. 运动   d. 加工

18. 滑动导轨采用镶条调整间隙，当机床上旧的镶条拆卸下来后，应检查其尺寸情况，必要时应更换。无论新旧镶条，装配前都需要检查其滑动工作面的_____情况。

a. 几何精度   b. 接触精度   c. 表面质量   d. 磨损

二、判断题

1. 导轨的主要作用有导向和支承。（   ）

2. 卧式车床方刀架部件的刀架溜板导轨属于燕尾导轨，尾座导轨也是。（   ）

3. 滚珠螺旋的作用是把电动机传给螺杆的旋转运动转变为螺母的直线运动。（   ）

4. 装配直线滚动导轨时，专用螺栓拧紧必须按一定的顺序进行，一般从两边向中间靠拢。（   ）

5. 直线滚动导轨安装好后应对螺栓安装孔进行密封，这样可确保导轨面光滑和水平。（　　）

6. 所有螺旋机构的丝杠与螺母的间隙是可调整的，一般调整径向间隙。（　　）

7. 滚珠丝杠副的预紧是指滚珠丝杠副在过盈条件下工作，把塑性变形量控制在最小限度。（　　）

8. 滚珠丝杠在安装时必须与导轨在垂直和水平方向上平行，在水平方向上可以移动丝杠调整，但在垂直方向上只能通过在低的一端轴承座上塞入不同厚度垫片的方法来调整。（　　）

9. 平尺只可以作为机床导轨刮研与测量的基准。（　　）

10. 水平仪气泡的实际变化值与选用垫铁的长短有关。（　　）

11. 测量精度为 0.02mm/1000mm 的水平仪，当气泡移动一格时，水平仪底面两端的高度差为 0.02mm。（　　）

12. 两件配刮时，一般先刮小工件，配刮大工件。（　　）

13. 检查 CA6140 型车床主轴的精度时，采用的是带 1∶20 公制锥度的检验棒。（　　）

14. 用水平仪对机床进行精度检验时，常采用绝对读数法。（　　）

15. 机械装配与维修工作中，常用塞尺测量零部件的组装间隙及其他位置误差。（　　）

16. 导轨的磨损是机床精度丧失的主要因素之一。（　　）

17. 机床导轨面的沟槽较深时，可采用补焊、粘补、喷涂、镶嵌等修复方法。（　　）

18. 床身修理的实质是修理床身导轨面。（　　）

三、计算题

1. 用框式水平仪测量机床床身导轨在垂直平面内的直线度误差。已知水平仪规格为 200mm×200mm，精度为 0.02mm/1000mm，导轨测量长度为 1400mm。已测得的水平仪读数值依次为 −1、+1、+1.5、+0.5、−1、−1、−1.5。试在坐标图上绘出导轨直线度误差曲线图，计算导轨在全长上的直线度最大误差值并分析该导轨面的凹凸情况。

2. 用精度为 0.02mm/1000mm 框式水平仪测量一长 2m 的车床导轨在垂直平面内的直线度误差，所绘制的误差曲线如图 5-43 所示。试求出该导轨全长的直线度误差以及任意 500mm 测量长度上的直线度误差，并分析该导轨形状。

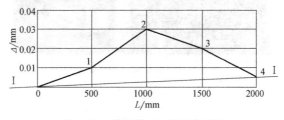

图 5-43　某导轨 G1 误差曲线图

3. 用精度为 0.02mm/1000mm 框式水平仪测量上题中所述车床导轨的横向平行度误差，设水平仪读数依次为 +1、+0.8、+0.5、−0.6 格，试计算该导轨在全长上的平行度误差。

项目六

卧式车床主轴箱检修

📚 学习目标

（1）了解卧式车床主轴箱组成与结构，掌握主轴箱的装配技术要求。

（2）了解修理尺寸链，能进行简单修理尺寸链分析。

（3）掌握常用传动机构检修技术，能完成常用传动机构的修理。

（4）掌握车床主轴箱部件的修理内容，能完成主轴箱内主要部件及机构的修理。

（5）理解机械故障的一般规律，能进行一般的机械故障诊断。

（6）理解车床主轴箱常见故障、原因分析及排除方法，会进行简单故障的诊断与排除。

📚 项目任务

（1）完成图 6-1 所示的卧式车床主轴箱部件检修。

（2）完成卧式车床主轴箱常见故障原因分析及排除办法讨论。

图 6-1 卧式车床主轴箱实物图

📚 知识技能链接

一、卧式车床主轴箱组成与结构

（一）卧式车床主轴箱简介

1. 主轴箱的主要组成

图 6-2 所示为 CA6140 型卧式车床主轴箱展开图，主轴箱主要包括箱体、

21. 主轴箱各
组成结构讲解

132

主轴部件、传动机构、操纵机构、换向装置、制动装置和润滑装置等，由带轮、主轴箱体等30余种零部件组成。

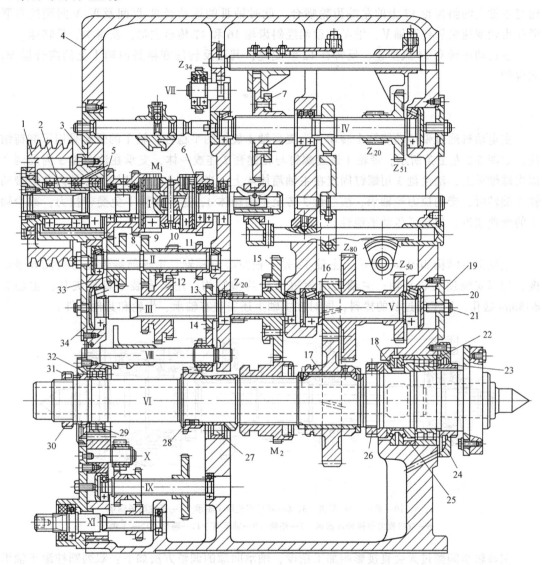

图 6-2　CA6140 型卧式车床主轴箱展开图

1—带轮　2—花键套　3—法兰盘　4—主轴箱体　5—双联空套齿轮　6—空套齿轮　7、33—双联滑移齿轮　8—弹簧卡环
9、10、13、14、28—固定齿轮　11、25—隔套　12—三联滑移齿轮　15—双联固定齿轮　16、17—斜齿轮
18—双向推力角接触球轴承　19—盖板　20—轴承压盖　21—调整螺钉　22、29—双列圆柱滚子轴承　23、26、30—螺母
24、32、34—轴承端盖　27—圆柱滚子轴承　31—套筒

2. 主轴箱的主要功用

主轴箱的功用在于支承主轴部件和传动，并实现主轴的起动、停止、变速和换向等，其动力由带轮传入。

卧式车床的主运动就是由主电动机（7.5kW，1450r/min）经 V 带传至主轴箱内的轴 I 而输入主轴箱，正转时，轴 I 的运动经离合器 M_1 和双联滑移齿轮变速装置传至轴 II，再经三联滑移齿轮变速装置传至轴Ⅲ。轴Ⅲ的运动可由两条传动路线传至主轴。当轴Ⅵ上的滑移齿轮 M_2 处于左位时，轴Ⅲ的运动直接传至主轴，使其高速旋转；当滑移齿轮 M_2 右移，M_2 的内齿轮与主轴上的斜齿轮17上的左端齿轮啮合，此时轴Ⅲ的运动经Ⅲ-Ⅳ间及Ⅳ-Ⅴ间两组双联滑移齿轮变速装置传至轴Ⅴ，轴Ⅴ的运动经斜齿轮16和17传至主轴，获得中、低转速。

主运动正转有24级变速，反转有12级变速，其正反转的变换是由轴Ⅰ上的离合器 M_1 实现的。

（二）主轴箱各组成结构简介

1. 卸荷式带轮

主电动机通过带传动使轴Ⅰ转动，为提高轴Ⅰ旋转的平稳性，轴Ⅰ的带轮采用了卸荷结构，如图6-2左上角所示，带轮1通过螺钉与花键套2连成一体，支承在法兰盘3内的两个深沟球轴承上，法兰盘3用螺钉固定在主轴箱体4上。当带轮1通过花键套2的内花键带动轴Ⅰ旋转时，带的拉力经轴承、法兰盘3传至主轴箱体4，这样使轴Ⅰ免受带拉力，减少轴Ⅰ的弯曲变形，提高了传动平稳性。

2. 主轴部件

主轴部件结构如图6-3所示，主轴12是一根空心阶梯轴，主轴前端锥孔为莫氏6号锥度，用以安装顶尖和心轴；主轴前端为短锥法兰型结构，用来安装卡盘或夹具；主轴有 $\phi48mm$ 通孔，用于通过长的棒料；同时在主轴上还安装有轴承、齿轮和其他零件。

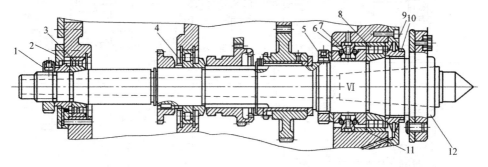

图6-3 CA6140型卧式车床主轴结构示意图

1、5、10—螺母 2—端盖 3、8—双列圆柱滚子轴承 4—圆柱滚子轴承
6—双向推力角接触球轴承 7—垫圈 9—轴承盖 11—隔套 12—主轴

主轴轴承间隙过大会直接影响加工精度，轴承间隙的调整方法如下：双列圆柱滚子轴承8用螺母5和10调整，调整时先拧松螺母10，然后拧紧带锁紧螺钉的螺母5，使双列圆柱滚子轴承8的内圈锥度为1：12的薄壁锥孔相对主轴锥形轴颈向右移动。由于锥面的作用，薄壁的轴承内圈产生径向膨胀，将滚子与内外圈之间的间隙消除。调整妥当后，再将螺母10拧紧。双列圆柱滚子轴承3的间隙用螺母1调整。中间的圆柱滚子轴承4间隙不能调整。一般情况下，只有当调整前轴承后仍不能达到要求的旋转精度时，才需要调整后轴承。

主轴轴承润滑由润滑油泵供油。前后轴承均采用了油沟式密封装置，油沟为轴套外表面上锯齿形截面的环形槽。主轴旋转时，离心力使油液沿着斜面被甩回，经回油孔流回箱底，最后流回到床腿内的油池中。

3. 开停和换向及其操纵机构

（1）主轴开停及换向机构。如图6-4所示，位于CA6140型卧式车床主轴箱轴Ⅰ组件上

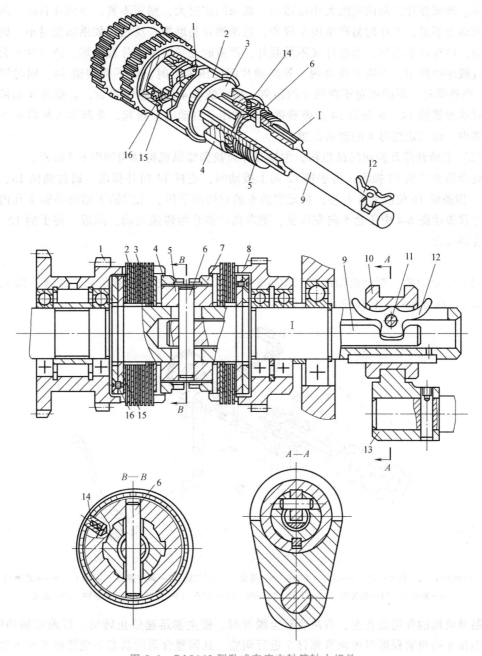

图 6-4 CA6140 型卧式车床主轴箱轴Ⅰ组件

1—双联齿轮 2—外摩擦片 3—内摩擦片 4、7—螺母 5—压套 6—长销 8—齿轮 9—拉杆
10—滑套 11—销轴 12—元宝形摆块 13—拨叉 14—弹簧销 15、16—止推片

的双向多片离合器用于实现主轴的开停和换向,左离合器传动使主轴正转,右离合器传动使主轴反转。摩擦片有内外之分,且相间安装。如果将内、外摩擦片压紧,产生摩擦力,轴Ⅰ的运动就通过内外摩擦片带动空套齿轮旋转;反之,如果松开,轴Ⅰ的运动与空套齿轮的运动不相干,内、外摩擦片之间处于打滑状态。主轴正转用于切削,需传递的转矩较大,而主轴反转主要用于退刀,所以左离合器摩擦片数较多,而右离合器摩擦片数较少。

内、外摩擦片之间的间隙大小应适当。如果间隙过大，则压不紧，摩擦片打滑，从而导致车床动力不足，工作时易产生闷车现象，且摩擦片易磨损。反之，如果间隙过小，则起动时费力，停车或换向时，摩擦片又不易脱开，严重时会导致摩擦片被烧坏，故多片离合器还能起过载保护作用。当需要调整内、外摩擦片间的压紧力时，压下弹簧销 14，同时转动螺母 4，调整螺母 4 端面相对于摩擦片的距离，确定螺母 4 的调整位置后，让螺母 4 端部的轴向槽对准弹簧销 14，弹簧销 14 在弹簧弹力的作用下自动向上抬起，重新卡入螺母 4 端部的轴向槽中，以固定螺母 4 的轴向位置。

（2）主轴开停及换向操纵机构。主轴开停及换向操纵机构结构如图 6-5 所示。

离合器由手柄 12 操纵。将手柄 12 向上扳动时，连杆 14 向外移动，通过曲柄 15、扇齿轮 11、齿条轴 16 使滑套 5 右移，将元宝销 6 的右端向下压，元宝销下端推动轴 I 孔内的拉杆 3 左移带动图 6-4 中压套 5 向左压紧，则左离合器开始传递运动。同理，将手柄 12 下压，右离合器接合。

4. 制动及其操纵机构

（1）制动机构。制动机构结构如图 6-5 所示，制动器安装在轴 Ⅳ 上，由制动轮 10、制动钢带 9、调节螺钉 7 和杠杆 8 等组成。

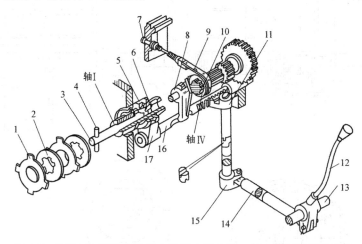

图 6-5　CA6140 型卧式车床主轴箱主轴开停、换向及制动操纵机构

1—外摩擦片　2—内摩擦片　3—拉杆　4—销　5—滑套　6—元宝销　7—调节螺钉　8—杠杆　9—制动钢带
10—制动轮　11—扇齿轮　12—手柄　13—轴　14—连杆　15—曲柄　16—齿条轴　17—拨叉

制动机构的作用是在左、右离合器全脱开时，使主轴迅速停止转动，以缩短辅助时间。制动钢带 9 的拉紧程度可由调节螺钉 7 进行调整，其调整合适的状态下应使停车时主轴能迅速停止，而开车时制动钢带能完全松开。

（2）制动操纵机构。为协调开停和制动两机构的工作，多片离合器和制动器采用联动操纵装置，如图 6-5 所示。当左、右离合器中一个接合时，杠杆 8 与齿条轴 16 的左侧或右侧的凹槽相接触，使制动钢带 9 放松；当左、右离合器都脱开时，齿条轴 16 处于中间位置，杠杆 8 与齿条轴 16 上的凸起相接触，杠杆 8 向逆时针方向摆动，将制动钢带 9 拉紧。制动钢带 9 内侧固定一层摩擦系数较大的酚醛石棉。

5. 变速操纵机构

在图 6-2 中，主轴箱中轴 Ⅱ 上有一个双联滑移齿轮 33，轴 Ⅲ 上有一个三联滑移齿轮 12，这两个滑移齿轮可由一个装在主轴箱前侧面的手柄同时操纵，如图6-6所示。

其操纵原理如下：手柄9通过链传动轴7传动，在轴7上固定有盘形凸轮6和曲柄5。盘形凸轮6有6个不同的变速位置，当杠杆11的滚子中心处于凸轮槽曲线的大半径时，轴Ⅱ上的双联滑移齿轮在左端位置，同时，曲柄5通过拨叉3操纵轴Ⅲ上的滑移齿轮，使该齿轮处于左、中、右三种不同的轴向位置。同时，当杠杆11的滚子中心处于凸轮槽曲线的小半径时，轴Ⅱ上的双联滑移齿轮在右端位置，同时，轴Ⅲ上的滑移齿轮仍有左、中、右三种不同的轴向位置。当手柄转一圈时，靠曲轴和凸轮槽盘的配合，可使轴Ⅲ得到6种不同的转速。

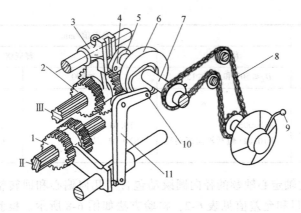

图6-6　CA6140型卧式车床主轴箱变速操纵机构

1—双联滑移齿轮　2—三联滑移齿轮　3—拨叉　4—拨销　5—曲柄
6—盘形凸轮　7—轴　8—链条　9—手柄　10—销子　11—杠杆

二、主轴箱主要修理尺寸链分析

（一）主轴箱的几何精度检验标准

1. 主轴箱的几何精度要求

主轴箱是卧式车床主运动部件，要求有足够的支承刚度、可靠的传动性能、灵活的变速操纵机构、较小的热变形、低的振动噪声、高的回转精度，其性能直接影响工件的精度及表面粗糙度。主轴箱安装到床身导轨时，若主轴轴线与床身导轨的平行度不合格将使工件产生锥度，无法保证工件的几何形状。

CA6140型卧式车床主轴箱的主轴回转精度要求如下：

（1）主轴的轴向窜动为0.01~0.02mm，即G4组精度（GB/T 4020—1997）。

（2）主轴轴肩的端面圆跳动误差小于0.015mm，即G4组精度（GB/T 4020—1997）。

（3）主轴定心轴颈的径向圆跳动误差小于0.01mm，即G5组精度（GB/T 4020—1997）。

（4）主轴锥孔的径向圆跳动靠近主轴端面处为0.015mm，距离端面300mm处为0.025mm，即G6组精度（GB/T 4020—1997）。

另外，主轴箱安装到床身导轨时应达到主轴轴线与床身导轨的平行度要求，在垂直面内在300mm测量长度上为0.02mm（向上）；在水平面内在300mm测量长度上为0.015mm（向前），即G7组精度（GB/T 4020—1997）。

2. 主轴箱的几何精度检验标准

图 6-7 所示为 G4 组几何精度检验简图。检验时先固定百分表，使其测头触及检验棒端部中心孔内的钢球，在测量方向上沿主轴轴线施加力 F，慢慢旋转主轴，百分表的最大差值就是轴向窜动误差值，b 点检验的是包含轴向窜动的主轴轴肩支承面圆跳动，其大小反应主轴后轴承精度。检验时先固定百分表，使测头触及主轴轴肩支承面上的不同直径处，依次进行检验，允差值见表 6-1。

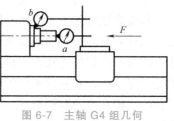

图 6-7 主轴 G4 组几何精度检验简图

表 6-1 G4 项目的允差值

检验项目	允差值/mm		
	精密级	普通级	
	$D_a \leqslant 500$ 和 $DC \leqslant 1500$	$D_a \leqslant 800$	$800 < D_a \leqslant 1600$
主轴 a) 主轴轴向窜动 b) 主轴轴肩支承面的圆跳动	a) 0.005 b) 0.01（包括轴向窜动）	a) 0.01 b) 0.02	a) 0.015 b) 0.02

G5 组几何精度主轴定心轴颈的径向圆跳动包含了几何偏心和回转轴线本身两方面的径向圆跳动，其检验项目和允差值见表 6-2，检验方法如图 6-8 所示。检验时，将百分表固定在机床上，使百分表测头触及主轴定心轴颈表面，沿主轴轴线施加一力 F，然后旋转主轴，百分表读数的最大差值就是主轴定心轴颈的径向圆跳动量。

表 6-2 G5 项目的允差值

检验项目	允差值/mm		
	精密级	普通级	
	$D_a \leqslant 500$ 和 $DC \leqslant 1500$	$D_a \leqslant 800$	$800 < D_a \leqslant 1600$
主轴定心轴颈的径向圆跳动	0.007	0.01	0.015

图 6-9 为 G6 组几何精度检验简图。a、b 相距 300mm，检验时将检验棒插入主轴锥孔内，固定百分表，使其测头触及检验棒的表面，分别检查 a、b 两点，检查时需拔出检验棒相对主轴旋转 90° 后依次重复检查三次，允差值见表 6-3。

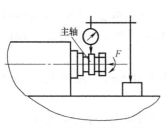

图 6-8 G5 组主轴定心轴颈
径向圆跳动的检验

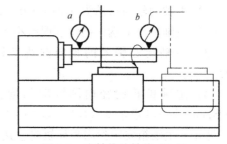

图 6-9 主轴锥孔轴线 G6 组
几何精度检验简图

表 6-3　G6 项目的允差值

检验项目	允差值/mm		
	精密级	普通级	
	$D_a \leqslant 500$ 和 $DC \leqslant 1500$	$D_a \leqslant 800$	$800 < D_a \leqslant 1600$
主轴轴线的径向圆跳动 a) 靠近主轴端面 b) 距主轴端面 $D_a/2$ 或不超过 300mm	a) 0.005 b) 在 300 测量长度上为0.015, 在 200 测量长度上为 0.01, 在 100 测量长度上为 0.005	a) 0.01 b) 在 300 测量长度上为 0.02	a) 0.015 b) 在 500 测量长度上为 0.05

主轴箱内各零部件装配并调整好后, 将主轴箱与床身拼装, 主轴轴线应达到 G7 组精度要求, 该项精度检验的目的在于保证工件的正确几何形状。其检验项目及允差值见表 6-4。

表 6-4　G7 项目的允差值

检验项目	允差值/mm		
	精密级	普通级	
	$D_a \leqslant 500$ 和 $DC \leqslant 1500$	$D_a \leqslant 800$	$800 < D_a \leqslant 1600$
主轴轴线对溜板纵向移动的平行度 　测量长度为 $D_a/2$ 或不超过 300mm① a) 在垂直平面内 b) 在水平面内	a) 在 300 测量长度上为0.02, 向上 b) 在 300 测量长度上为 0.01, 向前	a) 在 300 测量长度上为0.02, 向上 b) 在 300 测量长度上为 0.015, 向前	a) 在 500 测量长度上为0.04, 向上 b) 在 500 测量长度上为 0.03, 向前

① 对于 $D_a > 800$mm 的车床, 其测量长度可增加至 500mm。

检验方法如图 6-10 所示。

先把锥柄长检验棒插入主轴孔内, 百分表固定于溜板上, 其测头应触及检验棒的上素线。移动溜板, 记下百分表最小与最大读数的差值, 然后将主轴旋转 180°, 记下百分表最小与最大读数的差值, 两次测量读数差值代数和的 1/2 即为主轴轴线在垂直面内对溜板移动的平行度误差, 检验棒的自由端只允许向上偏。

再将主轴旋转 90°, 用上述同样的方法测得侧素线与溜板移动的平行度误差, 要求检验棒的自由端只允许向车刀方向偏。

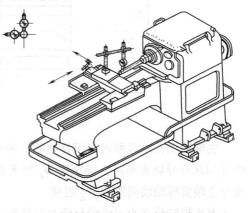

图 6-10　主轴轴线对溜板移动平行度的检验

(二) 主轴轴线对床身导轨修理尺寸链分析

1. 修理尺寸链及其分析

在设备修理前, 根据设计尺寸链, 按照设备精度检验标准和装配技术要求, 通过计算确定修理后的封闭环和包括修理件在内的各组成环的公称尺寸及其公差, 这种在修理过程中形成的尺寸链称为修理尺寸链。

修理尺寸链的解法按单件生产进行。尺寸链的各环已不是图样上的设计公称尺寸和公差, 而是实际存在的可以精确测量的尺寸, 这样, 就可以把不

22. 主轴轴线对床身导轨的平行度尺寸链分析

需要修复的尺寸量值绝对化，在公差分配时该环的公差值为零。对于固定连接在一起的几个零件，可以根据最短尺寸链原则当作一环来处理，最大限度地减少需要修理的环数，最大限度地扩大各环的修理公差值。

分析修理尺寸链时首先研究设备的装配图，根据各零件之间的相互尺寸关系，查明全部尺寸链；然后根据各项规定允差和其他装配技术要求，确定有关修理尺寸链的封闭环及其公差。在解修理尺寸链时要注意各尺寸链之间的关系，不要孤立地考虑，否则会造成反复修理。

2. 主轴轴线与床身导轨的平行度修理尺寸链分析

在主轴箱部件安装到床身时，主轴箱以底平面和凸块侧面与床身接触来保证正确安装位置，对主轴箱部件的检修最终应达到 G7 组精度，即主轴轴线对溜板纵向移动的平行度。

（1）平行度修理尺寸链的组成。如图 6-11 所示，主轴轴线与床身导轨间平行度是由垂直面内和水平面内两部分尺寸链控制的。

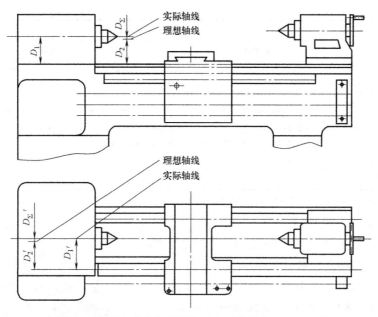

图 6-11　卧式车床主轴轴线与床身导轨的平行度尺寸链

主轴轴线在垂直面内与床身导轨间的平行度修理尺寸链是由主轴理想轴线到主轴箱安装面（与床身导轨面等高）间距离 D_2 和床身导轨面与主轴实际轴线间距离 D_1 及主轴理想轴线与主轴实际轴线间距离 D_Σ 组成。

而主轴轴线在水平面内与床身导轨间的平行度修理尺寸链是由主轴理想轴线到主轴箱安装面（与床身导轨溜板用导轨面 2、3 的中心平面重合）间距离 D'_2 和主轴箱安装面与主轴实际轴线间距离 D'_1 及主轴理想轴线与主轴实际轴线间距离 D'_Σ 组成。

（2）平行度修理尺寸链的分析。

首先分析在垂直面内的平行度修理尺寸链。

D_Σ 为封闭环，D_Σ 的大小为主轴实际轴线与床身导轨在垂直面内的平行度，即 0.02mm/300mm，只允许心轴外端向上。各组成环间尺寸链方程为 $D_1 - D_2 - D_\Sigma = 0$，采用修配法。

垂直面内精度超差时，可选 D_1 作为垂直面内平行度修理尺寸链的补偿环，刮削主轴箱底面，此时，组成环 D_1 减小，D_2 不变，封闭环 D_Σ 减小。

用同样方法对水平面内平行度修理尺寸链分析可知，超差时可通过刮削凸块侧面来达到要求。

D'_Σ 为封闭环，D'_Σ 的大小为主轴实际轴线与床身导轨在水平面内的平行度，即 $0.015\text{mm}/300\text{mm}$，只允许心轴外端朝前。各组成环间尺寸链方程为 $D'_1 - D'_2 - D'_\Sigma = 0$，采用修配法。

水平面内精度超差时，可选 D'_1 作为水平面内平行度修理尺寸链的补偿环，刮削凸块侧面，此时，组成环 D'_1 减小，D'_2 不变，封闭环 D'_Σ 减小。

三、常用传动机构检修技术

（一）齿轮传动机构检修技术

1. 齿轮常见的失效形式、损伤特征、产生原因及修复方法

表6-5所列为齿轮常见失效形式、损伤特征、产生原因及修复方法。

23. 齿轮传动机构故障诊断与检修

表6-5　齿轮常见失效形式、损伤特征、产生原因及修复方法

失效形式	损伤特征	产生原因	修复方法
轮齿折断	整体折断一般发生在齿根，局部折断一般发生在轮齿一端	齿根处弯曲应力最大且集中，载荷过分集中、多次重复使用、短期过载	堆焊、局部更换、栽齿、镶齿
疲劳点蚀	在节线附近的下齿面上出现疲劳点蚀坑并扩展，呈贝壳状，可遍及整个齿面，噪声、磨损、动载加大，在闭式齿轮中经常发生	长期受交变接触应力，齿面接触强度和硬度不高、表面粗糙度大一些、润滑不良	堆焊、更换齿轮、变位切削
齿面剥落	脆性材料、硬齿面齿轮在表层或次表层内产生裂纹，然后扩展，材料呈片状剥离齿面，形成剥落坑	齿面受高的交变接触应力，局部过载、材料缺陷、热处理不当、润滑油黏度过低、轮齿表面质量差	堆焊、更换齿轮、变位切削
齿面胶合	齿面金属在一定压力下直接接触发生黏着，并随相对运动从齿面上撕落，按形成条件分热胶合和冷胶合	热胶合产生于高速重载，引起局部瞬时高温，导致油膜破裂，使齿面局部粘焊；冷胶合发生于低速重载，局部压力过高，油膜压溃，产生胶合	更换齿轮、变位切削、加强润滑
齿面磨损	轮齿接触表面沿滑动方向有均匀重叠条痕，多见于开式齿轮，导致失去齿形、齿厚减薄而断齿	铁屑、尘粒等进入轮齿的啮合部位引起磨粒磨损	堆焊、调整换位、更换齿轮、换向、塑性变形、变位切削、加强润滑
塑性变形	齿面产生塑性流动，破坏了正确的齿形曲线	齿轮材料较软、承受载荷较大、齿面间摩擦力较大	更换齿轮、变位切削、加强润滑

2. 常用的齿轮轮齿损坏修复方法

（1）调整换位法。将已经磨损的齿轮变换一个方位，利用齿轮未磨损或磨损轻的部位继续工作，适用于单向运转受力齿轮。

（2）栽齿修复法。对于低速、载荷平稳且要求不高的较大齿轮，单个齿折断后可将断齿根部锉平，根据齿根高度及齿宽情况，在其上面栽上一排与齿轮材质相似的螺钉，并以堆焊连接各螺钉，然后再按齿形样板加工出齿形。

（3）镶齿修复法。对于受载不大但要求较高的齿轮，单个齿折断后可用镶单个齿的方法修复；如果齿轮有几个齿连续损坏，可用镶齿轮块的方法修复；若多联齿轮、塔形齿轮中

有个别齿轮损坏，可用齿圈替代法修复。

（4）堆焊修复法。当齿轮的轮齿崩坏，齿端、齿面磨损超限，或存在严重表层剥落时，可以使用堆焊法修复。堆焊后的齿轮要经过加工后才能使用。

（5）塑性变形法。塑性变形法应用于齿轮轮齿修复是用一定的模具和装置以挤压或滚压的方法将齿轮轮缘部分的金属向齿的方向挤压，使磨损的齿加厚。

（6）变位切削法。利用变位切削，将大齿轮的磨损部分切去，另外更换一个新的小齿轮与大齿轮相配，适用于传动比大、模数大的齿轮传动因齿面磨损失效而成对更换不合算场合。

（7）金属涂敷法。此法是利用喷涂、压制、沉积和复合等涂敷方法在齿面上涂上金属粉或合金粉层，然后进行热处理或机械加工，以恢复原有尺寸并获得耐磨及其他特性的覆盖层。

（二）带传动及链传动机构检修技术

1. 带传动机构检修技术

带传动机构的常见损坏形式表现为轴颈弯曲、带轮孔与轴配合松动、带轮槽磨损、带拉长或断裂、带轮崩裂等。

当轴颈弯曲时，可用划线盘或百分表在轴的外圆柱面上检查摆动情况，根据弯曲程度采用校直或更换的方法修复。当带轮孔与轴配合松动时，若磨损不大可修整轮孔，有时也需要修整键槽，轴颈可用镀铬法增大直径，磨损较严重时，轮孔可镗大后压入衬套，并用骑缝螺钉固定。当带轮槽磨损时，带底面与带轮槽底部逐渐接近，甚至接触而将槽底磨亮。如果槽底已发亮则必须换掉传动带并修复轮槽，修复方法是适当车深轮槽，然后再修整外缘。当带拉伸量在正常范围内时，可调整中心距；若超过正常拉伸量，则必须更换传动带。应将一组 V 带一起更换，以免松紧不一致。如果带轮崩裂，则必须进行更换。

2. 链传动机构的故障诊断与维修

链传动机构的常见损坏形式有链被拉长、链和链轮磨损、链节断裂等。

当链被拉长时，会产生抖动和脱链现象，可采用调整中心距，或采用张紧轮，或卸掉一个或几个链节的方法拉紧链条。当链轮损时，链条磨损会加快，此时应更换链轮和链条。当个别链节断裂时，可更换个别链节予以修复。

（三）滚珠丝杠副检修技术

滚珠丝杠副的维护主要有轴向间隙的调整、支承轴承的定期检查、滚珠丝杠副的润滑和滚珠丝杠的防护。

表 6-6 列出了滚珠丝杠副常见失效形式、损伤特征、产生原因及修复方法。

表 6-6　滚珠丝杠副常见失效形式、损伤特征、产生原因及修复方法

失效形式	损伤特征	产生原因	修复方法
接触疲劳失效	螺母、丝杠的滚道及滚珠的工作表面产生点蚀，材料产生剥落	①长期超负荷运行 ②产品缺陷，如材料、硬度、滚道表面粗糙度等方面的缺陷 ③润滑剂黏度和用量、用法不当 ④固体颗粒侵入，循环作用造成疲劳损坏 ⑤未及时维修或维修不当 ⑥设备老化等	①丝杠或螺母一般采用更换的方法，当丝杠磨损量较小时可在校直后用研磨法修复 ②滚珠可更换 ③换向器采用补焊或修磨的方法修复

（续）

失效形式	损伤特征	产生原因	修复方法
磨粒磨损失效	工作表面犁沟状的擦伤或凹痕，系统运行剧烈颤动，有噪声；滚珠运动阻滞，螺母卡死；滚道工作表面有不均匀凹坑，局部剥离	①密封不合适或损坏造成金属颗粒等异物侵入 ②安装或工作环境不清洁，造成污染 ③润滑剂不合适等	
黏着磨损失效	滚珠或滚道变粗糙；接触面擦伤、材料卷起	①滚珠在进入与离开承载区时急剧变速 ②润滑剂的种类与用量不合适 ③异物侵入，滚珠滚动受阻 ④有水侵入等	
腐蚀磨损失效	滚道工作表面出现不均匀的坑状锈斑或与滚珠节距相同的锈蚀，丝杠整体生锈及腐蚀	①存放或使用不当，水、腐蚀性物质侵入 ②温差变化大，形成冷凝水 ③密封失效 ④润滑剂、缓蚀剂不合适等	①丝杠或螺母一般采用更换的方法，当丝杠磨损量较小时可在校直后用研磨法修复 ②滚珠可更换 ③换向器采用补焊或修磨的方法修复
严重变形失效	丝杠、螺母滚道严重变形；滚道工作面出现与滚珠节距相同的压痕等	①静载荷过高 ②运输或使用不当 ③受到大的冲击载荷 ④异物进入造成运转阻塞等	
疲劳断裂	丝杠、螺母出现明显的部分脱落或整体裂痕；滚珠碎裂；反向器损坏等	①载荷过大 ②安装不好，丝杠倾斜，挠度过大 ③使用不当，冲击振动，瞬间载荷过大 ④转速过高，急剧的加、减速 ⑤异物污染造成滚珠运动阻塞 ⑥材料缺陷，制造不良等	
过载断裂			

四、卧式车床主轴箱检修内容及方法

（一）卧式车床主轴箱检修的典型工作过程

1. 准备工作

准备工作主要包括图样分析、编制检修工艺、工量具准备及技术资料准备等。

修理前要仔细研究装配图，分析其装配特点，详细了解其修理要求和存在的主要问题，如主要零部件的磨损情况、主轴箱的几何精度、零件加工精度降低情况以及运转中存在的问题。据此提出预检项目，预检后确定具体的修理项目及修理方案，准备专用工具、检具和量具，确定修理后的精度检验项目及试车验收要求。

检修工艺主要包括检修前主轴箱的运行状况检验、主轴箱的拆卸工艺、主要零件的检验工艺、主轴箱的装配工艺及修后检验项目与标准等几项。

2. 修前检查

检修前对主轴箱的运行状况检查主要有下述项目：

（1）主轴箱的噪声、振动和轴承温度检查或检测。

（2）离合器操纵机构和变速操纵机构的灵活性、可靠性、准确性检查。

（3）主轴回转精度检验，主要包括前述 G4 组精度主轴的轴向窜动和主轴轴肩支承面的圆跳动、G5 组精度主轴定心轴颈的径向圆跳动以及 G6 组精度主轴锥孔轴线的径向圆跳动。

3. 部件拆卸

部件拆卸前应断电并放掉主轴箱箱体内的润滑油。拆卸总原则是先外后内，先上后下，先拆成组件和零件，再逐级分解组件和各级分组件。先拟订拆卸工艺，再按工艺拆卸。

4. 部件分解、清洗、检查及修理

主要零（部）件的检验包括下述几个项目：

（1）主轴轴承和轴颈接触精度的检验。在轴颈上涂红丹粉，再与轴承对研，接触精度应达 50%。

（2）检验主轴精度。按照主轴零件图上尺寸及几何公差要求完成主轴的几何精度检验。

（3）检验主轴箱的主轴孔。按照主轴箱箱体零件图完成主轴孔的尺寸及几何公差检验。

检验完毕，对失效零（部）件进行修理或更换。修理各零部件或机构的具体内容和方法见后。

5. 部件装配及调整

先拟订装配工艺，再按照工艺完成从各级组件装配到安装油泵和过滤器全过程，并逐项调整以达到主轴回转精度要求。主轴箱内各零件装配并调整好后，将主轴箱与床身拼装，并使主轴轴线达到 G7 组精度要求。

6. 试车、检验与调整

机床检修后需要进行试车验收，主要包括空运转试验、负荷试验、机床几何精度检验和机床工作精度检验。几何精度的检验一般分两次进行，一次在空运转试验后进行，一次在工作精度检验后进行。主轴箱部件检修后应达到 G4、G5、G6 和 G7 组几何精度要求，若超差则要进行进一步调整直至达到几何精度要求。

（二）卧式车床主轴箱主要修理内容及方法

1. 主轴部件的修理

主轴部件的修理内容主要包括主轴精度的检验、主轴的修复、轴承的选配和预紧、轴套的配磨等，其中，滚动轴承的磨损、变形、裂纹、蚀损等失效都将会引起主轴部件故障，给机床正常运行及生产带来严重影响，必须予以排除。

24. 卧式车床主轴箱
修理内容和方法之
开停及制动机构修理

2. 主轴箱体的修理

主轴箱体修理的主要内容是检修箱体前后轴承孔的精度。图 6-12 所示为 CA6140 型卧式车床主轴箱体，要求箱体前后轴承孔圆度误差不超过 0.012mm，圆柱度误差不超过 0.01mm，前后轴承孔的同轴度误差不超过 $\phi 0.015$mm。在车床使用过程中，由于轴承外圈的游动，易造成主轴箱体轴承安装孔的磨损，影响主轴回转精度和主轴刚度。

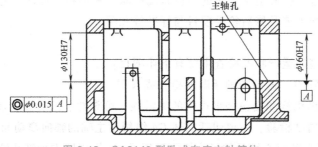

图 6-12　CA6140 型卧式车床主轴箱体

在修理前先用内径千分表测量前后轴承的圆度和尺寸，观察孔的表面是否有明显的磨痕、研伤等缺陷，然后在镗床上用镗杆和杠杆千分表测量前后轴承孔的同轴度，如图 6-13 所示。

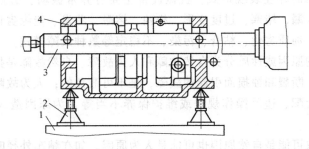

图 6-13　在镗床上用镗杆和杠杆千分表测量前后轴承孔同轴度
1—工作台　2—可调千斤顶　3—镗杆　4—主轴箱体

由于主轴箱前后轴承孔是标准配合尺寸，不宜研磨或修刮，一般采用镗孔镶套或镀镍法修复。当轴承孔圆度、圆柱度超差不大时，可采用镀镍法修复，镀镍前要修正孔的精度，采用电刷镀镀镍工艺，镀镍后经过精加工满足此孔与滚动轴承的公差配合要求；当轴承孔圆度、圆柱度误差过大时，则采用镗孔镶套法修复。

3. 主轴开停及制动操纵机构的修理

由于卧式车床频繁开停和制动，部分零件磨损严重，在修理时必须逐项检查各零件的磨损情况，视情况予以更换或修理。

双向多片离合器修复的重点是内、外摩擦片，摩擦片间的压紧力是根据离合器应传递的额定转矩调整的，当机床切削载荷超过调整好的摩擦片所传递的转矩时，摩擦片之间就产生相对滑动现象，多次反复，其表面就会研出较深的沟槽。当表面渗碳层完全磨掉时，多片离合器失效。修理时一般更换新的内、外摩擦片。若摩擦片只是翘曲或拉毛，可通过延展校直工艺校平和用平面磨床磨平，然后采取吹砂打毛工艺来修复。元宝形摆块及滑套在使用中经常做相对运动，在二者的接触处及元宝形摆块与拉杆接触处会产生磨损，一般需要更换新件。

由于卧式车床频繁开停，制动机构中制动钢带 9 和制动轮 10 磨损严重（见图 6-5），所以制动带的更换、制动轮的修整、齿条轴 16 凸起部位的焊补是制动操纵机构修理的主要任务。

4. 主轴箱变速操纵机构的修理

主轴箱变速操纵机构各传动件一般为滑动摩擦，长期使用后各零件易产生磨损，在修理时需要注意滑块、滚柱、拨叉、凸轮的磨损情况，必要时可更换部分滑块，以保证齿轮移动灵活、定位可靠。

五、卧式车床主轴箱故障诊断与排除

（一）机械设备的故障

1. 故障及故障模式

机器丧失了规定功能的状态称为故障。当机械设备发生故障后，其技术经济指标部分或全部下降而达不到规定的要求。如 CA6140 型卧式车床的 I 轴摩擦片短时期使用后松动，机床起动慢；主轴箱内制动带断裂；刀架重复定位不准；加工件表面有波纹；机床切槽振动；机床交换齿轮防护处杂声大等常见机床故障就属于技术经济指标达不到规定要求。

故障模式是故障的外在表现形式，机械设备主要有异常振动、磨损、疲劳、裂纹、破断、腐蚀、剥离、渗漏、堵塞、过度变形、松弛、熔融、蒸发、绝缘劣化、短路、击穿、声响异常、材料老化、油质劣化、粘合、污染、不稳定等数种故障模式。

故障按照发生的原因或性质分为自然故障和人为故障。自然故障是指机械设备因各部分零件的磨损、变形、断裂和蚀损而引起的故障，是不可避免的；人为故障是指因使用了不合格零件、不正确的装配、违反操作规程或维护保养不当等人为原因造成的故障，是可以避免的。

同样的故障现象可能是自然原因也可能是人为原因。如在精车外径时主轴每一转在圆周表面上有一处振痕，经检查发现是由于主轴滚动轴承某几粒滚柱磨损严重，既可能是这几粒滚柱自然磨损造成，也可能是选用了质量不合格的滚动轴承，或滚动轴承安装不当的原因造成。

2. 故障的一般规律

机械设备的故障率随时间的变化规律如图 6-14 所示，此曲线又称为浴盆曲线。浴盆曲线体现了机械设备故障的三个阶段：第一阶段为早期故障期，即由于设计、制造、运输、安装等原因造成的故障，故障率较高；第二阶段为偶发故障期，随着故障一个个被排除而逐渐减少并趋于稳定，此期间不易发生故障，设备故障率很低，也称为有效

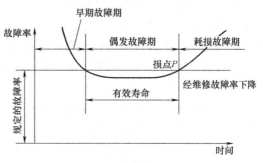

图 6-14 设备故障规律曲线

寿命期；第三阶段为耗损故障期，由于设备零部件的磨损、老化等原因造成故障率上升，这时若加强维护保养，及时修复或更换失效零部件，则可把故障率降下来，从而延长设备的有效寿命。

（二）机械设备故障诊断技术

机械故障诊断技术就是一种了解和掌握机器在运行过程中的状态，确定其整体或局部正常或异常，早期发现故障及其原因，并能预报故障发展趋势的技术，分为实用机械故障诊断技术和现代机械故障诊断技术。

1. 实用机械故障诊断技术

由维修人员通过感觉器官对机械设备进行问、看、听、触、嗅等的诊断技术称为实用机械故障诊断技术。

（1）问。问就是询问设备故障发生的经过，弄清故障是突发还是渐发。在机床故障诊断中通常询问下列情况：

① 机床开动时有哪些异常现象。

② 故障前后工件的精度和表面粗糙度，以便分析故障产生的原因。

③ 传动系统是否正常，传动力是否均匀，背吃刀量和走刀量是否自动减小等。

④ 润滑油牌号是否符合规定，用量是否适当。

⑤机床何时进行过检修和保养等。

（2）看。看包括看转速、看颜色、看伤痕、看工件、看变形和看油箱与冷却箱。

① 看转速。观察主传动速度的变化，如带传动的线速度变慢，可能是传动带过松或负荷太大；对主传动系统中的齿轮，主要看它是否跳动、摆动；对传动轴，主要看它是否弯曲或晃动。

② 看颜色。如果机床转动部位，特别是主轴和轴承运转不正常，就会发热。长时间升温会使机床表面颜色发生变化，大多呈黄色。油箱里的油也会因温升过高而变稀，颜色发生变化；有时也会因久不换油、杂质过多或油变质而变成深墨色。

③ 看伤痕。机床零部件碰伤损坏部位很容易发现，若发现裂纹时，应作一记号，隔一段时间再比较它的变化情况，以便进行综合分析。

④ 看工件。从工件来判别机床的好坏。若车削后的工件表面粗糙度 Ra 值大，主要是由于主轴与轴承之间的间隙过大，溜板、刀架等部位压板楔铁有松动以及滚珠丝杠预紧松动等原因造成的；若是磨削后的工件表面粗糙度 Ra 值大，则主要是主轴或砂轮动平衡差，机床出现共振以及工作台爬行等原因引起的；若工件表面出现波纹，则看波纹数是否与机床主轴传动齿轮的齿数相等，如果相等，则表明主轴齿轮啮合不良是故障的主要原因。

⑤ 看变形。观察机床传动轴、滚珠丝杠是否变形；直径大的带轮和齿轮的端面是否跳动。

⑥ 看油箱与冷却箱。主要观察油或切削液是否变质，确定其是否能继续使用。

（3）听。听是用以判别设备是否运转正常。一般正常运行的机器，其声响具有一定的音律和节奏，并保持持续的稳定。机械运动发出的正常声响大致可归纳为下面所列几种：

① 一般做旋转运动的机件发出的正常声响。在运转区间较小或处于封闭系统时发出平静的"嘤嘤"声；在运转区间较大或处于非封闭系统时发出较大的蜂鸣声；低沉而振动声浪很大的"轰隆"声由各种大型机械设备发出。

② 常用传动机构或运动副发出的正常声响。正常运行的齿轮副一般在低速下无明显的声响；链轮和齿条传动副一般发出平稳的"唧唧"声；直线往复运动机件一般发出周期性的"咯噔"声；常见的凸轮顶杆机构、曲柄连杆机构和摆动摇杆机构等通常发出周期性的"嘀嗒"声；多数轴承副一般无明显的声响，借助传感器（通常用金属杆或螺钉旋具）可听到较为清晰的"嘤嘤"声。

③ 各种介质的传输设备产生的正常输送声，一般随传输介质的特性而异。如气体介质多为"呼呼"声，流体介质为"哗哗"声，固体介质发出"沙沙"声或"呵啰呵啰"声。

掌握正常声响及其变化，并与故障时的声音相对比，是采用听觉诊断的关键。下面是几种常见异声：

① 摩擦声。声音尖锐而短促，如发生带打滑或主轴轴承及传动丝杠副之间缺少润滑油。

② 泄漏声。声音小而长，连续不断，如漏风、漏气或漏液等。

③ 冲击声。声音低而沉闷，一般是由于螺栓松动或内部有其他异物碰击。

④ 对比声。用手轻轻敲击来鉴别零件是否缺损。有裂纹的零件敲击后发出的声音不太清脆。如铁路维修人员对铁轨的巡检就常常采用此法。

（4）触。触是用手感来判别机床的故障，通常有以下几方面的应用：

① 温升。根据经验，当机器温度在 0℃ 左右时，手指感觉冰凉，长时间触摸会产生刺骨的

痛感；10℃左右时，手感较凉，但可忍受；20℃左右时，手感稍凉，随着接触时间延长，手感潮温；30℃左右时，手感微温有舒适感；40℃左右时，手感如触摸高烧病人；50℃以上时，手感较烫，如掌心捂的时间较长会有汗感；60℃左右时，手感很烫，但可忍受10s左右；70℃左右时，手有灼痛感，且手的接触部位很快出现红色；80℃以上时，瞬时接触手感似火烧，时间过长，可出现烫伤。操作中应注意手的触摸方法，一般先用右手并拢的食指、中指和无名指指背中节部位轻轻触及机件表面，断定对皮肤无损害后，方可用手指或手掌触摸。

②振动。轻微振动可用手感鉴别，找一个固定基点，用一只手同时触摸便可以比较出振动的大小。

③伤痕和波纹。对圆形零件要沿切向和轴向分别去摸；对平面则要左右、前后均匀去摸。摸的时候不能用力太大，轻轻把手指放在被检查表面上接触即可。

④爬行。用手摸可直观地感觉出来。

⑤松或紧。用手转动主轴或摇动手轮，即可感到接触部位的松紧是否均匀适当。

（5）嗅。由于剧烈摩擦或电器元件绝缘破损短路，使附着的油脂或其他可燃物质发生氧化、挥发或燃烧产生油烟气、焦糊气等异味，可用嗅觉诊断。

2. 现代机械故障诊断技术

现代机械故障诊断技术是利用诊断仪器和数据处理对机械装置的故障原因、部位和故障的严重程度进行定性和定量的分析。

（1）润滑油样分析。润滑油在机器中循环流动，在其工作过程中，各种摩擦副的磨损产物便进入润滑油中，必然携带机器中零部件运行状态的大量信息。通过分析这些信息可了解机器中零件磨损的类型、程度等情况，可预测机器的剩余寿命，从而进行计划性维修。具体有油液光谱分析法、油样铁谱分析法和磁塞检查法等，整个油样分析工作包括采样、检测、诊断、预测和处理五个步骤。

（2）振动监测。振动监测就是通过安装在机器某些特征点上的传感器，利用振动计测量机器上某些测量处的总振级大小，如位移、速度、加速度和幅频特性等，从而进行故障预测和监测。

（3）噪声谱分析。噪声谱分析是通过声波计对齿轮噪声信号频谱中的啮合谐波幅值变化规律进行深入分析，识别和判断齿轮磨损失效故障状态。在设备噪声诊断中一般采用声压级 L 表示，L 的单位是 dB，即分贝。

（4）故障诊断专家系统的应用。故障诊断专家系统就是将诊断所必需的知识、经验和规则等信息编成计算机可以利用的知识库，从而建立的具有一定智能的专家系统。

（5）温度监测。如用测温探头测量轴承、轴瓦、电动机和齿轮箱等装置的表面温度。

（6）非破坏性检测。即无损检测，利用无损检测仪观察零件隐蔽缺陷的性质、大小、部位及其取向，有渗透检测、磁粉检测、超声波检测、射线检测等。

3. 机械故障诊断与排除工程实例

故障诊断的基本过程包括数据采集或故障现象采集、数据处理或故障现象原因分析、数据输出并提出故障排除方法。

例6-1 图6-15所示某风场风机采用液压变桨模式。在定期维护时发现轮毂内的变桨机构三角架与行程杆之间的连接螺栓断掉后螺栓头部掉在螺栓孔内。下面是针对该故障的诊断与排除过程。

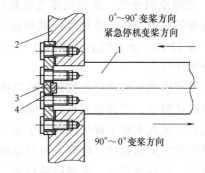

图 6-15　风机变桨机构结构示意图（局部）

1—变桨行程杆　2—三角架　3—法兰连接盘　4—堵块

（1）故障现象采集。某种风机轮毂内的变桨机构三角架与行程杆之间的连接端盖存在断螺栓问题，即有螺栓断掉后螺栓头部掉在螺栓孔内。

（2）故障原因分析。变桨机构的工作原理：0°~90°变桨时，变桨行程杆 1 是驱动元件，带动三角架 2、法兰连接盘 3 和堵块 4 共同（图中向左）运动，期间，全部的作用力由外圈法兰螺栓和变桨行程杆共同承担；90°~0°变桨时，变桨行程杆 1 是驱动元件，带动三角架 2、法兰连接盘 3 和堵块 4 共同（图中向右）运动，期间，全部的作用力由内圈法兰螺栓承担。

因此，螺栓断裂故障应主要发生于 90°~0°变桨阶段，且发生于内圈法兰螺栓。风机安装较早，已运行了较长时间，风机变桨机构工作时间较长；风场现场的风向变化较频繁，风机变桨较频繁；风场现场的风沙较大，轮毂内变桨机构有磨损，因此，属于自然故障。

（3）提出故障排除方法。如果轮毂内变桨机构的断螺栓故障不处理，则相较于初始状态，只有较少的螺栓承担全部的力，更易造成内圈法兰螺栓的断裂。发展到最后，可能造成变桨行程杆 1 与法兰连接盘 3 之间失去连接。此时，风机可以 0°~90°变桨，可以紧急停机，但是不可以 90°~0°变桨，但风机最终会因故障紧急停机，故应进行故障排除。

为保证安全，首先应按下风机机舱内的三个紧急停机按钮，使风机处于紧急停机状态，将变桨行程杆向前（导流罩方向）推出；然后进入轮毂，机舱外的工作人员协助轮毂内的工作人员利用扳手、手电钻、方头淬火钢杆等工具将断头螺栓取出，并更换新的螺栓。

例 6-2　多个客户反映某品牌汽车在使用一段时间后出现渗油、异响、动力明显下降等现象，经查，原来是发动机排气歧管上的螺栓断裂所致。图 6-16 所示为故障汽车排气歧管与发动机连接部位实物图片，下面是该故障的诊断与排除过程。

图 6-16　某品牌汽车发动机排气歧管与发动机连接部位

（1）故障现象采集。某品牌汽车在使用一段时间后出现渗油、异响、动力明显下降等现象；发动机排气歧管上的螺栓断裂。

（2）故障原因分析。发动机排气歧管是与发动机缸盖排气口相连的装置，作用是收集流经缸盖排气口的废气，令其可以顺畅排走。这种车的发动机排气歧管螺栓总长约 75mm，每辆车上有 12 枚，分 6 组上下排列，一头旋在发动机上，一头横穿排气歧管，用于固定发动机与排气歧管。

首先查明该汽车发动机是德国原装道依茨发动机，本身没有质量问题，排气系统由我国生产厂家设计制造，二者在汽车厂组装。

经检查，该汽车整个排气系统过于庞大，而增压器排气弯管没有任何的支点来支承，所有的重量都依托发动机排气歧管上与发动机相连的 12 枚螺栓来支承，静态下，螺栓能够支承这一重量，而在动态下，发动机的抖动、不平的路面，都会给排气歧管螺栓带来巨大的作用力，就必然造成螺栓断裂。原装道依茨发动机上的所有螺栓、螺杆、螺母，性能等级都是 8.8 级以上的，排气歧管的螺栓是 10.9 级的，意味着螺栓能承受很大的载荷，而现在连 10.9 级螺栓都承受不了排气系统的重量，说明排气系统设计有问题。

另外，在维修过程中使用的螺栓从外形上看和原装螺栓没有任何差异，唯一不同的就是硬度级别不够，导致螺栓强度不够。因此，排气系统设计问题及组装上的匹配问题导致了螺栓的断裂，而维修中使用的螺栓本身的材质问题又使断裂现象更为严重。

（3）提出故障排除方法。排气歧管上的这 12 枚螺栓只要断裂一枚，车辆就会出现漏气现象，并且伴有异响发生。而漏气则会导致发动机温度过高，造成动力不足甚至停机，最终还有可能引起车辆自燃；另外，更换螺栓时螺栓孔会受到不同程度的损害，只能重新攻螺纹，久而久之，原本直径为 10mm 的标准螺栓孔被扩大到 14mm，最终只能更换发动机缸盖甚至是发动机，需要花费更多时间和金钱。

故障排除方法：给增压器附近的排气弯管增加支点，并对排气歧管等进行相应的加固、改装措施。

（三）卧式车床主轴箱故障诊断与排除

由于主轴箱的主轴回转精度直接影响加工零件的精度及表面粗糙度，而主轴回转精度又直接受轴承运行精度的影响，所以首先介绍滚动轴承的故障诊断与排除。

1. 滚动轴承故障诊断与排除

表 6-7 所列为滚动轴承常见故障现象、原因分析及排除办法。

表 6-7　滚动轴承常见故障现象、原因分析及排除办法

故障现象	原因分析	排除办法
轴承温升过高，接近 100℃	①润滑中断 ②用油不当 ③密封装置、垫圈、衬套间隙装配过紧 ④安装不正确，间隙调整不当 ⑤过载、过速	①加油或疏通油路 ②换油 ③调整并磨合 ④调整或重新装配 ⑤控制过载或过速
轴承声音异常	①轴承损坏、保持架碎裂 ②轴承因磨损而配合松动 ③润滑不良 ④轴向间隙太小	①更换轴承 ②调整、更换、修复 ③加强润滑 ④调整轴向间隙
轴承内外圈裂纹	①装配过盈量太大，配合不当 ②冲击载荷 ③制造质量不佳，内部有缺陷	更换轴承或修复轴颈

（续）

故障现象	原因分析	排除办法
轴承金属剥落	①冲击力和交变载荷使滚道或滚动体产生疲劳剥落 ②内外圈安装歪斜造成过载 ③间隙调整过小 ④配合面落入铁屑或硬质脏物 ⑤选型不当	①找到过载原因,予以排除 ②重新安装 ③调整间隙 ④保持干净,加强密封 ⑤按规定选型
轴承表面有点蚀麻坑	①油液黏度低,抗极压能力低 ②超载	①更换黏度高的油或极压齿轮油 ②找出超载原因并排除
咬死、刮伤	严重发热造成局部高温	清洗、整修,找出发热原因并改善
轴承磨损	①超载、超速 ②润滑不良 ③装配不好,间隙调整过小 ④轴承制造质量不好,精度不高	①限制速度和载荷 ②加强润滑 ③重新装配、调整间隙 ④更换轴承

2. 卧式车床主轴箱故障诊断与排除

（1）产生运动机械障碍的故障诊断与排除。表 6-8 所列为 CA6140 型卧式车床主轴箱常见的产生运动机械障碍、原因分析及排除办法。

表 6-8　CA6140 型卧式车床主轴箱常见产生运动机械障碍、原因分析及排除方法

序号	故障内容	产生原因	排除方法
1	用割槽刀割槽时产生颤动或外径重切削时产生颤动	①主轴轴承的径向间隙过大 ②主轴孔的后轴承端面不垂直 ③主轴轴线(或与滚动轴承配合的轴颈)的径向振摆过大 ④主轴的滚动轴承内环与主轴的锥度配合不良 ⑤工件夹持中心孔不良	①调整主轴轴承的间隙 ②检查并校正后端面的垂直度 ③设法将主轴的径向振摆调整至最小值,如果滚动轴承的振摆无法避免时,采用角度选配法来减少主轴的振摆 ④修磨主轴 ⑤在校正工件毛坯后,修顶尖中心孔
2	重切削时主轴转速低于标牌上的转速或发生自动停车	①摩擦式离合器调整过松或磨损 ②开关杆手柄接头松动 ③开关摇杆和接合子磨损 ④摩擦式离合器轴上的弹簧垫圈或锁紧螺母松动 ⑤主轴箱内集中操纵手柄的销子或滑块磨损,手柄定位弹簧过松而使齿轮脱开 ⑥电动机传动 V 带调节过松	①调整摩擦式离合器,修磨或更换摩擦片 ②打开配电箱盖,紧固接头上的螺钉 ③修焊或更换摇杆、接合子 ④调整弹簧垫圈及锁紧螺钉 ⑤更换销子、滑块,将弹簧力量加大 ⑥调整 V 带的传动松紧程度
3	停车后主轴有自转现象	①摩擦式离合器调整过紧,停车后仍未完全脱开 ②制动器过松,没有调整好	①调整摩擦式离合器 ②调整制动器的制动带

（2）车削工件质量问题的故障诊断与排除。卧式车床主轴箱的故障除了振动、噪声、温度异常之外,有些通常会通过工件加工质量表现出来,因此可以根据工件质量来分析故障产生的部位、原因,并提出相应的排除方法,及时予以调整和修理。

例如检修前发现 CA6140 型卧式车床出现"圆柱形工件加工后外圆柱面变为椭圆及棱圆"故障现象，经分析，可能的原因有主轴轴承间隙过大、主轴轴承磨损、主轴轴承的外圆为椭圆，或主轴箱体轴孔为椭圆，或两者的配合间隙过大。

先分析原因：检测主轴轴承间隙，可按照 G4 和 G6 组精度要求检查主轴的轴向窜动和径向圆跳动；然后按照图样资料检验主轴轴承或箱体的尺寸和形状精度，通过检测、分析确定原因。然后针对原因排除故障，方法有三：其一，调整主轴轴承的间隙，调整方法如前述，并按 G6、G4 组精度检验合格；其二，更换滚动轴承；其三，修整主轴箱体的轴孔，并保证它与滚动轴承外环的配合精度。

表 6-9 所列为 CA6140 型卧式车床主轴箱常见的车削工件质量问题、原因分析及排除办法。

表 6-9　CA6140 型卧式车床主轴箱常见车削工件质量问题、原因分析及排除方法

序号	故障内容	产生原因	排除方法
1	圆柱形工件加工后外圆柱面产生锥度	①主轴箱主轴轴线对床鞍移动导轨的平行度超差 ②床身导轨倾斜一项超差过多，或装配后发生变形 ③床身导轨面严重磨损，主要三项精度均已超差 ④两顶尖支承工件时产生锥度 ⑤刀具的影响 ⑥主轴箱温升过高，引起车床热变形 ⑦地脚螺钉或调整垫铁松动	①重新校正主轴箱主轴轴线的安装位置，使其在允许的范围内 ②用调整垫铁来重新校正床身导轨的倾斜精度 ③刮研导轨或磨削床身导轨 ④调整尾座两侧的横向螺钉 ⑤修正刀具，正确选择主轴转速和进给量 ⑥如果工件冷却时检验精度合格而运转数小时后检验超差，可按主轴箱修理中的方法降低油温，并定期换油，检查油泵进油管是否堵塞 ⑦按调整导轨精度的方法调整并紧固地脚螺钉
2	圆柱形工件加工后外圆柱面变为椭圆及棱圆	①主轴轴承间隙过大 ②主轴轴颈的椭圆度过大 ③主轴轴承磨损 ④主轴轴承（套）的外圆（环）为椭圆，或主轴箱体轴孔为椭圆，或两者的配合间隙过大	①调整主轴轴承的间隙 ②修理后的主轴轴颈没有达到要求，多发生在采用滑动轴承的结构上。当滑动轴承有足够的调整余量时，可将主轴的轴颈进行修磨，以达到圆度要求 ③刮研轴承，修磨轴颈或更换滚动轴承 ④修整主轴箱体的轴孔，并保证它与滚动轴承外环的配合精度
3	精车外圆时在圆周表面上每隔一定距离重复出现一次波纹	①溜板箱的纵走刀小齿轮啮合不正确 ②光杠弯曲，或光杠、丝杠、操纵杠同轴度超差 ③溜板箱内某一传动齿轮（或蜗轮）损坏或由于节径振摆而引起的啮合不正确 ④主轴箱、进给箱中轴的弯曲或齿轮损坏	①如果波纹之间的距离与齿条的齿距相同，则这种波纹是由齿轮与齿条啮合不良引起的，应设法使齿轮与齿条正确啮合 ②这种情况下只是重复出现有规律的周期波纹。可将光杠拆下校直，装配时保证三孔同轴及在同一平面 ③检查与校正溜板箱内的传动齿轮，如果齿轮（或蜗轮）已损坏则必须更换 ④校直传动轴，用手转动各轴，在空转时应无轻重现象

（续）

序号	故障内容	产生原因	排除方法
4	精车外圆时圆周表面上与主轴轴线平行或成某一角度重复出现有规律的波纹	①主轴上的传动齿轮齿形不良或啮合不良 ②主轴轴承间隙过大或过小 ③主轴箱上的带轮外圆（或带槽）振摆过大	①出现这种波纹时，如果波纹的头数与主轴上的传动齿轮齿数相同就能确定为传动齿轮齿形不良或啮合不良。一般在主轴轴承调整后，齿轮副的啮合间隙不得太大或太小。当啮合间隙太小时可用研磨膏研磨齿轮，然后全部拆卸清洗。对于啮合间隙过大或齿形磨损过度而无法消除这种波纹时，只能更换主轴齿轮 ②调整主轴轴承的间隙 ③消除带轮的偏心振摆，调整它的滚动轴承间隙
5	精车外圆时圆周表面上有混乱的波纹	①主轴滚动轴承的滚道磨损 ②主轴轴向游隙太大 ③主轴的滚动轴承外环与主轴箱孔有间隙 ④用卡盘夹持工件切削时，因卡爪呈喇叭孔形状而使工件夹持不稳 ⑤四方刀架因夹紧刀具而变形，其底面与上刀架底板的表面接触不良 ⑥上、下刀架（包括床鞍）的滑动表面间隙过大 ⑦进给箱、溜板箱、托架的三支承不同轴，转动有卡阻现象 ⑧使用尾座支承切削时，顶尖套筒不稳定	①更换主轴的滚动轴承 ②调整主轴后端推力球轴承的间隙 ③修理轴承孔以达到要求 ④可改变工件的夹持方法，即用尾座支承进行切削，如果乱纹消失，即可肯定为卡盘法兰磨损所致，此时可按主轴的定心轴颈及前端螺纹配置新的卡盘法兰。如果卡爪呈喇叭孔，一般加垫铜皮 ⑤在夹紧刀具时用涂色法检查方刀架与小滑板结合面接触精度，应保证方刀架在夹紧刀具时仍保持与它均匀全面接触，否则刮刀修正 ⑥将所有导轨副的塞铁、压板均调整合适，使移动平稳、轻便，用0.04mm塞尺检查时插入深度应小于或等于10mm，以克服由于床鞍在床身导轨上纵向移动时受齿轮、齿条及切削力的影响而沿导轨斜面跳跃一类的缺陷 ⑦修复床鞍倾斜下沉 ⑧检查尾座顶尖套筒与轴孔及夹紧装置是否配合合适，如果轴孔过大而夹紧装置又失去作用时，修复尾座顶尖套筒达到要求
6	精车外圆时主轴每一转在圆周表面上有振痕	①主轴的滚动轴承某几粒滚柱（珠）磨损严重 ②主轴上的传动齿轮节径振摆过大	①将主轴滚动轴承拆卸后用千分尺逐粒测量滚柱（珠），当磨损严重或相互间尺寸相差太大时，必须更换轴承 ②消除主轴齿轮的节径振摆，严重时更换齿轮副
7	精车后的工件端面中凸	①溜板移动对主轴箱主轴轴线的平行度超差，要求主轴轴线向前偏 ②床鞍的上、下导轨垂直度超差，溜板上导轨的外端必须偏向主轴箱	①校正主轴箱主轴轴线的位置，在保证工件合格的前提下，要求主轴轴线向前偏刀架 ②经过大修后的机床出现该项误差时，必须重新刮床鞍下导轨面
8	用方刀架进刀精车锥孔时呈喇叭形或表面质量不高	①方刀架的移动燕尾导轨不直 ②方刀架移动时与主轴轴线不平行 ③主轴径向回转精度不高	①②参阅"刀架部件的修理内容及方法"，刮研导轨 ③调整主轴的轴承间隙，按"误差抵消法"提高主轴的回转精度

153

（3）润滑系统的故障诊断与排除

表 6-10 所列为 CA6140 型卧式车床主轴箱润滑系统常见的故障、原因分析及排除办法。

表 6-10　CA6140 型卧式车床主轴箱润滑系统常见故障、原因分析及排除方法

序号	故障内容	产生原因	排除方法
1	主轴箱油窗不注油	①油箱内缺油或过滤器油管堵塞 ②油泵磨损,压力过小或油量过小 ③进油管漏压	①检查油箱里是否有润滑油;清洗过滤器(包括粗过滤器和精过滤器) ②检查修理或更换油泵 ③检查漏压点,拧紧管接头
2	主轴箱润滑不良	没有按规定对润滑系统加油	①车床采用 L-AN46 号全损耗系统用油。主轴箱采用箱外循环强制润滑,严格按润滑周期加油 ②油泵由主电机拖动,把油打到主轴箱内 ③三角形过滤器,每周应用煤油清洗一次
3	主轴前法兰盘处漏油	①法兰盘与箱体回油孔对不正 ②法兰盘封油槽太浅使回油空间不够,迫使油从旋转背帽和法兰盘间隙中流出来	①使回油孔畅通 ②加深封油槽,从 2.5mm 加深至 5mm;加大法兰盘上面的回油孔;压盖上涂密封胶或安装纸垫
4	主轴箱手柄轴端漏油	手柄轴在套中转动,轴与孔之间配合为 8H7/f7,油从配合间隙渗出来	①将轴套内孔一端倒棱 C2.5mm,使已溅的油顺着倒棱流回箱体内 ②注意提高装配质量
5	主轴箱轴端法兰盘处漏油	①法兰盘与箱体孔配合太长,箱体孔与端面不垂直,螺钉紧固后别劲 ②纸垫太薄,没有压缩性 ③有的螺孔钻透了	①尽可能减小法兰盘与箱体孔的配合长度 ②纸垫加厚或改用塑料垫 ③精心加工和装配

▶ 项目实施

一、卧式车床主轴箱检修工量具准备

表 6-11 为 CA6140 型卧式车床主轴箱检修工量具及机物料准备表。

表 6-11　CA6140 型卧式车床主轴箱检修工量具及机物料准备表

名称	材料或规格	件数	备注
活扳手	18in 及 10in	各 1 把	零部件拆装
钩形扳手		1	零部件拆装
内六角扳手		1	零部件拆装
内外弹性挡圈钳		各 1 把	零部件拆装
螺钉旋具		1	零部件拆装
锤子		1	零部件拆装
大、小铝棒		各 1 根	零部件拆装

（续）

名称	材料或规格	件数	备注
冲子		1	零部件拆装
顶拔器		1	零部件拆装
撬杠	长 1.5m	1	取出轴或轴上零部件
拔销器		1	拔销
三角刮刀		1	修复
钢珠	φ6mm	1	几何精度检验
百分表及磁性表座		1	几何精度检验
内径百分表	50~160mm	1	几何精度检验
千分尺	150~175mm	1	几何精度检验
V 形块及可调 V 形块		各 1	几何精度检验
主轴锥孔检验棒	莫氏 6 号		几何精度检验
铜皮			调整
显示剂	红丹粉		刮研精度显示
煤油及油盆		煤油若干,油盆 1 个	清洗
机床清洁布		1	清洁

二、卧式车床主轴箱检修项目实施步骤

1. 完成 CA6140 型卧式车床主轴箱轴 I 组件检修

（1）完成对指定车床主轴箱从带轮到轴 I 组件的拆卸。

（2）完成所拆零部件的清洗及检查。

（3）完成轴 I 组件的分解、清洗及检查。

（4）完成轴 I 组件的检修及装配。

（5）完成主轴箱的重新装配。

（6）检查装配质量。

2. 主轴箱常见故障分析和排除方法讨论

完成指定故障诊断与排除方法讨论。最后整理现场。

项目作业

一、填空题

1. 主轴部件通常是由_____、_____和安装在主轴上的_____等组成的。

2. CA6140 型卧式车床主轴箱的带轮卸荷装置的主要作用是使轴 I 不产生由带传动引起的_____变形,提高了轴 I 寿命,同时使_____减小。

3. 当主轴前、后轴承内孔的偏心方向_____（填"相同"或"相反"）时,产生的径向圆跳动误差最大,装配时应尽量避免。

4. 齿轮常用的维修方法有_____、_____、_____、_____、塑性变形法、变位切削法和金属涂敷法七种。

5. 齿轮键槽损坏后，可用插、刨或钳工把原来的键槽尺寸_____，同时配制相应尺寸的键修复。如果损坏的键槽不能用上述方法修复，可转位在与旧键成 90° 的表面上_____，同时将旧键槽_____。

6. 齿轮孔磨损后，可用_____、镀铬、镀镍、镀铁、_____、_____等工艺方法修复。

7. 蜗杆传动的失效形式与齿轮传动相同，其中尤以_____更易发生。

8. 由于蜗杆传动相对滑动速度大、效率低，蜗杆齿是连续的螺旋线，且材料强度高，所以失效总是出现在_____（填"蜗轮"或"蜗杆"）上。

9. 蜗杆副的修理主要有_____和_____。

10. 滚珠丝杠副的维护主要有轴向间隙的调整、_____、滚珠丝杠副的润滑和_____。

11. 车床主轴箱的主要润滑方式有_____、_____和重力润滑。

12. CA6140 型卧式车床主轴箱润滑系统大修时需清洗或更换_____，检修_____的供油状态，检查_____供油情况，更换_____。

二、选择题

1. 大修时拆下某齿轮，发现在齿宽方向只有 60% 磨损，齿宽方向的另一部分没有参加工作，这是由于_____造成的。

    a. 装配时调整不良   b. 齿轮制造误差   c. 通过这个齿轮变速的转速使用频繁

2. 主轴箱的变速手柄扳到正确位置后，箱体内某轴的滑移齿轮仅有全齿宽的 50% 啮合，这时应_____。

    a. 更换齿轮   b. 不用这个转速   c. 调整控制该齿轮的偏心调正装置

3. 带轮相互位置不正确会带来张紧不均和过快磨损，中心距不大时是用_____测量。

    a. 长直尺   b. 卷尺   c. 拉绳   d. 皮尺

4. 两带轮在使用过程中，发现轮上的 V 带张紧程度不等，这是由_____原因造成的。

    a. 轴颈弯曲   b. 带拉长   c. 带磨损   d. 带轮与轴配合松动

5. 带传动机构使用一段时间后，V 带陷入槽底，这是由_____原因造成的。

    a. 轴弯曲   b. 带拉长   c. 带轮槽磨损   d. 轮轴配合松动

6. 当带轮孔加大时，必须镶套，套与轴为键连接，套与带轮常用_____方法固定。

    a. 键连接   b. 螺纹连接   c. 过盈连接   d. 加骑缝螺钉

7. 链传动在使用过程中，常发现脱链，是由_____原因造成的。

    a. 链被拉长   b. 链磨损   c. 轮磨损   d. 链断裂

8. 检查蜗杆传动齿侧间隙时，对于要求较高的用_____方法检查。

    a. 塞尺   b. 压铅丝   c. 百分表   d. 游标卡尺

9. 安装渐开线圆柱齿轮时，接触斑点处于对角接触的不正确位置，其原因是两齿轮_____。

    a. 轴线歪斜   b. 轴线平行   c. 轴线不平行   d. 中心距不准确

10. 齿轮传动中，为增加接触面积，改善啮合质量，在保留原齿轮的情况下，可采取_____措施。

    a. 刮研   b. 研磨   c. 锉削   d. 加载磨合

11. 对分度机构中齿轮传动的主要要求是_____。

a. 保证无噪声　　　　b. 保证传动平稳　　c. 保证无振动　　d. 保证运动精度

12. 链传动中，链和链轮磨损较严重，可用_____方法修理。

a. 修轮　　　　　　　b. 修链　　　　　　c. 链、轮全修　　d. 更换链、轮

13. 钠基脂适用于_____场合的润滑。

a. 潮湿　　　　　　　b. 高温重载　　　　c. 高速　　　　　d. 精密仪器

14. 石墨润滑脂多用于_____的润滑。

a. 滚动轴承　　　　　　　　　　　　　b. 高速运转滑动轴承

c. 高温重载轴承　　　　　　　　　　　d. 外露重载滑动轴承

15. 零件的密封试验应在_____阶段进行。

a. 装配　　　　　　　b. 试车　　　　　　c. 装配前准备　　d. 调整工作

16. 润滑剂能防止漏水、漏气的作用称为_____。

a. 润滑作用　　　　　b. 冷却作用　　　　c. 防锈作用　　　d. 密封作用

17. 润滑油的选用原则是温度高、负荷大时要选用_____的。

a. 黏度高　　　　　　b. 黏度低　　　　　c. 黏度适中　　　d. 价格贵

18. 车床主轴轴向窜动将使被加工零件产生_____误差。

a. 圆柱度　　　　　　b. 径向圆跳动　　　c. 端面圆跳动　　d. 平行度

19. 铣床主轴的径向圆跳动将影响被加工零件的_____。

a. 平面度　　　　　　b. 圆度　　　　　　c. 同轴度　　　　d. 平行度

20. 车床主轴前轴承对主轴回转精度的影响_____后轴承。

a. 大于　　　　　　　b. 小于　　　　　　c. 等于　　　　　d. 不确定

21. 精车外圆时，主轴每一转在圆周表面上有一处振痕，可能是由于_____造成的。

a. 主轴上传动齿轮安装偏心　　　　　　b. 主轴轴承某几粒滚柱（珠）磨损严重

c. 主轴轴承预紧量过小　　　　　　　　d. 主轴转速过高

22. 当发现链条伸长，但伸长量不超过原有长度的3%时，可以采用_____方法修复。

a. 更换此链条　　　　　　　　　　　　b. 更换链轮

c. 取出此链条中的一两个链节　　　　　d. 同时更换链、轮

23. 滚珠丝杠副常发生的故障是传动间隙增大，其原因多为丝杠弯曲和_____造成丝杠与螺母间隙增大而超出规定范围。

a. 冲击疲劳破坏　　b. 磨损　　　　　　c. 扭曲变形　　　d. 振动过大

24. 当滚珠丝杠副的丝杠弯曲时，可采用_____修复。

a. 校直法　　　　　b. 金属扣合法　　　c. 修理尺寸法　　d. 换位修复法

25. 带陷入槽底，是因为带被带轮槽磨损造成的，此时的修理方法是_____。

a. 更换轮　　　　　b. 更换V带　　　　c. 带轮槽镀铬　　d. 车深槽轮

26. 在检修中应明确蜗杆与蜗轮的轴线之间的关系是_____。

a. 垂直　　　　　　　　　　　　　　　b. 倾斜

c. 垂直且空间交叉　　　　　　　　　　d. 重合

27. 压力循环供油系统有两种形式：一种为油泵供油，另一种是高位油箱利用_____作用将油送到各润滑点。

a. 惯性　　　　　　b. 流动性　　　　　　c. 移动性　　　　　d. 重力

28. 当双向多片离合器的元宝形摆块产生磨损时，一般采用_____方法。

a. 更换新件　　　　b. 焊补　　　　　　c. 粘补　　　　　　d. 喷涂

29. 花键连接中外花键磨损时，可采用表面_____方法修复。

a. 镀铬　　　　　　b. 镀锌　　　　　　c. 镀锡　　　　　　d. 镀铜

30. 卧式车床主轴箱中主轴的_____是由双向多片离合器及其操纵机构完成。

a. 开停　　　　　　b. 换向　　　　　　c. 开停及换向　　　d. 转速调整

三、判断题

1. 摩擦式离合器装配后，摩擦力大小已定，不可调整。（　　）

2. 机床设备修前不必进行停机检查，只要严格按照修后的精度检验标准检查就行。（　　）

3. 拆卸是机修的一个环节，但不会影响机床的精度。（　　）

4. 机床设备修前各项准备工作对于设备的停机时间和修理质量有直接影响。（　　）

5. 带轮孔与轴磨损较严重时，轮孔可以镗削后压入衬套，并用骑缝螺钉固定。（　　）

6. 多片离合器的摩擦片数越多，传递的转矩越大。（　　）

7. 加强润滑和清洁防尘是减小链传动磨损的很重要的办法。（　　）

8. 蜗杆传动机构的损坏形式主要表现在蜗杆齿齿面的磨损。（　　）

9. 蜗杆传动的接触斑点根据精度等级不同，其要求也不同。（　　）

10. 对于锈蚀严重的螺栓，尤其是直径较大的，可采用火焰加热法将螺母或螺栓拆下。（　　）

11. 双联齿轮往往是其中小齿轮磨损严重，可将其轮齿切去，重制一个小齿圈，进行局部修换，并加以固定。（　　）

12. 主轴轴向窜动将会导致车削螺纹时螺纹中径尺寸误差。（　　）

13. 主轴发热是主轴常见故障之一，原因有轴承损伤或不清洁、轴承油脂耗尽或油脂过多、轴承间隙过小等。（　　）

14. 车床主轴支承轴颈的圆度也会造成主轴径向圆跳动误差，从而影响工件的加工精度。（　　）

15. 在卧式车床预检中发现带轮有摆头现象，而且带抖动，其原因可能是轴弯曲。（　　）

16. V带经长期使用后被拉长，可以采取调整的办法对带的松紧进行调整。（　　）

17. 链的下垂度越小，越容易造成链的抖动和脱链。（　　）

18. 在检修中如果发现链和链轮磨损较严重，较合理的处置方式是修好链轮，更换链条。（　　）

19. 对于滚珠丝杠副，为了保证反向传动精度和轴向刚度，必须消除轴向间隙。（　　）

20. 保证导轨面之间具有最小的间隙是维护导轨副的一项重要工作。（　　）

21. 某些金属切削机床采用的整体式稀油润滑系统在油箱回油口处装有回油磁过滤器，用于对润滑之后返回油中夹杂的细小铁屑进行磁性过滤，以保持油液的清洁。（　　）

22. 当主轴转速较低时，宜选用低黏度主轴油。（　　）

23. 润滑剂的流动可将机械摩擦产生的热量带走，使机件的工作温度不致过高。（　　）

24. 由于主轴前轴承对主轴回转精度的影响大于后轴承，一般要求前轴承精度比后轴承精度低一级。（　　）

25. 车床主轴的径向圆跳动将影响工件的圆度。（　　）

26. 主轴推力轴承与箱体孔端面接触的应为紧圈，其内孔应与轴颈有较紧的配合。（　　）

27. 主轴箱体轴承安装孔的磨损将影响主轴回转精度的稳定性和主轴的刚度。（　　）

28. CA6140 型卧式车床主轴箱轴 I 中的双向多片离合器的修理是主轴部件修理的重要内容，当摩擦片出现翘曲或拉毛时，必须更换。（　　）

29. 在车削时出现"闷车"现象，可能是由于电动机传动带过松造成。（　　）

30. 卧式车床主轴箱内控制主轴开停及换向的双向多片离合器在装配时，如果摩擦片调整过紧将会产生停车后主轴仍有自转的现象。（　　）

项目七

卧式车床整机检修

学习目标

(1) 认识机械设备维修全过程，理解车床大修工艺。

(2) 掌握卧式车床主要部件的修理内容，能完成卧式车床主要部件的修理。

(3) 掌握卧式车床总装顺序和方法，能理解整机拆卸、装配及调整全过程。

(4) 掌握卧式车床试车验收内容及步骤，能完成主轴箱指定项目的几何精度检验。

(5) 能对卧式车床大修后的常见故障进行诊断与排除。

项目任务

(1) 完成卧式车床整机检修工艺讨论。

(2) 完成卧式车床指定项目的几何精度检验和分析。

(3) 完成卧式车床大修后常见故障原因分析及排除办法讨论。

知识技能链接

一、卧式车床主要部件介绍

(一) 卧式车床主要组成及其功用

1. 卧式车床的主要组成

卧式车床是加工回转类零件的金属切削设备，图 7-1 所示 CA6140 型卧式车床主要组成部件包括主轴箱、进给箱、溜板箱、刀架部件、尾座部件及床身。

25. 卧式车床主要组成部件

2. 卧式车床主要组成的功用

主轴箱固定在床身左上部，其功用是支承主轴部件，并使主轴部件及工件以所需速度旋转。进给箱固定在床身左端前壁，装有变速装置用以改变机动进给量或被加工螺纹螺距。溜板箱安装在刀架部件底部，通过光杠或丝杠接受自进给箱传来的运动，并将运动传给刀架部件，使刀架实现纵、横向进给或车螺纹运动。刀架部件装在床身的导轨上，可通过机动或手

图 7-1　CA6140 型卧式车床实物图

160

动使夹持在刀架上的刀具做纵向、横向或斜向进给运动。尾座部件安装在床身尾座导轨上，可根据工件长度调整其纵向位置，尾座上可安装后顶尖以支承工件，也可安装孔加工刀具进行孔加工。而床身固定在左右两个床腿上，用以支承其他部件，并使它们保持准确的相对位置。

(二) 卧式车床主要组成的结构

前面已经学习了主轴箱、刀架部件及床身结构，不再赘述，这里介绍其他几种部件。

1. 进给箱的组成与结构

图7-2所示为进给箱结构示意图。进给箱主要由基本螺距机构、倍增机构、改变加工螺纹种类的移换机构、丝杠与光杠转换机构及操纵机构等组成，箱内主要传动轴以两组同心轴的形式布置。

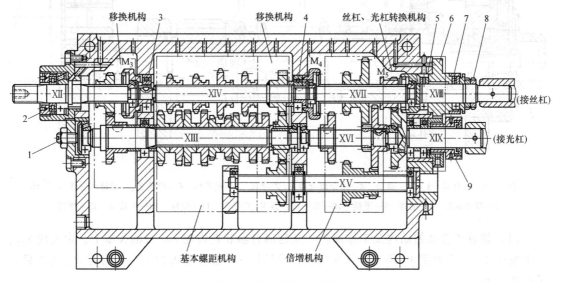

图 7-2 进给箱结构示意图
1—调节螺钉 2、9—调整螺母 3、4—深沟球轴承 5、7—推力球轴承 6—支承套 8—锁紧螺母

轴XII、XIV、XVII、XVIII及丝杠布置在同一轴线上，轴XIV两端以半圆键连接两个内齿离合器，并以套在离合器上的两个深沟球轴承支承在箱体上。内齿离合器的内孔中安装有圆锥滚子轴承，分别作为轴XII右端及轴XVII左端的支承。轴XVII右端由轴XVIII左端内齿离合器孔内的圆锥滚子轴承支承。轴XVIII由固定在箱体上的支承套6支承，并通过联轴器与丝杠相连。两侧的推力球轴承5和7分别承受丝杠工作时所产生的两个方向的轴向力。松开锁紧螺母8，然后拧动其左侧的调整螺母，可调整轴XVIII两侧推力轴承间隙，以防止丝杠在工作时做轴向窜动。拧动轴XII左端的调整螺母2，可以通过轴承、内齿离合器端面及轴肩使同心轴上的所有圆锥滚子轴承的间隙得到调整。

轴XIII、XVI及XIX组成一同心轴组。轴XIII及XVI上的圆锥滚子轴承可通过轴XIII左端调节螺钉1进行调整。轴XIX上角接触球轴承可通过右侧调整螺母9进行调整。

2. 溜板箱的组成与结构

溜板箱部件包含以下机构：实现刀架快慢移动转换的超越离合器，起过载保护作用的安全离合器，接通、断开丝杠传动的开合螺母机构，接通、断开和转换纵、横向机动进给运动的操纵机构，以及避免运动干涉的互锁机构等。

图 7-3 所示为 CA6140 型卧式车床的超越离合器及安全离合器结构示意图。

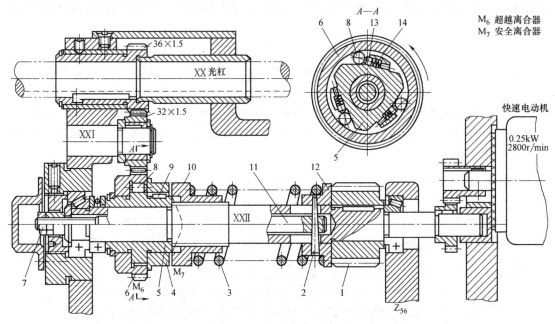

图 7-3　CA6140 型卧式车床超越离合器及安全离合器结构示意图

1—齿轮　2—圆柱销　3、14—弹簧　4—安全离合器 M_7 左半部　5—星形体　6—齿轮 Z_{56}（超越离合器 M_6 外环）

7—调整螺母　8—滚柱　9—平键　10—安全离合器 M_7 右半部　11—拉杆　12—弹簧座　13—顶销

（1）超越离合器的结构及工作原理。超越离合器装在齿轮 Z_{56} 与轴 XXII 上，由齿轮 Z_{56}、三个滚柱 8、三个弹簧 14 和星形体 5 组成，星形体 5 空套在轴 XXII 上，而齿轮 Z_{56} 又空套在星形体 5 上。

当刀架机动进给时，由光杠传来的运动通过超越离合器传给安全离合器后再传给轴 XXII。这时，齿轮 Z_{56}（即超越离合器 M_6 外环 6）按图示的逆时针方向旋转，三个滚柱 8 分别在弹簧 14 的弹力及滚柱 8 与齿轮 Z_{56} 间的摩擦力作用下，楔紧在齿轮 Z_{56} 与星形体 5 之间，齿轮 Z_{56} 通过滚柱 8 带动星形体 5 一起转动，于是运动便经过安全离合器传至轴 XXII。这时如果将进给操纵手柄扳到相应的位置，便可使刀架做相应的纵向或横向进给。

当按下快速电动机起动按钮使刀架做快速移动时，运动便由齿轮副 13/29 传至轴 XXII，轴 XXII 及星形体 5 得到一个与齿轮 Z_{56} 转向相同，而转速却快得多的旋转运动。由于滚柱 8 与齿轮 Z_{56} 及星形体 5 之间的摩擦力，滚柱 8 压缩弹簧 14 向楔形槽的宽端滚动，从而脱开齿轮 Z_{56} 与星形体 5（以及轴 XXII）间的传动联系。此时虽然光杠及齿轮 Z_{56} 仍在旋转，但不再传动轴 XXII。

当快速电动机停止转动时，在弹簧 14 和摩擦力作用下，滚柱 8 又楔紧于齿轮 Z_{56} 和星形体 5 之间，光杠传来的运动又正常接通。

（2）安全离合器的结构及调整。安全离合器是一种过载保护机构，可使机床的传动零件在过载时自动断开传动，以免机构损坏。图 7-3 中，安全离合器 M_7 由两个端面带螺旋形齿爪的左半部 4 和右半部 10 组成，左半部 4 通过平键 9 与星形体 5 相连，右半部 10 通过花键与轴 X Ⅻ相连，并通过弹簧 3 的作用与左半部紧紧啮合。在正常情况下，运动由齿轮 Z_{56} 传至安全离合器 M_7 左半部 4，并通过螺旋形齿爪将运动经右半部 10 传于轴 X Ⅻ。当出现过载时，齿爪在传动中产生的轴向力 F 超过预先调好的弹簧力，使安全离合器 M_7 右半部 10 压缩弹簧向右移动，并与左半部 4 脱开，两者之间产生打滑现象，从而断开传动，保护机构不受损坏。当过载现象消除后，安全离合器 M_7 右半部 10 在弹簧作用下，又重新与左半部 4 啮合，并使轴 X Ⅻ得以继续转动。

（3）开合螺母机构的结构与调整。开合螺母机构用于接通或断开从丝杠传来的运动。车螺纹时，将开合螺母合上，丝杠通过开合螺母带动溜板箱及刀架。

如图 7-4 所示，开合螺母由上、下两个半螺母 2、1 组成，装在溜板箱后壁的燕尾导轨中，可上下移动。上、下半螺母的背面各装有一个圆柱销 3，其伸出端分别嵌在曲线槽盘 4 的两条曲线槽中。扳动手柄 6，经轴 7 使槽盘逆时针方向转动时，曲线槽迫使两圆柱销互相靠近，带动上、下螺母合拢，与丝杠啮合，刀架便由丝杠螺母经溜板箱传动。槽盘顺时针方

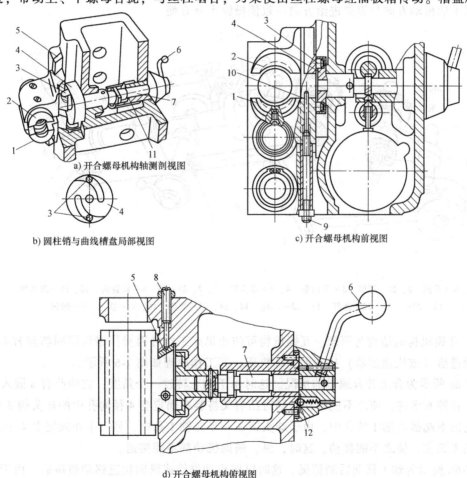

a) 开合螺母机构轴测剖视图

b) 圆柱销与曲线槽盘局部视图

c) 开合螺母机构前视图

d) 开合螺母机构俯视图

图 7-4 CA6140 型卧式车床开合螺母机构结构示意图

1—下半螺母 2—上半螺母 3—圆柱销 4—曲线槽盘 5—平镶条 6—手柄
7—轴 8、9—螺钉 10—销钉 11—支承套 12—钢球

向转动时，曲线槽通过圆柱销使两半螺母相互分离，与丝杠脱开啮合，刀架便停止进给。开合螺母合上时的啮合位置，由销钉 10 限定。利用螺钉 9 调节销钉 10 的伸出长度，可调整丝杠与螺母间的间隙。开合螺母与箱体上燕尾导轨间的间隙，可用螺钉 8 经平镶条 5 进行调整。

（4）纵、横向机动进给操纵机构的结构与原理。如图 7-5 所示，纵、横向机动进给的接通、断开和换向由一个手柄集中操纵。手柄 1 通过销轴 2 与轴向固定的轴 23 相连接。向左或向右扳动手柄 1 时，手柄下端缺口通过球头销 4 拨动轴 5 轴向移动，然后经杠杆 11、连杆 12、偏心销使圆柱形凸轮 13 转动。凸轮上的曲线槽通过圆销 14、拨叉轴 15 和拨叉 16，拨动离合器 M_8 与空套在轴 XII 上的两个空套齿轮之一啮合，从而接通纵向机动进给，并使刀架向左或右移动。

当需要横向进给运动时，拨动手柄 1 向里或向外，带动轴 23 以及固定在其左端的凸轮 22 转动，其上的曲线槽通过圆销 19、杠杆 20 和圆销 18，使拨叉 17 拨动离合器 M_9，从而接通横向机动进给，使刀架向前或向后移动。

操纵手柄扳动方向与刀架进给方向一致使操纵十分方便。

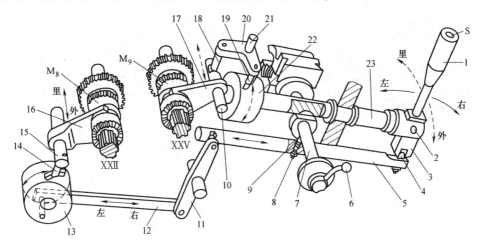

图 7-5　纵、横向机动进给操纵机构结构示意图

1、6—手柄　2、21—销轴　3—手柄座　4、9—球头销　5、7、23—轴　8—弹簧销　10、15—拨叉轴
11、20—杠杆　12—连杆　13、22—凸轮　14、18、19—圆销　16、17—拨叉　S—按钮

（5）互锁机构的结构与原理。互锁机构可防止机床工作时因操作错误同时将丝杠和纵、横向机动进给（或快速运动）接通而损坏机床，其工作原理如图 7-6 所示。

图 7-6a 所示为合上开合螺母的情况。这时由于轴 5 转过一个角度，它的凸肩 a 嵌入轴 6 的槽中，将轴 6 卡住，使之不能转动，同时凸肩又将装在固定套 4 径向孔中的球头销 3 往下压，使它的下端插入轴 1 的孔中，由于球头销 3 一半在轴 1 孔中，另一半在固定套 4 中，这样就将轴 1 锁住，使之不能移动。这时，纵、横向机动都不能接通。

图 7-6b 所示为轴 1 移动后的情况。这时纵向机动进给或纵向快速移动被接通。由于轴 1 移动了位置，轴上的径向孔不再与球头销 3 对准，使球头销不能往下移动，因而轴 5 就被锁住而无法转动，开合螺母不能合上。

图 7-6c 所示是轴 6 转动后的情况。这时横向机动进给或快速移动被接通。由于轴 6 转动了位置，其上的沟槽不再对准轴 5 上的凸肩 a，使轴 5 无法转动，开合螺母也不能合上。

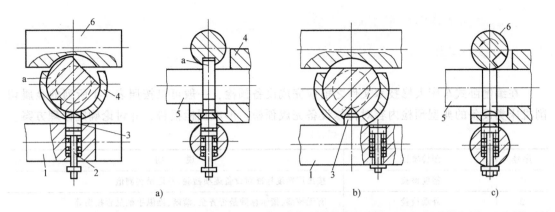

图 7-6 互锁机构的工作原理

1、5、6—轴 2—弹簧销 3—球头销 4—固定套

3. 尾座部件组成与结构

图 7-7 所示为 CA6140 型卧式车床的尾座部件装配图。尾座可以根据工件长短调整纵向位置。

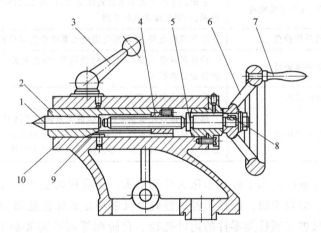

图 7-7 CA6140 型卧式车床的尾座部件装配图

1—后顶尖 2—尾座套筒 3—手柄 4—螺母 5—丝杠
6—手轮 7—手柄 8—端盖 9—滑键 10—尾座体

后顶尖 1 安装在尾座套筒 2 的锥孔中，尾座套筒 2 装在尾座体 10 的孔中，并由滑键 9 导向，所以只能轴向移动，不能转动。摇动手柄 7，可使尾座套筒 2 纵向移动。当尾座套筒移至所需位置后，可转动手柄 3 将其夹紧。如果要卸下顶尖，可摇动手柄 7，使尾座套筒 2 后退，直到丝杠 5 的左端顶住后顶尖 1，将后顶尖 1 从锥孔中顶出。

在车床中，也可将钻头等孔加工刀具装在尾座套筒的锥孔中。这时，转动手轮 6，借助丝杠 5 和螺母 4 的传动，可使尾座套筒 2 带动钻头等孔加工刀具纵向移动，进行孔的加工。尾座体 10 的横向位置可通过调整螺钉调整（图中未画出），也就是调整后顶尖 1 中心线在水平面内的位置，使它与主轴轴线重合，用以车削锥度较小的锥面（工件由前、后顶尖支承）。

二、卧式车床修理前准备

（一）卧式车床大修技术文件编制

1. 大修前的预检

在编制卧式车床大修技术文件之前应完成设备预检，一般可以按照表 7-1 所列的金属切削机床类设备的典型预检内容对待修设备完成预检，形成预检报告，并讨论确定修理方案。

表 7-1　金属切削机床类设备的典型预检内容

序号	预检项目	说　明
1	精度检验	按出厂精度标准对设备逐项检验,并记录实测值
2	外观检验	有无掉漆,指示标牌是否齐全、清晰,操纵手柄是否损伤等
3	机床导轨检验	检验导轨,若有磨损,测出磨损量,检查导轨副可调整镶条尚有的调整余量,以便确定大修时是否需要更换
4	外露零件检查	检查机床外露的丝杠、齿条、光杠等的磨损情况,测出磨损量
5	运行状态检查	各种运动是否达到规定速度,高速时运动是否平稳,有无振动和噪声;低速有无爬行,运动时各操纵系统是否灵敏可靠
6	气动、液压、润滑系统检查	系统的工作压力是否达到规定值,检查压力波动情况,有无泄漏。若有泄漏,查明泄漏部位和原因
7	电气系统检查	除常规检查外,注意用先进的元器件替代原有的元器件
8	安全防护装置检查	检查各种指示仪表、安全联锁装置、限位装置等是否灵敏可靠,安全防护装置是否损坏
9	附件检查	附件有无磨损、失效
10	部分解体检查	部分解体以便根据零件磨损情况来确定零件是否需要更换或修复。原则上尽量不拆卸零件,尽可能用简易方法或借助仪器判断零件的磨损,对难以判断磨损程度和必须测绘、校对图样的零件才进行拆卸检查

制订具体修理方案时应满足卧式车床大修理要求，还应根据企业产品工艺特点，对使用要求进行具体分析、综合考虑，制订出经济性好、又能满足机床性能和加工工艺要求的修理方案。如对于日常只加工圆柱类零件的内外孔径、台阶面等而不需要加工螺纹的卧式车床，在修复时可删除有关丝杠传动的检修项目，简化修理内容。

2. 大修技术文件编制

大修技术文件主要包括修理技术任务书，修换件明细表及图样，材料明细表，修理工艺，专用工、检、研具明细表及图样，修理质量标准等。

表 7-2 所列为机械设备大修的修理技术任务书主要内容。

表 7-2　机械设备大修的修理技术任务书主要内容

序号	项目	内容描述
1	设备修前技术状况	说明设备修理前的工作精度下降情况,设备主要输出参数的下降情况,主要零部件(基础件、关键件、高精度件)的磨损和损坏情况,气动、液压、润滑系统的缺损情况,电气系统主要缺损情况,安全防护装置的缺损情况等
2	主要修理内容	说明设备要全部(或除个别部件外的其余全部)解体、清洗和检查零件的磨损和损坏情况,确定需要更换和修复的零件,扼要说明基础件、关键件的修理方法,说明必须仔细检查和调整的机构,结合修理需要进行改善维修的部位和内容

（续）

序号	项目	内容描述
3	修理质量要求	对装配质量、外观质量、空运转试车、负荷试车、几何精度和工作精度进行逐项说明,并按相关技术标准检查验收

（二）卧式车床修理尺寸链分析

1. 卧式车床大修理要求

（1）达到零件的加工精度及工艺要求。

（2）保证机床的切削性能。

（3）机床操作机构应省力、灵活、安全、可靠。

（4）排除机床的热变形、噪声、振动、漏油等故障。

2. 卧式车床修理基准及修理顺序

在进行卧式车床修理时应合理选择修理基准和修理顺序,它对保证机床修理精度和提高修理效率有着很大意义。一般来说,应根据机床的尺寸链关系确定修理基准和修理顺序。

在进行机床大修时,可选择床身导轨作为修理基准。在确定修理顺序时,要考虑卧式车床尺寸链各组成环之间的相互关系。卧式车床修理顺序是床身修理、溜板部件修理、主轴箱部件修理、刀架部件修理、进给箱部件修理、溜板箱部件修理、尾座部件修理及总装配。在修理过程中,为提高工作效率,可根据现场实际条件,采取几个主要部件的修复和刮研工作交叉进行的方法,还可对主轴、丝杠等修理周期较长的关键零件的加工优先安排。

26. 卧式车床大修时主要修理尺寸链分析

3. 卧式车床修理尺寸链分析

卧式车床在使用过程中各种运动部件之间产生的磨损和变形,使车床尺寸链发生了变化。车床修理主要工作之一就是修理和恢复这些尺寸链各环间的精度关系,以保证装配尺寸精度。

CA6140 型卧式车床所需保证的主要修理尺寸链如图 7-8 所示。

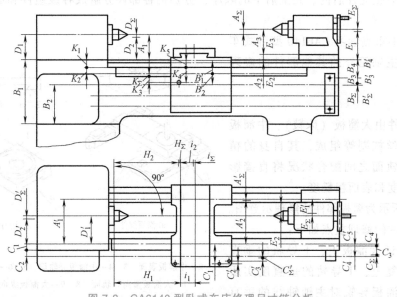

图 7-8 CA6140 型卧式车床修理尺寸链分析

（1）保证前、后顶尖等高的尺寸链。前、后顶尖等高性是保证加工零件圆柱度的主要因素、也是检验床鞍沿床身导轨纵向移动直线度的标准之一。

如图7-8所示，这项尺寸链的组成环包括：床身导轨基准到主轴轴线高度 A_1，尾座垫板厚度 A_2，尾座轴线到其安装底面距离 A_3，尾座轴线与主轴轴线高度差 A_Σ。其中，A_Σ 为封闭环，A_1 为减环，A_2、A_3 为增环，各组成环关系为 $A_\Sigma = A_2 + A_3 - A_1$。车床经过长时间的使用，由于尾座的往复运动，尾座垫板与车床导轨接触的底面受到磨损，使尺寸链中的组成环 A_2 减小，从而使封闭环 A_Σ 误差扩大，因此，大修时 A_Σ 尺寸的补偿是必须完成的工作之一。

（2）控制主轴轴线对床身导轨平行度的尺寸链。如图7-8所示，该尺寸链由垂直面内和水平面内两部分尺寸链控制，在垂直面内各组成环关系为 $D_\Sigma = D_1 - D_2$，在水平面内各组成环关系为 $D'_\Sigma = D'_1 - D'_2$。相关内容在项目六卧式车床主轴箱检修中已经进行了分析，这里不再赘述。

三、部件拆卸、检查与检修

（一）卧式车床部件拆卸顺序

CA6140型卧式车床部件拆卸顺序如下：

（1）首先由电工拆除车床上的电气设备和电器元件，断开影响部件拆卸的电器接线，并注意不要损坏、丢失线头上的线号，将线头用胶带包好。

（2）放出溜板箱和前床身底座油箱和残存在主轴箱、进给箱中的润滑油，拆掉润滑油泵。放掉后床身底座中的切削液，拆掉切削液泵和润滑、冷却附件。

（3）拆除防护罩、油盘，并观察、分析部件间的联系结构。

（4）拆除部件间的联系零件，如联系主轴箱与进给箱的交换齿轮机构，联系进给箱与溜板箱的丝杠、光杠和操纵杠等。

（5）拆除基本部件，如尾座、主轴箱、进给箱、刀架、溜板箱和溜板部件等。

（6）将床身与床身底座分解。

（7）最后按先外后内、先上后下的顺序，分别把各部件分解成各级组件和零件。

（二）卧式车床主要部件的修理内容及工艺

本项目中重点学习CA6140型卧式车床除床身和主轴箱外的其他部件的修理内容及工艺。

1. 溜板部件的修理内容及工艺

溜板部件由大溜板（床鞍）、中溜板和横向进给丝杠副等组成，其自身的精度与床身导轨面之间配合状况将直接影响工件的精度和表面粗糙度。

图7-9所示为溜板部件的修理示意图。

溜板部件的修理重点如下：

（1）保证大溜板上、下导轨的垂直度要求。修复上、下导轨的垂直度实质上是保证中溜板导轨对主轴轴线的垂直

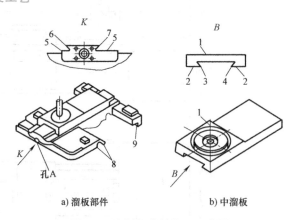

a) 溜板部件　　　b) 中溜板

图7-9　溜板部件的修理示意图

1、2—中溜板表面　3、4—中溜板导轨面　5、6—大溜板导轨面

7—大溜板横向导轨面　8、9—大溜板纵向导轨面

度（机床 G13 组几何精度检验项目）。

（2）补偿因大溜板及床身导轨磨损而改变的尺寸链。由于床身导轨面和大溜板下导轨面的磨损、刮研或磨削，必然引起溜板箱和大溜板倾斜下沉，使进给箱、托架与溜板箱上丝杠、光杠孔不同轴，同时也使溜板箱上的纵向进给齿轮啮合侧隙增大，改变了以床身导轨为基准的与溜板部件有关的几组尺寸链精度。

溜板部件的修理内容主要有各导轨面的修复和丝杠螺母副的修理。导轨面一般采用刮研修复，磨损的丝杠可予以更换，或采用修丝杠、配螺母，修轴颈、换（镶）铜套的方式进行。

下面介绍溜板部件导轨副的刮研修复工艺。

大溜板横向导轨在修刮时，应以横向进给丝杠安装孔 A 为修理基准，然后再以横向导轨面作为转换基准，修复大溜板纵向导轨面 8、9，其修理过程如下：

（1）刮研中溜板表面 1、2。用标准平板作为研具，拖研中溜板表面 1 和中溜板表面 2。一般先刮好中溜板表面 2，当用 0.03mm 塞尺不能插入时，观察其接触点情况，达到要求后，再以中溜板表面 2 为基准校刮中溜板表面 1，保证两表面间的平行度误差不大于 0.02mm。

（2）刮研大溜板导轨面 5、6。将大溜板放在床身上，用刮好的中溜板为研具拖研大溜板导轨面 5，并进行刮研，拖研的长度不宜超出燕尾导轨两端，以提高拖研的稳定性。大溜板导轨面 6 采用平尺拖研，刮研后应与中溜板导轨面 3、4 进行配刮角度。在刮研大溜板导轨面 5、6 时应保证与横向进给丝杠安装孔 A 的平行度，测量方法如图 7-10 所示。

（3）刮研中溜板导轨面 3。以刮好的大溜板导轨面 6 与中溜板导轨面 3 互研达到精度要求。

（4）刮研大溜板横向导轨面 7，配置镶条。可利用原有镶条装入中溜板内配刮大溜板横向导轨面 7，刮研时，保证大溜板横向导轨面 7 与大溜板导轨面 6 的平行度，使中溜板在燕尾导轨全长上移动平稳、均匀。刮研中用图 7-11 所示方法测量大溜板两横向导轨面 7 对大溜板导轨面 6 的平行度。

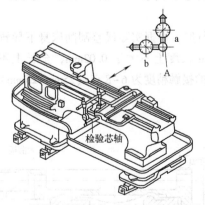

图 7-10　测量大溜板导轨对丝杠安装孔的平行度

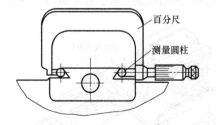

图 7-11　测量大溜板两横向导轨面的平行度

如果由于燕尾导轨的磨损或镶条磨损严重，镶条不能用时，需要重新配置镶条，可更换新镶条或对原镶条进行修理。修理镶条的方法主要有：在原镶条大端焊接一段使之加长，再将镶条小头截去一段，使镶条工作段的厚度增加；或在镶条的非滑动面上粘一层尼龙板、聚四氟乙烯胶带或玻璃纤维板，恢复其厚度。

配置镶条后应保持大端尚有 10~15mm 的调整余量，在修刮镶条的过程中应进一步配刮大溜板横向导轨面 7，以保证燕尾导轨与中溜板的接触精度，要求在任意长度上用 0.03mm 塞尺检查，插入深度不大于 20mm。

（5）修复大溜板上、下导轨的垂直度。将刮好的中溜板在大溜板横向导轨上安装好，检查大溜板上、下导轨垂直度误差。若超过公差则修刮大溜板纵向导轨面 8、9 使之达到垂直度要求。

在修复大溜板上、下导轨垂直度时，还应如图 7-12 所示测量大溜板上溜板箱结合面对床身导轨的平行度及如图 7-13 所示测量该结合面对进给箱结合面的垂直度，使之在规定的范围内，以保证溜板箱中的丝杠、光杠孔轴线与床身导轨平行，使其传动平稳。

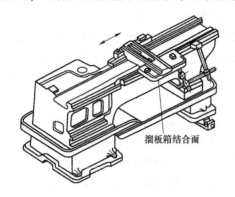
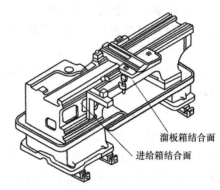

图 7-12　测量溜板箱结合面对床身导轨的平行度　　图 7-13　测量溜板箱结合面对进给箱结合面的垂直度

（6）校正中溜板表面 1。图 7-14 所示为测量中溜板上转盘安装面与床身导轨的平行度误差，测量位置接近主轴箱处，此项精度将影响车削锥度时工件素线的正确性，若超差则用小平板对表面刮研至要求。

导轨修复完毕后应完成部装，主要包括大溜板与床身的拼装及中溜板与大溜板的拼装。

（1）大溜板与床身的拼装。大溜板与床身的拼装主要内容包括刮研床身下导轨面 8、9（参见项目五中的图 5-1）及配刮两侧压板。

首先如图 7-15 所示，测量床身上、下导轨面的平行度，根据实际误差刮削床身下导轨面 8、9，使之达到对床身上导轨面的平行度误差在 1000mm 长度上不大于 0.02mm，全长上不大于 0.04mm。然后配刮压板，使压板与床身下导轨面 8、9 的接触精度为 6~8 点/（25mm×25mm）。刮

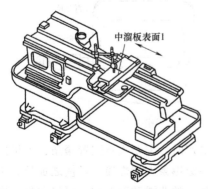
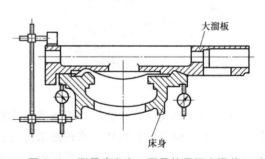

图 7-14　测量中溜板转盘安装面　　　　图 7-15　测量床身上、下导轨平行度误差
　　　　　与床身导轨平行度误差

研后调整紧固压板的全部螺钉，应满足如下要求：用250~360N的推力使大溜板在床身全长上移动时无阻滞现象，用0.04mm塞尺检验接触精度，端部插入深度小于10mm。

（2）中溜板与大溜板的拼装。包括镶条的安装及横向进给丝杠的安装。镶条用于调整中溜板与大溜板燕尾导轨的间隙，安装后应调整其松紧程度，使中溜板在大溜板上横向移动时均匀、平稳。丝杠的安装及调整过程参见项目五中的图5-3。

2. 刀架部件的修理内容及方法

图7-16所示为CA6140型卧式车床四方刀架部件的组成示意图。刀架部件的修理重点是刀架移动导轨的直线度和刀架重复定位精度的修复，修理内容主要包括刀架溜板（又称小溜板）、转盘和方刀架等零件主要工作面的修复。

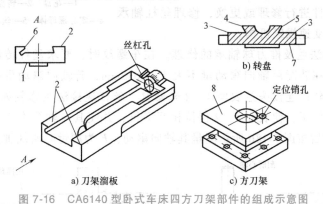

图7-16　CA6140型卧式车床四方刀架部件的组成示意图

1—刀架溜板表面　2—刀架溜板导轨面　3~6—燕尾导轨面　7—转盘底面　8—方刀架底面

（1）刀架溜板的修理。图中刀架溜板导轨面2可在平板上拖研修刮；燕尾导轨面6采用角形平尺拖研修刮或与已修复的刀架转盘燕尾导轨配刮，应保证导轨面的直线度及与丝杠孔的平行度；刀架溜板表面1由于定位销的作用留下一圈磨损沟槽，可将其车削后与方刀架底面8进行对研配刮，以保证接触精度；更换刀架溜板上的刀架转位定位销锥套（参见项目五中的图5-24），保证它与刀架溜板安装孔φ22mm之间的配合精度为H7/k6；采用镶套或涂镀的方法修复刀架座与方刀架孔的配合精度φ48H7/h6，保证φ48mm定位圆柱面与刀架溜板表面1的垂直度。

（2）方刀架的刮研。配刮方刀架与刀架溜板的接触面8、1，配刮方刀架上的定位销孔，保证定位销与刀架溜板上定位销锥套孔的接触精度，修复刀架上的刀具夹紧螺纹孔。

（3）方刀架转盘的修理。刮研燕尾导轨面3、4、5，保证各导轨面的直线度和导轨相互之间的平行度。修刮完毕后，将已修复的镶条装上，进行综合检验，镶条调节合适后，刀架溜板的移动应无轻、重或阻滞现象。

（4）丝杠螺母的修理和装配。一般采用换丝杠、配螺母或修复丝杠、重新配螺母的方法修复。在安装丝杠和螺母时，一般采用如下两种方法保证丝杠与螺母的同轴度。

① 设置偏心螺母法。如图7-17所示，在卧式车床花盘1上装专用三角铁6，将刀架溜板3和转盘2用配刮好的镶条楔紧，一同安装在专用三角铁6上，将加工好的实心螺母体4压入转盘2的螺母安装孔内（之间为过盈配合）；在卧式车床花盘1上调整专用三角铁6，以刀架溜板丝杠孔5找正，并使刀架溜板导轨与卧式车床主轴轴线平行，加工出实心螺母体4的螺纹底孔；然后再卸下实心螺母体4，在卧式车床单动卡盘上以螺母底孔找正加工出螺

母的螺纹，最后再修螺母外圆以保证其与转盘螺母安装孔的配合要求。

② 设置丝杠偏心轴套法。该方法就是将丝杠轴套做成偏心式轴套，在调整过程中转动偏心轴套使丝杠螺母达到灵活转动位置，这时做出轴套上的定位螺钉孔，并加以紧固。

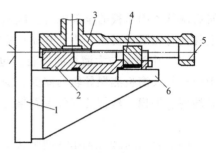

图 7-17　设置偏心螺母法保证丝杠与螺母同轴度示意图

1—花盘　2—转盘　3—刀架溜板
4—实心螺母体　5—丝杠孔　6—专用三角铁

3. 进给箱部件的修理内容及方法

进给箱部件的主要修复内容包括基本螺距机构、倍增机构及其操纵机构的修理。将磨损或失效的齿轮、轴承、轴等零件进行修理或更换，修理丝杠轴承支承法兰及进给箱变速操纵机构。

（1）丝杠连接法兰及推力球轴承的修理。在车螺纹时，要求丝杠传动平稳，轴向窜动量小。丝杠连接轴在装配后轴向窜动量不大于 0.015mm，若轴向窜动量超差，可通过选配推力球轴承和刮研丝杠连接法兰表面 1、2 来修复。丝杠连接法兰修复如图 7-18a 所示，用刮研心轴进行研磨修正，使表面 1、2 保持相互平行，并使其对轴孔中心线的垂直度误差小于 0.006mm。装配后按图 7-18b 所示测量其轴向窜动，F 为测量时所加轴向压力。

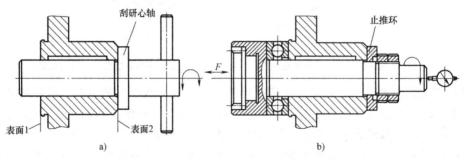

图 7-18　丝杠连接轴轴向窜动的测量与修复

（2）托架的调整与支承孔的修复。床身导轨磨损后，溜板箱下沉，丝杠弯曲，使托架孔磨损。为保证三支承孔的同轴度，在修复进给箱时，应同时修复托架。托架支承孔磨损后，一般采用镗孔镶套法来修复，使托架的孔中心距、孔中心线至安装底面的距离均与进给箱尺寸一致。

4. 溜板箱部件的修理内容及方法

溜板箱部件的修理内容主要包括丝杠传动机构的修理、光杠传动机构的修理、安全离合器和超越离合器的修理及纵、横向操纵机构的修理。丝杠传动机构主要由丝杠、开合螺母及溜板箱安装控制部分组成。对于丝杠的修复可采用校直和精车的方法，其他可参考下列方法进行。

（1）溜板箱燕尾导轨的修理。如图 7-19 所示，用平板配刮导轨面 1，用专用角度底座配刮导轨面 2。刮研时要用直角尺测量导轨面 1、2 对溜板结合面的垂直度误差，其误差值为在 200mm 长度上不大于 0.10mm。导轨面与研具间的接触点达到均匀即可。

（2）开合螺母的修理。由于燕尾导轨的刮研，开合螺母体的螺母安装孔中心位置产生位移，造成丝杠螺母的同轴度误差增大。当其误差超过 0.08mm 时，将使安装后的溜板箱移动阻力增加，丝杠旋转时受到侧弯力矩的作用。因此，当丝杠螺母的同轴度误差超差时必须设法消除，一般采取在开合螺母体燕尾导轨面上粘贴铸铁板或聚四氟乙烯胶带的方法消除。其补偿量的测量方法如图 7-20 所示。测量时将开合螺母体夹持在专用心轴 2 上，然后用千斤顶将溜板箱在测量平台上垫起，调整溜板箱的高度，使溜板箱结合面与直角尺直角边贴合，使心轴 1、心轴 2 素线与测量平台平行，测量心轴 1 和心轴 2 的高度差 Δ 值，此测量值的大小即为开合螺母

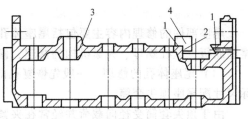

图 7-19　溜板箱燕尾导轨的修理
1、2—导轨面　3—溜板箱体　4—角度底座

体燕尾导轨修复的补偿量（实际补偿量还要加上开合螺母体燕尾导轨的刮研余量）。

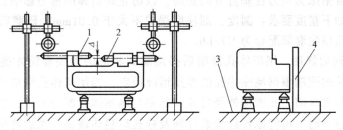

图 7-20　溜板箱燕尾导轨补偿量的测量
1、2—专用心轴　3—平板　4—检验直角尺

　　消除上述误差后，须将开合螺母体与溜板箱导轨面配刮。刮研时首先车一实心的螺母坯，其外圆与螺母体相配，并用螺钉将其与开合螺母体装配好，然后和溜板箱导轨面配刮，要求两者间的接触精度不低于 10 点/（25mm×25mm）。用心轴检验螺母体轴线与溜板箱结合面的平行度，其误差控制在 200mm 测量长度上不大于 0.10mm，然后配刮调整塞铁。

　　（3）开合螺母的配作。应根据修理后的丝杠进行配作，其加工是在溜板箱体和螺母体的燕尾导轨修复后进行的。首先将实心螺母坯和刮好的螺母体安装在溜板箱上，并将溜板箱放置在卧式镗床的工作台上；按图 7-20 所示方法找正溜板箱结合面，以光杠孔中心为基准，按孔间距的设计尺寸平移工作台，找出丝杠孔中心位置，在镗床上加工出内螺纹底孔；然后以此孔为基准，在卧式车床上精车内螺纹至要求，最后将开合螺母切开为两半并倒角。

　　（4）光杠传动机构的修复。光杠传动机构由光杠、传动滑键和传动齿轮组成。光杠的弯曲、光杠键槽及滑键的磨损、齿轮的磨损，会引起光杠传动不平稳，床鞍纵向工作进给时产生爬行。光杠的弯曲采用校直修复，校直后再修正键槽，使装配在光杠轴上的传动齿轮在全长上移动灵活。滑键、齿轮磨损严重时一般应予以更换。

　　（5）超越离合器和安全离合器的修理。超越离合器经常出现传递力小时易打滑、传递力大时快慢转换脱不开的故障，造成机床不能正常运转，一般采用加大滚柱直径（传递力小时打滑）或减小滚柱直径（传递力大时快慢转换脱不开）的方法来解决上述问题。安全离合器的修复重点是左、右两半离合器接合面的磨损，一般需要更换，然后调整弹簧压力，使之能正常传动。

　　（6）纵、横向进给操纵机构的修理。由于使用频繁，操纵机构的凸轮槽和操纵圆销容易磨损，使拨动离合器不到位、控制失灵。另外，离合器齿形端面易产生磨损，造成传动打滑。一般采用更换这些磨损件的方法进行修复。

5. 尾座部件的修理内容及方法

尾座部件的修理内容主要包括尾座体孔、顶尖套筒（又称尾座套筒）、尾座底板、丝杠螺母、夹紧机构的修理，修复的重点是尾座体孔。

（1）尾座体孔的修理。一般先恢复孔的精度，再根据已修复的孔的实际尺寸配尾座顶尖套筒。

27. 尾座部件的
修理内容及方法

由于顶尖套筒受径向载荷并经常在夹紧状态下工作，尾座体孔容易磨损和变形，使尾座体孔呈椭圆形，孔前端呈喇叭形。在修复时，若孔磨损严重，可在镗床上精镗修正，然后研磨至要求，修镗时应考虑尾座部件的刚度，将镗削余量严格控制在最小范围。若孔磨损较轻，则可采用研磨法进行修正。研磨时，采用图 7-21 所示方法，利用可调式研磨棒，以摇臂钻床为动力在垂直方向研磨，以防止研磨棒的重力影响研磨精度。尾座体孔修复后应达到如下精度要求：圆度、圆柱度误差不大于 0.01mm，研磨后的尾座体孔与更换或修复后的尾座顶尖套筒配合为 H7/h6。

（2）顶尖套筒的修理。尾座体孔修磨后必须配制相应的顶尖套筒才能保证两者间的配合精度。顶尖套筒的配制根据尾座体孔的修复情况而定，当尾座体孔磨损严重采用镗修法修正时，可更换新顶尖套筒，并增加外径尺寸，达到与尾座体孔配合要求；当尾座体孔磨损较轻，采用研磨法修正时，可将原件经修磨外圆及锥孔后整体镀铬，然后再精车外圆，以达到与尾座体孔的配合要求。顶尖套筒经修配后应达到套筒外圆圆度、圆柱度小于 0.008mm，锥孔轴线相对外圆的径向圆跳动量在端部小于 0.01mm，在 300mm 处小于 0.02mm；锥孔端面轴向位移不超过 5mm。

（3）尾座底板的修理。床身导轨刮研修复以及尾座底板的磨损都必然会使尾座体孔中心线下沉，导致尾座体孔中心线与主轴轴线高度方向的尺寸链产生误差，可采用修刮主轴箱底面或增加尾座底板厚度的方法来修复，前者因主轴箱重量太大、翻转困难较少采用，一般在尾座底板上粘贴一层铸铁板或聚四氟乙烯胶带，然后再与床身导轨配刮修复。

（4）丝杠副及锁紧装置的修理。尾座丝杠螺母磨损时，一般可更换新的丝杠副，也可修丝杠、配螺母。尾座顶尖套筒修复后必须相应修刮锁紧套筒，如图 7-22 所示，使锁紧套筒圆弧面与尾座顶尖套筒圆弧面接触良好。

尾座部件修理完毕后应完成部件与床身的拼装。在进行部件与床身的拼装时应通过检验和进一步刮研，使尾座安装后达到如下要求：

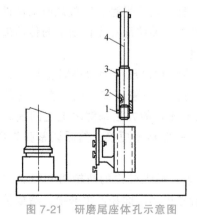

图 7-21　研磨尾座体孔示意图

1—螺母　2—定位销　3—研磨套　4—心轴

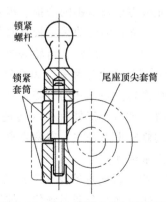

图 7-22　尾座锁紧套筒与尾座顶尖
套筒圆弧面接触示意图

（1）尾座体与尾座底板的接触面之间用 0.03mm 塞尺检查时不得插入。

（2）床鞍移动对尾座顶尖套筒伸出方向的平行度误差在 100mm 测量长度上，上素线不大于 0.02mm、向上，侧素线不大于 0.015mm、向前，即 G9 组几何精度。

（3）床鞍移动对尾座顶尖套筒锥孔轴线的平行度误差在 300mm 测量长度上，上素线不大于 0.03mm、向上，侧素线不大于 0.03mm、向前，即 G10 组几何精度。

（4）主轴锥孔轴线和尾座顶尖套筒锥孔轴线对床身导轨的等高度误差不大于 0.04mm，且只允许尾座端高，即 G11 组几何精度。

四、设备总装

（一）卧式车床总装前的准备工作

1. 控制装配精度时应注意的几个因素

为达到各项装配精度要求，装配时须注意以下几个因素，并在工艺上采取必要的补偿措施。

（1）零件刚度对装配精度的影响。由于零件刚度不够，装配后受到机件的重力和紧固力而产生变形。例如在车床装配时，将进给箱、溜板箱等装到床身上后，床身导轨会受到重力影响而变形。因此，必须再次校正其精度，才能继续进行其他的装配工序。

（2）工作温度变化对装配精度的影响。机床主轴和轴承的间隙将随着温度的变化而变化，一般都应调整到使主轴部件达到热平衡时具有合理的最小间隙为宜。又如机床精度一般都是指机床在冷车或热车（达到机床热平衡）状态下都能满足的精度。由于机床各部位受热温度不同，机床在冷车下的几何精度与热车下的几何精度有所不同。实验证明，机床的热变形状态主要取决于机床本身的温度场情况，对车床受热变形影响最大的是主轴轴线的抬高和在垂直面内的向上倾斜，其次是由于机床床身略有扭曲变形，主轴轴线在水平面内向内倾斜。因此，在装配时必须掌握其变形规律，对其公差带进行不同的压缩。

（3）磨损的影响。在装配某些组成环的作用面时，其公差带中心坐标应适当偏向有利于抵消磨损的一面，这样可以延长机床的使用期限。例如车床主轴顶尖和尾座顶尖对溜板移动方向的等高度就只许尾座高，车床床身导轨在垂直面内的直线度只许凸。

2. 确定总装装配顺序

总装时选择床身作为装配基准件，根据安排装配顺序的一般原则，拟订总装配顺序如下：

（1）在床腿上安装床身。

（2）床鞍与床身导轨配刮，安装前后压板。

（3）安装齿条。

（4）安装进给箱、溜板箱、丝杠、光杠及托架。

（5）安装操纵杆前支架、操纵杆及操纵杆手柄。

（6）安装主轴箱。

（7）安装尾座。

（8）安装刀架。

（9）安装电动机、交换齿轮架、防护罩及操纵机构。

（二）卧式车床部装及总装

1. 床身与床脚的安装

首先将床身装到床腿上，并复验床身导轨面的各项精度要求。床身必须置于可调的机床垫铁上，垫铁应安放在地脚螺栓孔附近，用水平仪检验机床的安装位置，使床身处于自然水平位置，并使垫铁均匀受力，保证整个床身搁置稳定。

床身导轨的精度要求、几何精度检验标准及方法详见项目五。

2. 床鞍与床身导轨配刮，安装前后压板

安装工艺在前面已有描述，应达到的装配精度要求如下：

（1）床鞍与床身导轨结合面的刮削要求：表面粗糙度值不大于 $Ra1.6\mu m$；接触点在两端不小于 12 点/（25mm×25mm），中间接触点为 8 点/（25mm×25mm）以上；床鞍上、下导轨垂直度控制在 0.015mm/300mm 内，只许后端偏向床头，并保证精车端面的平面度（只许中凹）。

（2）床鞍硬度要低于床身硬度，其差值不小于 20HBW，以保证床身导轨面磨损较小。

（3）应保证床鞍在全部行程上滑动均匀，用 0.04mm 塞尺检查，插入深度不大于 10mm。

3. 安装齿条

（1）先用夹具把溜板箱试装在床鞍的装配位置，将齿条按原位置装好，检验溜板箱纵向进给，用纵向进给小齿轮与齿条的啮合侧隙来检验，正常啮合侧隙为 0.08mm，同时应保证在床鞍行程全长上纵向进给齿轮与齿条啮合间隙一致。

（2）在侧隙大小符合要求后，即可重新铰制定位销孔并固定齿条。

4. 安装进给箱、溜板箱、丝杠、光杠及托架

装配的相对位置精度要求是：丝杠两端支承孔中心线和开合螺母中心线在上下、前后方向对床身导轨平行，且等距度误差小于 0.15mm。其检验示意图如图 7-23 所示。

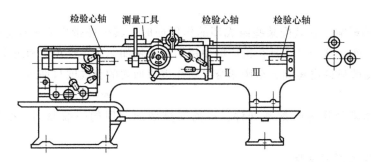

图 7-23　测量丝杠轴线和开合螺母中心线对床身导轨的平行度

通过调整进给箱丝杠支承孔中心、溜板箱开合螺母中心和后托架支承孔中心对床身导轨的等距度误差，使其不超过精度要求的 2/3（即小于 0.1mm），然后配作进给箱、溜板箱及后托架的定位销以确保精度不变。装配工艺要点如下：

（1）首先安装进给箱、托架，将进给箱、托架按原来的紧固螺钉孔及锥销位置安装到床身上，测量并调整进给箱、托架的丝杠、光杠支承孔的同轴度、平行度，使进给箱与托架的丝杠、光杠孔轴线对床身导轨的平行度误差在 100mm 长度上，上素线不大于 0.02mm（只允许前端向上），侧素线不大于 0.01mm（只许向床身方向偏）；使进给箱与托架的丝杠、光杠孔轴线的同轴度误差在上素线、侧素线都不大于0.01mm。

（2）在检查并调整好进给箱、托架后，再安装溜板箱。如图7-24所示，由于溜板箱结合面的修刮，床鞍与溜板箱之间横向传动齿轮副的原中心距发生了变化，安装溜板箱时需要调整此中心距。可采用左右移动箱体的方法，校正横向自动进给齿轮副的啮合侧隙为0.08mm（可将一张厚0.08mm的纸放在齿轮啮合处，传动齿轮啮合印痕呈现将断不断的状态即为正常），使齿轮副在新的装配位置上正常啮合。装上溜板后测量并调整溜板箱、进给箱、托架的光杠三支承孔的同轴度，达到修理要求后铰制床鞍与溜板结合面的定位锥销孔，装入锥销，同时，将进给箱、托架与床身结合的锥销孔也微量铰光后，装入锥销。

（3）在溜板箱、进给箱、托架三支承孔的同轴度校正后安装丝杠和光杠。安装丝杠和光杠时，其左端必须与进给箱轴套端面紧贴，右端与支架端面露出轴的倒角部位紧贴。当用手旋转光杠时能灵活转动、无忽轻忽重现象，然后再用百分表检验调整。具体如下：

安装丝杠时可参照图7-23测量丝杠轴线和开合螺母中心线对床身导轨的平行度，测量时一般应将开合螺母放在丝杠的中间，因为丝杠在此处的挠度最大，并且应闭合开合螺母，以避免因丝杠自重、弯曲等因素造成的影响，要求丝杠轴线和开合螺母中心对床身导轨的平行度在上素线和侧素线都不大于0.2mm。丝杠安装后还应测量丝杠的轴向窜动，如图7-25所示，要求其小于0.015mm（参见G14组几何精度）；左右移动溜板箱，测量丝杠轴向游隙并使之符合要求。若上述两项超差，可通过修磨丝杠安装轴法兰端面和调整推力球轴承的间隙予以消除。

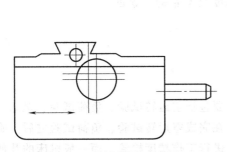

图7-24 检测调整中心距

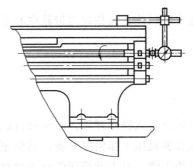

图7-25 测量丝杠的轴向窜动

测量进给箱丝杠支承孔中心、溜板箱开合螺母中心和后托架支承孔中心对床身导轨的等距度允差时，在Ⅰ、Ⅱ、Ⅲ位置（参见图7-23，近丝杠支承和开合螺母处）的上素线和侧素线检验。为消除丝杠弯曲误差对检验的影响，可旋转丝杠180°再检验一次，各位置两次读数代数和的1/2就是该位置对导轨的相对距离。三个位置中任意两个位置对导轨相对距离之最大差值，就是等距的误差值。装配时上述公差要求控制在0.1mm之内。

5. 安装操纵杆前支架、操纵杆及操纵杆手柄

应保证操纵杆对床身导轨在两垂直平面内的平行度，具体方法是以溜板箱中的操纵杆支承孔为基准，调整前支架的高低位置和修刮前支架与床身结合的平面。

6. 安装主轴箱

主轴箱与床身拼装时应达到G7组装配精度，即主轴轴线对溜板纵向移动在水平面内的平行度误差在300mm测量长度上小于0.015mm（向前），在垂直面内的平行度误差在

300mm 测量长度上小于 0.02mm（向上），具体检验方法参见项目六有关内容。

在安装时以主轴箱底平面和凸块侧面与床身接触来保证正确安装位置。底面用来控制主轴轴线与床身导轨在铅垂平面内的平行度；凸块侧面用来控制主轴轴线与床身导轨在水平面内的平行度。安装时，若铅垂面内平行度超差则刮削底平面，若水平面内平行度超差则刮削凸块侧面。

另外，主轴箱的主轴顶尖应满足 G8 组几何精度即主轴顶尖径向圆跳动要求，此精度也是靠主轴的回转精度保证的。

7. 安装尾座

尾座的安装分两步进行。第一步，以床身上尾座导轨为基准，配刮尾座底板，使其达到精度要求。将尾座部件安装到床身上，测量尾座的两项几何精度，即 G9 和 G10 组几何精度，并使其达到要求。第二步，检测并调整主轴锥孔中心线与尾座套筒锥孔中心线对床身导轨的等距度，即 G11 组几何精度，若超差，可通过刮削尾座底板来满足要求。

28. 尾座部件安装与调整

尾座部件与床身的拼装在前面已有详细描述，不再赘述。

8. 安装刀架

刀架装配技术要求为小刀架纵向移动对主轴轴线在垂直平面内的平行度允差为 0.04mm/300mm，即 G12 组几何精度，若超差，可通过刮削小刀架转盘与横向溜板的接合面来调整。

9. 安装电动机、交换齿轮架、防护罩及操纵机构

在安装时注意调整好两带轮中心平面的位置精度及 V 带的张紧量。

五、试车验收

（一）卧式车床试车验收的内容

1. 试车验收的内容

机床总装或经修理后，需要进行试车验收，主要包括空运转试验、负荷试验、机床几何精度检验和机床工作精度检验。其顺序安排一般是在完成空运转试验、负荷试验之后，确认所有机构正常，且主轴等部件已达到稳定温度即可进行工作精度检验，而一般机床的几何精度检验要分两次进行，一次在空运转试验后进行，一次在工作精度检验后进行。

2. 机床的精度

机床的精度主要包括几何精度、定位精度、传动精度和工作精度。

机床的几何精度是指机床某些基础零件工作面的几何精度，它指的是机床在不运动或运动速度较低时的精度。机床的几何精度规定了决定加工精度的各主要零部件之间以及这些零部件的运动轨迹之间的相对位置允差，例如，床身导轨的直线度、工作台的平面度、主轴的回转精度等。在机床上加工的工件表面形状是由刀具相对于工件的运动轨迹决定的，而刀具和工件是由机床执行部件直接带动的，故机床的几何精度是保证加工精度的最基本的条件。

29. 卧式车床几何精度检验项目标准及方法

机床定位精度是指机床主要部件在运动终点时所达到的实际位置的准确程度，实际位置与预期位置之差称为定位精度。

如图 7-26a 所示，在车床上车削外圆时，为了获得一定的直径尺寸 d，要求刀架横向移

动 L，使车刀刀尖从位置Ⅰ移到位置Ⅱ，如果刀尖到达的实际位置与预期的位置Ⅱ不一致，则车出的工件直径 d 将会产生误差，此即定位精度。

机床运动部件在某一给定位置上，做多次重复定位时实际位置的一致程度，称为重复定位精度。如图7-26b所示，某车床液压刀架，由定位螺钉顶住固定挡铁实现横向定位，以获得一定的工件直径尺寸 d。在加工一批工件时，如果每次刀架定位时的实际位置不同，即刀尖与主轴轴线之间的距离在一定范围内变动，则车出的各个工件的直径尺寸 d 也不一致，此即重复定位精度。

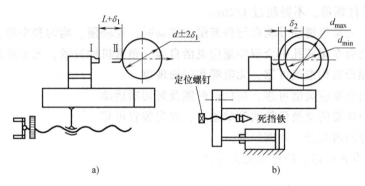

图 7-26 车刀的定位精度

机床的传动精度是指机床内联系传动链两末端件之间的相对运动精度，这方面的误差就称为该传动链的传动误差。例如车床在车削螺纹时，主轴每转一转，刀架的移动量应等于螺纹的导程。但是，实际上由于主轴与刀架之间的传动链中，齿轮、丝杠及轴承等存在着误差，使得刀架的实际移动量与要求的移动量之间有了误差，这个误差将直接造成工件的螺距误差。为了保证工件的加工精度，不仅要求机床有必要的几何精度，而且还要求内联系传动链有较高的传动精度。

机床的几何精度、传动精度和定位精度通常是在没有切削载荷以及机床不运动或运动速度较低的情况下检测的，称为机床的静态精度。静态精度主要取决于机床上主要零部件，如主轴及其轴承、丝杠螺母、齿轮及床身等零部件的制造精度以及它们的装配精度。

静态精度只能在一定程度上反映机床的加工精度，因为机床在实际工作状态下，还有一系列的因素会影响加工精度。例如，由于切削力、夹紧力的作用，机床的零部件会产生弹性变形；在机床内部热源以及外部环境温度变化的影响下，机床零部件将产生热变形；由于切削力和运动速度的影响，机床会产生振动；机床运动部件以工作速度运动时，由于相对滑动面之间的油膜及其他因素的影响，其运动精度也与低速下测得的精度不同。所有这些都将引起机床实际精度的变化，影响工件的加工精度。

机床在外载荷、温升及振动等工作状态下的精度称为机床的动态精度。动态精度与静态精度、抗振性和热稳定性等密切相关。

目前，生产中一般是通过切削加工出的工件精度来检测机床的综合动态精度，称为机床的工作精度，它是各种加工因素对加工精度影响的综合反映。

（二）卧式车床空运转试验

1. 空运转试验前的静态检查

空运转是在无负荷状态下运转机床，检验各机构的运转状态、温度变化、功率消耗，检验操纵机构的灵活性、平稳性、可靠性和安全性。试验前应使机床处于水平位置，一般不应用地脚螺钉固定。调整机床安装水平是为了得到机床的静态稳定性以便开展后面的检验。

车床总装后，在性能试验之前必须仔细检查车床各部位是否安全可靠，以保证试运转时不出事故，称为静态检查。具体检查过程如下：

（1）用手转动各传动件，应转动灵活。

（2）变速和换向手柄应操纵灵活、定位准确、安全可靠。手轮或手柄操作力应小于80N。

（3）移动机构的反向空行程应尽量小，对于直接传动的丝杠螺母，不得超过1/30r，对于间接传动的丝杠螺母，不得超过1/20r。

（4）溜板、刀架等滑动导轨在行程范围内移动时，应轻便、均匀和平稳。

（5）顶尖套筒在尾座孔中全程伸缩应灵活自如，锁紧机构灵敏，无卡滞现象。

（6）开合螺母机构准确可靠，无阻滞和过松现象。

（7）安全离合器应灵活可靠，超负荷时能及时切断运动。

（8）交换齿轮架的交换齿轮间侧隙适当，固定装置可靠。

（9）各部分润滑充分，油路畅通。

（10）电器设备启动、停止应安全可靠。

2. 卧式车床空运转试验内容

（1）从低速开始依次运转主轴所有转速档进行主轴空运转试验，各级转速运转时间不少于5min，最高转速运转时间不少于30min。在最高速运转时，主轴的稳定温度如下：滑动轴承温度不超过60℃，温升不超过30℃；滚动轴承温度不超过70℃，温升不超过40℃。其他机构的轴承温度不超过50℃，温升不超过20℃。在整个试验过程中润滑系统应畅通、正常并无泄漏现象。

（2）在主轴空运转试验时，变速手柄变速操纵应灵活、定位准确可靠；摩擦式离合器在合上时能传递额定功率而不发生过热现象，处于断开位置时，主轴能迅速停止运转；制动闸带松紧程度合适，要求主轴在300r/min转速运转时，制动后主轴转动不超过2~3r，非制动状态下制动闸带能完全松开。

（3）检查进给箱各档变速定位是否可靠，输出的各种进给量与转换手柄标牌指示的数值是否相符；各对齿轮传动副运转是否平稳，应无振动和较大的噪声。

（4）检查床鞍与刀架部件，要求床鞍在床身导轨上，中、小滑板在其燕尾导轨上移动平稳，无松紧、快慢感觉，各丝杠旋转灵活可靠。

（5）检查溜板箱各操纵手柄，要求操纵灵活，无阻卡现象，互锁准确可靠；纵、横向快速进给运动平稳，快慢转换可靠；丝杠开合螺母控制灵活；安全离合器弹簧调节松紧合适，传力可靠，脱开迅速。

（6）检查尾座部件的顶尖套筒，要求顶尖套筒由套筒孔内伸出至最大长度时无不正常的间隙和阻滞现象，手轮转动灵活，夹紧装置操作灵活可靠。

（7）调节带传动装置，4根V带松紧一致。

（8）电气控制设备准确可靠，电动机转向正确，润滑、冷却系统运行可靠。

（三）卧式车床负荷试验

1. 机床负荷试验的内容

负荷试验是检验机床在负荷状态下运转时的工作性能及可靠性，即加工能力、承载能力及其运转状态,包括速度的变化、机床振动、噪声、润滑和密封等。

机床负荷试验内容包括机床主传动系统最大转矩试验及短时间超过最大转矩 25%的试验、机床最大切削主分力的试验及短时间超过最大切削主分力 25%的试验。负荷试验一般在机床上用切削试件方法或用仪器加载方法进行。

2. 卧式车床主传动系统最大转矩试验

主传动系统最大转矩试验是考核车床主传动系统能否输出设计所允许的最大转矩和功率。试验方法如下:将尺寸为 $\phi 100mm \times 250mm$ 的中碳钢试件,一端用卡盘夹紧,一端用顶尖顶住,用硬质合金 YT5 的 45°标准右偏刀进行车削,切削用量为 $n = 63r/min$、$a_p = 12mm$、$f = 0.6mm/r$,强力切削外圆。

试验要求在全负荷下,车床所有机构均正常工作,动作平稳,不能有振动和噪声,主轴转速不得比空转时降低 5%以上。各手柄不得有颤抖和自动换位现象。试验时,允许将摩擦式离合器调紧 2~3 孔,待切削完毕再松开至正常位置。安全防护装置和保险装置必须安全可靠,超负荷时能及时切断运动。

(四) 卧式车床工作精度检验

1. 工作精度检验前准备

机床的工作精度是在动态条件下对工件进行加工时所反映出来的。工作精度检验应在标准试件或由用户提供的试件上进行,采用机床具有的精加工工序。

机床进行工作精度检验前应重新检查机床安装水平并将机床固紧;按工作精度检验标准要求的试件形状、尺寸、材料准备试件;按试切要求准备刀具、卡盘;按检验要求准备检验试件精度、表面粗糙度的量具和量仪。

2. 工作精度检验项目

卧式车床工作精度检验项目包括:精车外圆试验、精车端面试验和精车螺纹试验,必要时可增加切槽试验。当发现试件超差时,应分析原因,采取措施予以排除。

精车外圆试验项目是为了检查主轴的旋转精度和主轴轴线对床鞍移动方向的平行度,检验项目、允差值及检验简图见表 7-3。

表 7-3 精车外圆试验项目的允差值

简图	检验项目	允差值/mm
20 20 20 ϕD L/2 L/2 L $D \geqslant D_a/8, L = 0.5D_a$ $L_{max} = 500mm$	精车外圆 a)圆度 b)在纵向截面内直径的一致性 在同一纵向截面内测得的试件各端环带处加工后直径间的变化,应该是大直径靠近主轴端	$L = 300$ 时: a)0.01 b)0.04 其余 L 尺寸按 $L = 300$ 折算 a)、b)值 相邻环带间的差值不应超过两端环带之间测量差值的 75%(只有两个环带时除外)

试件材料为中碳钢(一般为 45 钢),外径 D 要大于或等于车床最大切削直径(400mm)的 1/8,且不小于 50mm,一般选用 80~100mm 的圆棒料。一般取检验长度 L = 300mm。轴环宽度为 20mm,空刀槽不做限制。试验具体操作如下:

（1）装夹试件。试件夹持在卡盘中，或插在主轴前端的内锥孔中（不允许用顶尖支承）。

（2）选择车刀。用硬质合金外圆车刀或高速钢车刀。

（3）选择参数。切削用量取 $n = 397\text{r/min}$，$a_p = 0.15\text{mm}$，$f = 0.1\text{mm/r}$。

（4）开机进行车削。

（5）检验。精车后用千分尺或其他量具在 3 段直径上检验试件的圆度和圆柱度误差。要求表面粗糙度值 Ra 不大于 $3.2\mu\text{m}$。

精车端面试验项目的目的是检查车床在正常温度下，刀架横向移动轨迹对主轴轴线的垂直度和横向导轨的直线性，检验项目、允差值及检验简图见表 7-4。

表 7-4　精车端面试验项目的允差值

简图	检验项目	允差值/mm
$D \geqslant 0.5D_a, L_{max} = D_a/8$	精车端面的平面度（只许凹）	$D = 300$ 时： 0.025 其他 D 值按 $D = 300$ 折算允差值

试件材料为铸铁，要求铸件无气孔、砂眼、夹砂，材质无白口。外径要求大于或等于该车床最大切削直径的 1/2，一般取 300mm 或稍大些的铸铁盘形试件，最大长度为最大车削直径的 1/8，即 50mm。试验具体操作如下：

（1）装夹试件。试件夹持在主轴前端的自定心卡盘中。

（2）选择车刀。用硬质合金 45°右偏刀。

（3）选择参数。切削用量取 $n = 230\text{r/min}$，$a_p = 0.2\text{mm}$，$f = 0.15\text{mm/r}$。

（4）开机进行车削。

（5）检验。精车后用千分表检验，将千分表固定在横刀架上，使其测头触及端面的 1/2 半径处，朝后移动横刀架检验，千分表读数最大差值的一半即为平面度误差。

精车螺纹试验项目的目的是检查车床加工螺纹传动系统的精度，检验项目、允差值及检验简图见表 7-5。

表 7-5　精车螺纹试验项目的允差值

简图	检验项目	允差值/mm
	精车 300mm 长螺纹的螺距累积误差	a）在 300 测量长度上为： $DC \leqslant 2000, 0.04$ $DC = 3000, 0.045$ b）在任意 60 测量长度上为 0.015

试件材料为 45 钢，试件的螺距应与车床丝杠螺距相等，外径也尽可能和车床丝杠接近。对于 CA6140 型卧式车床，试件的直径取 40mm，螺距取 12mm，长度取 400mm（留出两端

的工艺料头后，可以保证螺纹处的长度为300mm），牙型为60°普通螺纹。试验具体操作如下：

（1）装夹试件。试件夹持在车床两顶尖间，用拨盘带动试件旋转。

（2）选择车刀。采用高速钢60°标准螺纹车刀，车削时可加切削液冷却。

（3）选择参数。切削用量取 $n = 19r/min$，$a_p = 0.02mm$，$f = 12mm/r$。

（4）开机进行车削。

（5）检验。精车后用螺纹量规或游标卡尺测量螺距误差，应不超过允差值，螺纹表面粗糙度值不大于 $Ra3.2\mu m$，无振动波纹。

切断试验方法是用宽5mm标准切断刀切断 $\phi80mm \times 150mm$ 的45钢棒料试件，要求切断后试件切断底面不应有振痕。

（五）卧式车床几何精度检验

1. 卧式车床几何精度检验应注意的问题

（1）卧式车床几何精度是机床未受外载荷的原始精度，检验时一般不允许紧固地脚螺栓。

（2）凡是与主轴轴承温度有关的项目检验，都应在主轴运转达到稳定温度后进行。

（3）各运动部件的检验应采用手动操作，不适于手动或机床质量大于10t的机床，允许用低速运动。

（4）凡规定的检验项目，均应在允许范围内，若因超差需要调整或返修的，返修或调整后必须对所有几何精度重新检验。

2. 卧式车床几何精度检验项目

机床几何精度检验内容包括几何精度的检验项目、检验方法、检验工具和允差值，其中的检验项目及允差值均可在有关机床几何精度检验标准中查到。卧式车床的执行标准是GB/T 4020—1997《卧式车床几何精度检验标准》，该标准共包含15个检验项目，其中G1～G7组几何精度已经学习，本项目学习其他八组检验项目。

（1）G8组几何精度检验项目。该项目针对主轴顶尖径向圆跳动。检验项目及允差值见表7-6，检验方法如图7-27所示。

检验时，将顶尖插入主轴锥孔内，固定百分表，使其测头垂直触及顶尖锥面，沿主轴轴线加一力 F，旋转主轴，百分表读数的最大差值乘以 $\cos(\alpha/2)$（α 为顶尖圆锥角）就是主轴顶尖径向圆跳动误差值。

表7-6　G8组几何精度检验项目的允差值

检验项目	允差值/mm		
	精密级	普通级	
	$D_a \leqslant 500$ 和 $DC \leqslant 1500$	$D_a \leqslant 800$	$800 < D_a \leqslant 1600$
主轴顶尖径向圆跳动	0.01	0.015	0.02

（2）G9组几何精度检验项目。该项目针对尾座套筒轴线对溜板移动的平行度。检验项目及允差值见表7-7，检验方法如图7-28所示。

检验时，将尾座紧固在检验位置，当被加工件最大长度 $DC \leqslant 500mm$ 时，应紧固在床身的末端。当 $DC > 500mm$ 时，应紧固在 $DC/2$ 处，但最大不大于2000mm。尾座套筒伸出量约为最大伸出量的一半，并锁紧。将百分表固定在床鞍上，使其测头触及尾座套筒的表面，a）为在水平面内，b）为在垂直平面内。移动床鞍检验，百分表读数的最大差值就是平行度误差值。a）、b）的误差分别计算。

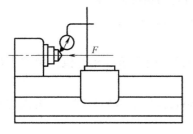

图 7-27　G8 组主轴顶尖径向圆跳动检验

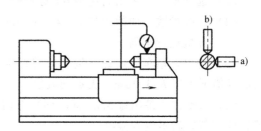

图 7-28　G9 组尾座套筒轴线对溜板移动的平行度检验

表 7-7　G9 组几何精度检验项目的允差值

检验项目	允差值/mm		
	精密级	普通级	
	$D_a \leq 500$ 和 $DC \leq 1500$	$D_a \leq 800$	$800 < D_a \leq 1600$
尾座套筒轴线对溜板移动的平行度 a）在水平面内 b）在垂直平面内	a）在 100 测量长度上为 0.01，向前 b）在 100 测量长度上为 0.015，向上	a）在 100 测量长度上为 0.015，向前 b）在 100 测量长度上为 0.02，向上	a）在 100 测量长度上为 0.02，向前 b）在 100 测量长度上为 0.03，向上

（3）G10 组几何精度检验项目。该项目针对尾座套筒锥孔轴线对溜板移动的平行度。检验项目及允差值见表 7-8，检验方法如图 7-29 所示。

检验时，尾座位置同检验项目 G9，尾座套筒退入尾座孔内，并锁紧。在尾座套筒锥孔内插入锥柄长检验棒，将百分表固定在床鞍上，使其测头触及检验棒表面，a）为在水平面内，b）为在垂直平面内。移动溜板检验，一次检验后，拔出检验棒，旋转 180° 后重新插入尾座套筒锥孔中，重复检验。两次测量结果的代数和的 1/2 就是平行度误差。

表 7-8　G10 组几何精度检验项目的允差值

检验项目	允差值/mm		
	精密级	普通级	
	$D_a \leq 500$ 和 $DC \leq 1500$	$D_a \leq 800$	$800 < D_a \leq 1600$
尾座套筒锥孔轴线对溜板移动的平行度 测量长度 $D_a/4$ 或不超过 300[①] a）在水平面内 b）在垂直平面内	a）在 300 测量长度上为 0.02，向前 b）在 300 测量长度上为 0.02，向上	a）在 300 测量长度上为 0.03，向前 b）在 300 测量长度上为 0.03，向上	a）在 500 测量长度上为 0.05，向前 b）在 500 测量长度上为 0.05，向上

① 对于 $D_a > 800\text{mm}$ 的车床，其测量长度可增加至 500mm。

（4）G11 组几何精度检验项目。该项目针对主轴和尾座两顶尖的等高度，实际上是检

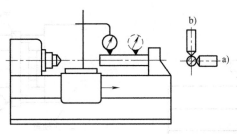

图 7-29　G10 组尾座套筒锥孔轴线对溜板移动的平行度检验

验主轴轴线与尾座顶尖孔中心线的同轴度。如果不同轴，当用前后顶尖顶住零件加工外圆时会产生直线度误差。如在尾座上装铰刀铰孔时，若该项精度超差，其孔径会变大。检验项目及允差值见表 7-9，检验方法如图 7-30 所示。

表 7-9　G11 几何精度检验项目的允差值

检验项目	允差值/mm		
	精密级	普通级	
	$D_a \leq 500$ 和 $DC \leq 1500$	$D_a \leq 800$	$800 < D_a \leq 1600$
顶尖 主轴和尾座两顶尖的等高度	0.02 尾座顶尖高于主轴顶尖	0.04 尾座顶尖高于主轴顶尖	0.06 尾座顶尖高于主轴顶尖

检验时，在主轴与尾座顶尖间装入长圆柱检验棒，将百分表固定在床鞍上，使其测头触及检验棒侧素线，移动溜板，如果百分表读数不一致，则应对尾座进行调整，使主轴中心与尾座中心沿侧素线方向同心。然后调换百分表位置，使其触及检验棒的上素线，移动溜板，百分表在两端读数的最大差值就是等高度误差。检验时，尾座套筒应退入尾座孔内并锁紧。

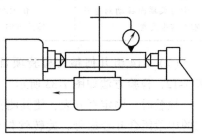

图 7-30　G11 组主轴和尾座
两顶尖等高度检验

（5）G12 组几何精度检验项目。该项目针对小刀架移动对主轴轴线的平行度。检验项目及允差值见表 7-10，检验方法如图 7-31 所示。

检验时，将锥柄长检验棒插入主轴锥孔中，将百分表固定在小溜板上，使其测头在水平平面内触及检验棒。调整小溜板，使百分表在检验棒两端的读数相等。再将百分表测头在竖直平面内触及检验棒，移动小溜板检验，然后将主轴旋转 180° 后再检验一次，两次测量结果的代数和的 1/2 就是平行度误差。

表 7-10　G12 组几何精度检验项目的允差值

检验项目	允差值/mm		
	精密级	普通级	
	$D_a \leq 500$ 和 $DC \leq 1500$	$D_a \leq 800$	$800 < D_a \leq 1600$
小刀架移动对主轴轴线的平行度	在 150 测量长度上为 0.015	在 300 测量长度上为 0.04	

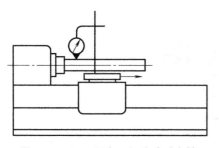

图 7-31 G12 组小刀架移动对主轴
轴线的平行度检验

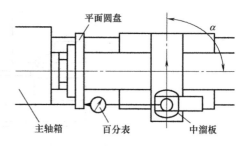

图 7-32 G13 组中刀架横向移动对主轴
轴线垂直度检验

（6）G13 组几何精度检验项目。该项目针对中刀架横向移动对主轴轴线的垂直度。检验项目及允差值见表 7-11，检验方法如图 7-32 所示。检验时，将平面圆盘固定在主轴上，百分表固定在中溜板上，使其测头触及圆盘平面，移动中溜板进行检验，然后将主轴旋转 180°后再检验一次，两次测量结果的代数和的 1/2 就是垂直度误差。

表 7-11 G13 组几何精度检验项目的允差值

检验项目	允差值/mm		
	精密级	普通级	
	$D_a \leq 500$ 和 $DC \leq 1500$	$D_a \leq 800$	$800 < D_a \leq 1600$
中刀架横向移动对主轴轴线的垂直度	0.01/300 偏差方向 α≥90°	0.02/300 偏差方向 α≥90°	

（7）G14 组几何精度检验项目。该项目针对丝杠的轴向窜动。检验项目及允差值见表 7-12，检验方法如图 7-33 所示。

检验时，固定百分表，使其测头触及丝杠顶尖孔内的钢球（钢球用润滑脂粘牢）。在丝杠的中段闭合开合螺母，旋转丝杠检查。检验时，有托架的丝杠应在装有托架的状态下检验。百分表读数的最大差值就是丝杠的轴向窜动误差值。正、反转均应检验。

表 7-12 G14 组几何精度检验项目的允差值

检验项目	允差值/mm		
	精密级	普通级	
	$D_a \leq 500$ 和 $DC \leq 1500$	$D_a \leq 800$	$800 < D_a \leq 1600$
丝杠的轴向窜动	0.01	0.015	0.02

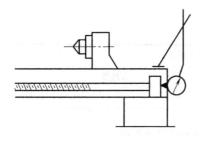

图 7-33 G14 组丝杠轴向窜动检验

图 7-34 G15 组丝杠所产生的螺距累积误差检验

（8）G15 组几何精度检验项目。该项目针对由丝杠所产生的螺距累积误差。检验项目及允差值见表 7-13，检验方法如图 7-34 所示。该误差主要由机床误差、传动系统调整不精确和切削过程中的变形等因素引起。其中，机床丝杠的螺距误差影响最大，直接反映到被加工的工件螺距上，通常采用校准装置来消除丝杠误差的影响。另外，丝杠的轴向窜动和径向圆跳动也会引起工件螺距周期性误差。

表 7-13　G15 组几何精度检验项目的允差值

检验项目	允差/mm		
	精密级	普通级	
	$D_a \leqslant 500$ 和 $DC \leqslant 1500$	$D_a \leqslant 800$	$800 < D_a \leqslant 1600$
由丝杠所产生的螺距累积误差	a）在任意 300 测量长度上为 0.03 b）在任意 60 测量长度上为 0.01	a）在 300 测量长度上，$DC \leqslant 2000$ 时，允差为 0.04 $DC >$ 2000 时，最大工件长度每增加 1000，允许增加 0.005，最大允差为 0.05 b）在任意 60 测量长度上为 0.015	

六、大修后设备故障诊断与排除

车床经大修后，在工作时往往会出现故障，除了在项目六中与主轴箱有关的常见故障之外，其余常见故障、原因分析及排除方法见表 7-14。

表 7-14　车床常见故障、原因分析及排除方法

序号	故障内容	产生原因	排除方法
1	精车外圆时圆周表面上在固定的长度处（固定位置）有一节波纹凸起	①床身导轨在固定的长度位置上碰伤、有凸痕 ②齿条表面在某处凸出或齿条之间的接缝不良	①修去碰伤、凸痕等毛刺 ②将两齿条的接缝配合仔细校正，遇到齿条上某一齿特粗或特细时，可以修整至与其他单齿的齿厚相同
2	精车外圆时圆周表面上出现有规律的波纹	①电动机旋转不平稳引起机床振动 ②带轮等旋转零件的振幅太大引起机床振动 ③车间地基引起机床振动 ④刀具与工件之间引起的振动	①校正电动机转子的平衡，有条件可进行动平衡 ②校正带轮等旋转零件的振摆，对其外圆及带轮槽进行光整车削 ③在可能情况下将具有强烈振动来源的机器，如砂轮机等移至离机床有一定距离的位置，减少振源影响 ④想办法减少振动，如减少刀杆伸出长度等
3	精车螺纹表面有波纹	①机床导轨磨损使床鞍倾斜下沉造成丝杠弯曲，与开合螺母啮合不良 ②托架支承轴孔磨损，使丝杠回转轴线不稳定 ③丝杠的轴向间隙过大 ④进给箱交换齿轮轴弯曲、扭曲 ⑤所有的滑动导轨面（方刀架中溜板及床鞍）间有间隙	①修理机床导轨、床鞍达到要求 ②托架支承孔镗孔镶套 ③调整丝杠的轴向间隙 ④更换进给箱的交换齿轮轴 ⑤调整导轨间隙及塞铁、床鞍压板等，各滑动面间用 0.03mm 塞尺检查，插入深度应 ≤ 20mm，固定接合面应插不进去

（续）

序号	故障内容	产生原因	排除方法
3	精车螺纹表面有波纹	⑥方刀架与小溜板接触面接触不良 ⑦切削长螺纹工件时,工件本身弯曲引起表面波纹 ⑧电动机、机床固有频率引起的振动	⑥修刮小溜板底面,使其与方刀架接触面间接触良好 ⑦工件必须配有适当的随刀托板(跟刀架),使工件不因车刀的切入而产生跳动 ⑧摸索、掌握该振动区规律
4	方刀架压紧手柄压紧后(或刀具在方刀架固紧后)小刀架手柄转不动	①方刀架的底面不平 ②方刀架与小溜板底面的接触不良 ③刀架夹紧后方刀架产生变形	均用刮研刀架座底面的方法修正
5	溜板箱自动走刀手柄容易脱开	①脱开蜗杆的压力弹簧调节过松 ②蜗杆托架上的控制板与杠杆的倾斜磨损 ③自动走刀手柄的定位弹簧松动	①调整溜板箱内脱落蜗杆的压力弹簧 ②焊补控制板,并修补挂钩处 ③调整弹簧,若定位孔磨损可铆补后重新打孔
6	溜板箱自动走刀手柄碰到定位挡铁后还脱不开	①溜板箱内的脱落蜗杆压力弹簧调节过紧 ②蜗杆的锁紧螺母锁死,迫使进给箱的移动手柄跳开或交换齿轮脱开	①调松脱落蜗杆的压力弹簧 ②松开锁紧螺母,调整间隙
7	光杠、丝杠同时传动	溜板箱内互锁机构的拨叉磨损、失灵	修复互锁机构
8	尾座锥孔钻头/顶尖顶不出来	尾座丝杠头部磨损	烧焊加长丝杠顶端

项目实施

一、卧式车床检修工量具准备

本项目实施工量具参见项目五及项目六有关工量具准备表，表 7-15 仅列出了卧式车床检修需要的专用测量工具。

表 7-15　CA6140 型卧式车床检修需要的专用测量工具

名称	材料或规格	件数	备注
检验桥板	长 250mm	1	测量床身导轨精度
角度底座	长 200~250mm	1	刮研、测量床身导轨
角度底座	200mm×250mm	1	刮研、测量床身导轨
检验心轴	ϕ80mm×1500mm	1	测量床身导轨直线度
检验心轴	ϕ30mm×300mm	1	测量溜板的丝杠孔中心线对导轨的平行度
角度底座	长 200mm	1	刮研溜板燕尾导轨

（续）

名称	材料或规格	件数	备注
角度底座	长 150mm	1	刮研溜板箱燕尾导轨
检验心轴	$\phi50mm\times300mm$	1	测量开合螺母轴线
研磨棒		1	研磨尾座轴孔
检验心轴	$\phi30mm\times190mm/255mm$	1	测量三支承同轴度

二、卧式车床检修项目实施

1. CA6140 型卧式车床大修前的预检

根据卧式车床预检项目完成。

2. 拟订修理方案

在查阅相关资料基础上确定设备大修方案。

3. 编制大修技术文件

通过预检和分析确定大修方案后，完成设备大修技术文件编制。

4. 部件拆卸、检查与修理

（1）根据拟订的拆卸顺序完成部件拆解。

（2）按照各部件修理内容及方法完成部件检查与修理。

（3）完成各部件重新装配并经调整达到部装装配精度要求。

5. 设备总装

按照 CA6140 型卧式车床总装装配顺序及方法完成整机装配及调整，并完成试车验收前的静态检查。

6. 大修后试车验收

按照 CA6140 型卧式车床试车验收程序完成各试车验收项目。最后整理现场。

⊵ 项目作业

一、填空题

1. 机床的几何精度指的是机床在_____的条件下的原始精度。

2. 机床的精度主要包括_____精度、_____精度、传动精度和定位精度等几个方面。

3. 调整机床安装水平，不是为了取得机床零部件理想的水平或垂直位置，而是为了得到机床的_____以利后面的检验。

4. 机床故障或危机状态时应首先按下_____，然后关闭总电源；故障排除前不能送电。

5. 卧式车床经修理后，需要进行试车验收，主要包括空运转试车前的准备、空运转试车、负荷试车、_____和_____。

6. 卧式车床主轴空运转试验时，各级转速运转时间不少于_____，最高转速的运转时间不少于_____。

7. 在最高转速下运转时，主轴滑动轴承的温度不超过_____℃，温升不超过_____℃，滚动轴承的温度不超过_____℃，温升不超过_____℃，其他机构的轴承温度不超过_____℃。

8. 机床负荷试验用于检验机床各种机构的强度，以及在负荷下机床各种机构的工作情况，一般在机床上用_____方法或_____方法进行。

9. G15 组检验项目丝杠螺距累积误差主要由机床误差、传动系统调整不精确和切削过程中的变形等因素引起，其中_____影响最大。

10. G11 组主轴和尾座两顶尖的等高度的检验实际检测的就是主轴轴线与尾座顶尖孔中心线的_____。

二、选择题

1. 下面所列不是"在卧式车床上加工圆柱类工件后外圆产生锥度"可能原因的是_____。

a. 主轴箱主轴轴线对床鞍移动导轨的平行度（G7）超差

b. 床身导轨严重磨损，主要的三项精度（G1、G2、G3）均已超差

c. 中刀架横向移动对主轴轴线的垂直度（G13）超差

d. 主轴箱温升过高，引起车床热变形

2. 当用两顶尖支承工件方法在卧式车床上加工圆柱类工件后外圆产生锥度，若是由两顶尖支承位置的原因引起的，可以采取的排除方法是_____。

a. 重新校正主轴箱主轴轴线的安装位置　　b. 刮研或磨削床身导轨

c. 调整尾座两侧的横向螺钉　　　　　　　d. 调整垫铁，校正床身导轨的倾斜精度

3. 当精车外圆时在圆周表面上每隔一定距离重复出现一次波纹，下列因素中不可能的影响因素是_____。

a. 光杠弯曲

b. 光杠、丝杠、操纵杠三孔不同轴，不在同一平面

c. 主轴箱或进给箱中的轴弯曲或齿轮损坏

d. 主轴轴线与床身导轨的轴线平行度超差

4. 精车外圆时在圆周表面上重复出现有规律的周期波纹，最可能的影响因素是_____。

a. 光杠弯曲，或光杠、丝杠、操纵杠三孔不同轴，不在同一平面上

b. 主轴箱或进给箱中的轴弯曲或齿轮损坏

c. 溜板箱的纵走刀小齿轮啮合不正确

d. 主轴轴线与床身导轨的轴线平行度超差

5. 精车外圆时在圆周表面上与主轴轴线平行的方向重复出现有规律的波纹，而且波纹的头数（或条数）与主轴上的传动齿轮齿数相同，这时可以判定故障产生的原因是_____。

a. 主轴轴承的间隙过大或过小　　　　　b. 主轴上的传动齿轮齿形不良或者啮合不良

c. 主轴箱上的带轮外径振摆过大　　　　d. 主轴的轴向窜动量过大

6. 当双向多片离合器调整过紧时，可能出现的故障有_____。

a. 停车后主轴有自转现象　　　　　　　b. 用割槽刀割槽时产生颤动

c. 光杠、丝杠同时传动　　　　　　　　d. 精车后工件端面中凸

7. 在卧式车床上用两顶尖支承工件车外圆时产生了较大的锥度误差，这是由于_____误差造成的。

a. 床身导轨在垂直平面内的直线度

b. 尾座移动对溜板移动在垂直平面内的平行度

c. 尾座移动对溜板移动在水平面内的平行度

8. 精车外圆时，圆周表面出现有规律的波纹，可能是由于_____造成的。

a. 主轴轴承预紧不良　　　　　　　　　b. 床身导轨扭曲

c. 主轴箱产生了热变形

9. CA6140 型卧式车床主轴箱正面右侧的外圈手柄不能转动，主要是由于_____造成的。

a. 转速选择不当　　　　　　　　　　　b. 扳动手柄时没用手转动主轴

c. 手柄上的定位螺钉退回

10. 车床总装配后，在性能试验之前必须仔细检查车床各部件是否安全、可靠，以保证试运转时不出事故，这个过程称为_____。

a. 静态检查　　　　b. 动态检查　　　　c. 安全检查　　　　d. 预检

11. 溜板箱部件中的光杠弯曲、光杠键槽及滑键的磨损、齿轮的磨损，将会引起光杠传动不平稳，床鞍纵向工作进给时产生_____。

a. 振动　　　　　　b. 高温　　　　　　c. 异响　　　　　　d. 爬行

12. 卧式车床电动机旋转不平稳引起机床振动对工件质量可能带来的影响是_____。

a. 精车后的工件端面中凸　　　　　　　b. 精车外圆时圆周表面出现有规律的波纹

c. 精车外圆时圆周表面上有混乱的波纹　d. 圆柱形工件加工后外圆变为椭圆或棱圆

13. 根据卧式车床工作精度要求，精车端面时只许凹，现在精车后发现工件端面中凸，可能的原因是_____。

a. 溜板移动对主轴箱主轴轴线在水平方向上的平行度超差，主轴中心线没有前偏

b. 刀具与工件之间引起的振动

c. 床身导轨磨损严重

d. 主轴回转精度超差

14. 一般来说，对机床的几何精度检验分_____进行。

a. 一次　　　　　　b. 两次　　　　　　c. 三次　　　　　　d. 四次

15. 机床空运转试验时，主轴的稳定温度如下：滑动轴承温度不应超过 60℃，允许温升_____℃；滚动轴承温度不超过 70℃，温升不超过 40℃。

a. 30　　　　　　　b. 40　　　　　　　c. 60　　　　　　　d. 70

16. 在主轴空运转试验时，制动闸带松紧程度合适，要求主轴在 300r/min 转速运转时，制动后主轴转动控制在_____r。

a. 2～3　　　　　　b. 5～6　　　　　　c. 8～10　　　　　　d. 10～12

17. 精车外圆试验是为了检查主轴的旋转精度和主轴轴线对床鞍移动方向的_____。

a. 平行度　　　　　b. 垂直度　　　　　c. 同轴度　　　　　d. 位置度

18. 当 G11 组几何精度超差，即主轴轴线与尾座顶尖中心线的同轴度超差时，若在尾座上装铰刀铰孔，加工出来的孔径_____。

a. 会变小　　　　 b. 会出现椭圆孔　　 c. 会变大　　　　　　 d. 会出现周期变化

19. 车削螺纹时，主轴轴向窜动将导致螺纹_____误差。

a. 螺距周期　　　　 b. 中径尺寸　　　　 c. 牙型半角　　　　 d. 公称直径

20. 图 7-35 为 G11 组主轴和尾座两顶尖等高度的检验简图。检验时先将百分表测头触及检验棒侧素线，移动溜板检验，如果百分表读数不一致，应采取的调整方法是_____。

a. 调整尾座的横向位置　　　　　　　 b. 调整主轴箱的横向位置

c. 调整尾座的高低位置　　　　　　　 d. 调整主轴箱的高低位置

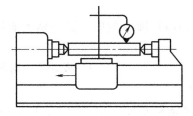

图 7-35　G11 组主轴和尾座两顶尖等高度的检验简图

三、判断题

1. 车床主轴单纯的轴线摆动，并不影响主轴回转轴线的回转精度，不会造成加工表面的形状误差。　　　　　　　　　　　　　　　　　　　　　　　　　　（　　）

2. 主轴轴颈的椭圆度过大时将有可能造成圆柱形工件加工后外圆变为椭圆。　（　　）

3. 当安装尾座时检测发现主轴锥孔中心线与尾座套筒锥孔中心线对床身导轨的等距度超差，可以通过刮研尾座底板来满足要求。　　　　　　　　　　　　　　（　　）

4. 主轴箱与床身拼装时当主轴轴线对溜板纵向移动在水平面内的平行度超差时，可以通过刮研主轴箱凸块侧面来达到要求。　　　　　　　　　　　　　　　（　　）

5. 当任何一个滑动导轨面（包括方刀架、中滑板及床鞍）之间间隙太大时都可能造成精车螺纹时表面出现波纹。　　　　　　　　　　　　　　　　　　　　　（　　）

6. 当出现方刀架上的压紧手柄压紧后小刀架手柄转不动的故障时，可以用刮研刀架座底面的方法来修正。　　　　　　　　　　　　　　　　　　　　　　　　（　　）

7. 当床鞍的上、下导轨垂直度超差，溜板上导轨的外端没有按要求偏向主轴箱时，将会出现精车后的工件端面中凸故障。　　　　　　　　　　　　　　　　　（　　）

8. 当机床振动过大时将出现精车外圆时圆周表面出现有规律的波纹的故障现象。

（　　）

9. 精车外圆时圆周表面上有混乱的波纹，其产生的原因可能是主轴滚动轴承滚道磨损或滚动轴承外环与主轴箱孔有间隙。　　　　　　　　　　　　　　　　　（　　）

10. 精车外圆时圆周表面上有混乱的波纹，可能是卡爪呈喇叭形状而使工件夹持不稳造成的。　　　　　　　　　　　　　　　　　　　　　　　　　　　　　　（　　）

11. 高速旋转机器的起动试运转，通常不能突然加速，也不能在短时间内升速至额定工作转速。　　　　　　　　　　　　　　　　　　　　　　　　　　　　　（　　）

12. 在进行卧式车床几何精度检验时，凡是与主轴轴承温度有关的项目应在主轴温度达到稳定后方可进行检验。　　　　　　　　　　　　　　　　　　　　　　（　　）

13. 主轴轴向窜动量过大时，如果加工平面则将直接影响加工表面的平面度。（　　）

14. 安装卧式车床通过楔形垫铁调整床身导轨的凸起量时，同时会影响主轴轴线对溜板移动在垂直面内的平行度误差。　　　　　　　　　　　　　　　　　　　（　　）

15. 车床主轴支承轴颈的圆度也会造成主轴径向圆跳动误差，影响工件的加工精度。
　　　　　　　　　　　　　　　　　　　　　　　　　　　　　　　　（　　）

16. 丝杠的轴向窜动和径向圆跳动都会引起工件螺距的周期性误差。　　（　　）

17. 尾座移动磨损将使尾座下沉，因此，尾座与主轴两顶尖等高度规定只许尾座低。
　　　　　　　　　　　　　　　　　　　　　　　　　　　　　　　　（　　）

18. 根据 G13 组检验项目可知卧式车床中溜板横向移动对主轴轴线有垂直度要求。
　　　　　　　　　　　　　　　　　　　　　　　　　　　　　　　　（　　）

19. 主轴的定心轴颈和主轴锥孔都是用来定位安装各种夹具的表面，因此，主轴定心轴颈的径向圆跳动包含了几何偏心和回转轴线本身两方面的径向圆跳动。　　（　　）

20. 当进行 G6 组几何精度检验时发现，靠近主轴端的 a 点处的主轴轴线径向圆跳动量合格，而离主轴端 300mm 的 b 点处检测值超差，说明主轴的前轴承装配不正确，应加以调整。　　　　　　　　　　　　　　　　　　　　　　　　　　　　　（　　）

项目八

滑轮组件虚拟装配

📲》 学习目标

（1）掌握虚拟装配、装配约束等概念，理解虚拟装配方法和装配定位方法，能完成简单机械组件的虚拟装配。

（2）掌握爆炸图制作步骤，会制作简单装配体的爆炸图。

（3）理解装配检验概念，掌握干涉分析操作步骤，能完成简单装配体的间隙分析。

📲》 项目任务

（1）完成图 8-1 所示滑轮组件的虚拟装配。

（2）完成滑轮组件的爆炸视图和简单干涉分析。

图 8-1　滑轮组件三维图

📲》 知识技能链接

一、虚拟装配概述

（一）虚拟装配简介

1. 认识虚拟装配

虚拟装配是利用计算机，通过分析、预测产品模型，对产品进行数据描述和可视化，做出与装配有关的工程决策，不需要实物产品模型作为支持。在机械设计过程中，虚拟装配属于装配设计范畴，通过虚拟装配设计可以将设计好的零件组装在一起形成部件或完整的产品模型，还可以对装配好的模型进行间隙分析、装配序列和路径生成等操作。

虚拟装配过程是在完成零部件三维建模与造型的基础上，根据零部件之间的装配关系和

194

约束条件，在虚拟环境中进行设计组装，并进行相应的装配质量检验，从而对设计进行分析评价，主要包括产品结构分析、装配关系确定和设计分析评价及设计修改和装配效果检验等。本书仅介绍虚拟装配技术及其应用环节。

UG NX 软件是德国西门子公司研发的一款多功能产品设计软件，集设计、制造、分析与管理全过程于一体，是目前主流的大型 CAD/CAM/CAE 软件之一。本书采用的软件版本为 UG NX 10.0。

2. UG NX 10.0 装配界面简介

在 UG NX 10.0 中使用专门的装配模块来进行虚拟装配设计。启动运行 UG NX 10.0 后，单击"新建"按钮，系统弹出"新建"对话框。在"模型"选项卡的"模板"选项组中选择名称为"装配"的模板，单位为 mm，如图 8-2 所示，并在"新文件名"选项组中指定新文件名和要保存到的文件夹，单击"确定"按钮，从而新建一个装配文件。

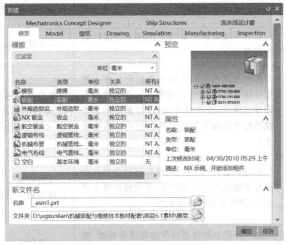

图 8-2 "新建"对话框

新装配文件的设计工作界面如图 8-3 所示。

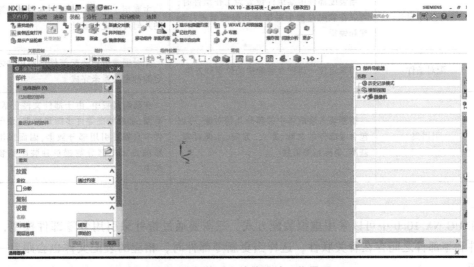

图 8-3 新装配文件的设计工作界面

该工作界面由标题栏、功能区、上边框条、状态栏、导航器和绘图区域等组成。装配工具及命令基本集中在功能区的"装配"选项卡中。"装配"选项卡主要包括"关联控制"面板、"组件"面板、"组件位置"面板、"常规"面板、"爆炸图"面板、"间隙分析"面板和"更多"库列表。

（二）虚拟装配术语及装配方法

1. 装配术语

在虚拟装配中，常用装配术语有装配体、子装配体、组件与组件对象、自顶向下建模、自底向上建模、上下文中设计、配对条件和引用集，见表8-1。

表8-1 常用的装配术语

序号	术语名称	定义	备注
1	装配体	把单独零件或子装配部件按照设定关系组合而成的装配部件	任何一个.prt文件都可以看作是装配部件或子装配部件
2	子装配体	在上一级装配中被当作组件来使用的装配部件	一个装配体中可以包含若干个子装配体
3	组件与组件对象	组件是指在装配模型中指定配对方式的部件或零件，每一个组件都有一个指针指向部件文件，即组件对象；组件对象是用来链接装配部件或子装配部件到主模型的指针实体	组件可以是子装配体，也可以是单个零件；组件对象记录着部件的诸多信息，如名称、图层、颜色和配对关系等
4	自顶向下建模（自上而下）	首先规划装配结构，从装配部件自顶向下设计子装配部件和零件等，可在装配级中对组件、部件进行编辑或创建	任何在装配级上对部件的更改都会自动反映到相关组件中，以保持设计一致性
5	自底向上建模（自下而上）	先对部件和组件进行单独创建和编辑，然后将它们按照一定的关系装配成子装配部件或装配部件	在零件级上对部件的更改会自动更新到装配体中
6	上下文中设计	当装配部件中某组件设置为工作组件时，可以在装配过程中对组件几何模型进行创建和编辑	主要用于在装配过程中参考其他零部件的几何外形进行设计
7	配对条件	用来定位一组件在装配中的位置和方位	配对通常由在装配部件中两组件之间特定的约束关系来完成
8	引用集	指要装入装配体中的部分几何对象，可以包含零部件的名称、原点、方向、几何对象、基准、坐标系等信息	在装配过程中，由于部件文件包括实体、草图、基准特征等许多图形数据，而装配部件中只需要引用部分数据，因而采用引用集的方式把部分数据单独装配到装配部件中

2. 装配方法基础

在UG NX 10.0中可以采用虚拟装配方式，只需要通过指针来引用各零部件模型，使装配部件和零部件之间存在着关联性，这样当更新零部件时，相应的装配文件也会跟着一起自动更新。

典型的虚拟装配方法主要有两种，一种是自底向上装配，另一种是自顶向下装配。

（1）自底向上装配，即先分别创建最底层的零件（子装配体），然后再把这些单独创建好的零件装配到上一级的装配部件，直到完成整个装配任务为止。该方法通常包括两个环节，一是装配设计之前的零部件设计，二是零部件装配操作过程。

（2）自顶向下装配，即从一开始便注重产品结构规划，从顶级层次向下细化设计。该方法典型应用之一是先新建一个装配文件，在该装配中创建空的新组件，并使其成为工作部件，然后按上下文中的设计方法在其中创建所需要的几何模型。

本书实例主要应用自底向上装配方法。

二、装配约束

（一）装配约束的功能

在虚拟装配中，可以使用"装配约束"功能，通过指定约束关系在装配中重定位组件。装配约束可用来限制装配组件的自由度，根据装配约束限制自由度的多少，通常可以将装配组件分为完全约束和欠约束两种典型的装配状态，在某些特殊情况下还可存在过约束。

添加"装配约束"的操作是：在功能区"装配"选项卡的"组件"面板中单击"添加"按钮，或者在上边框条中单击"菜单"按钮并选择"装配"→"组件"→"添加组件"命令，弹出"添加组件"对话框，选择要添加的部件文件，在"放置"选项组的"定位"下拉列表框中选择"通过约束"选项，如图 8-4 所示，其他可采用默认设置，单击"应用"按钮或"确定"按钮，此时系统弹出图 8-5 所示的"装配约束"对话框。利用该对话框，选择约束类型，并根据该约束类型来指定要约束的几何体等。

图 8-4　"添加组件"对话框

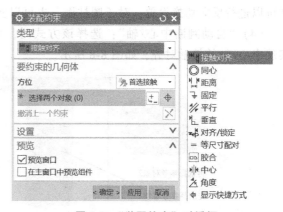

图 8-5　"装配约束"对话框

（二）装配约束的类型

1. "接触对齐"约束

"接触对齐"约束用于使两个组件彼此接触或对齐，是最为常见的约束类型之一。

在"装配约束"对话框的"类型"下拉列表框中选择"接触对齐"选项。此时，在"要约束的几何体"选项组的"方位"下拉列表中，提供了"首选接触""接触""对齐"

和"自动判断中心/轴"这些方位选项，如图8-6所示。

图8-6 选择"接触对齐"约束类型

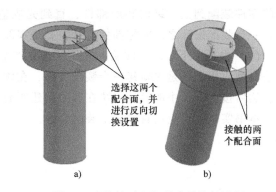

图8-7 "接触对齐"约束的接触示例

（1）"首选接触"：用于当接触和对齐解都可能时显示接触约束。选择对象时，系统提供的方位约束方式首选为接触。此为默认选项。

（2）"接触"：用于约束对象使其曲面法向在反方向上。在选择该方式时，指定的两个相配合对象接触（贴合）在一起。如果要配合的两对象是平面，则两平面贴合且默认法向相反，此时可单击"撤销上一个约束"按钮 ⊠ 进行反向切换设置，约束效果如图8-7a所示；如果要配合的两对象是圆柱面，则两圆柱面以相切形式接触，可以根据实际情况通过单击"撤销上一个约束"按钮 ⊠ 来设置是外切还是内切，得到的接触约束情形可以如图8-7b所示。

（3）"对齐"：用于约束对象使其曲面法向在相同的方向上。选择该方式时，将对齐选定的两个要配合的对象。对于平面对象而言，将默认选定的两个平面共面并且法向相同，同样可以进行反向切换设置；对于圆柱面，也可以实现面相切约束；还可以对齐中心线。

（4）"自动判断中心/轴"：选择该方式时，可根据所选参照曲面来自动判断中心/轴，实现中心/轴的接触对齐，如图8-8所示。

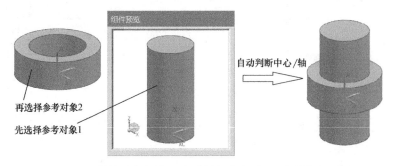

图8-8 "接触对齐"的"自动判断中心/轴"方位约束示例

2. "中心"约束

"中心"约束用于使一对对象之间的一个或两个对象居中，或使一对对象沿另一个对象居中。从"装配约束"对话框的"类型"下拉列表框中选择"中心"选项时，该约束类型的子类型包括"1对2""2对1"和"2对2"，如图8-9所示。

（1）"1 对 2"：在后两个所选对象之间使第一个所选对象居中。

（2）"2 对 1"：使两个所选对象沿第三个所选对象居中。

（3）"2 对 2"：使两个所选对象在两个其他所选对象之间居中。

3. "胶合"约束

在"装配约束"对话框的"类型"下拉列表框中选择"胶合"选项，如图 8-10 所示，此时可以为"胶合"约束选择要约束的几何体或拖动几何体。使用"胶合"约束相当于将组件"焊接"在一起，使它们作为刚体移动。"胶合"约束只能应用于组件，或组件和装配级的几何体，其他对象不可选用。

图 8-9　选择"中心"约束类型

图 8-10　选择"胶合"约束类型

4. "角度"约束

"角度"约束用于装配时约束组件之间的角度尺寸。该约束可以在两个具有方向矢量的对象之间产生，角度是两个方向矢量的夹角，初始默认逆时针方向为正。"角度"约束的子类型有"3D 角"和"方向角度"，前者用于在未定义旋转轴的情况下设置两个对象之间的角度约束，后者使用选定的旋转轴设置两个对象之间的角度约束。

当设置"角度"约束的子类型为"3D 角"时，需要选择两个有效对象（在组件和装配体中各选择一个对象，如实体面），并设置这两个对象之间的角度尺寸。当设置"角度"约束的子类型为"方向角度"时，需要选择三个对象，其中一个对象可为轴或边。

5. "同心"约束

"同心"约束用于约束两个组件的圆形边或椭圆形边，以使中心重合并使边的平面共面。"同心"约束示例如图 8-11 所示，选择"同心"约束后分别在添加的组件中选择一个端面圆（圆对象）和在装配体原有组件中选择一个端面圆（圆对象）。

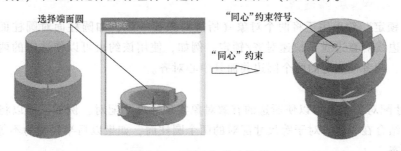

图 8-11　"同心"约束示例

6. "距离"约束

"距离"约束通过指定两个对象之间的最小距离来确定对象的相互位置。选择该约束时，在选择要约束的两个对象参照后，输入这两个对象之间的最小距离，示例如图 8-12 所示。

图 8-12 "距离"约束示例

7. "平行"约束

"平行"约束将两个对象的方向矢量定义为相互平行，图 8-13 所示"平行"约束示例选择了两个实体面来定义方向矢量平行。

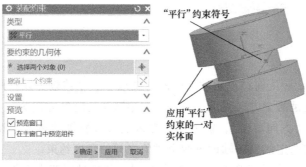

图 8-13 "平行"约束示例

8. "垂直"约束

"垂直"约束是配对约束组件的方向矢量垂直。

9. "固定"约束

"固定"约束用于将组件在装配体中的当前指定位置处固定。选择"固定"选项时，选择对象即可在当前位置处固定，并显示固定符号，如图 8-14 所示。

10. "对齐/锁定"约束

"对齐/锁定"约束用于将两个对象（所选对象要一致，如圆柱面对圆柱面、圆边线对圆边线、直边线对直边线）快速对齐/锁定。例如，使用该约束可以使选定的两个圆柱面的中心线对齐，或者使选定的两个圆边共面且中心对齐。

11. "等尺寸配对"约束

"等尺寸配对"约束可以使所选的有效对象实现等尺寸配对，例如，可以将半径相等的两个圆柱面结合在一起。对于等尺寸配对的两个圆柱面，如果以后半径变为不等，则该约束变为无效状态。

标识"固定"约束的符号

图 8-14　"固定"约束示例

三、干涉检验

（一）干涉检验及其类型

1. 干涉检验

在装配过程或者机器运行过程中，两个或两个以上的零件（或部件）同时占有同一位置而发生冲突称为干涉。虚拟装配中需要对装配结果进行干涉检验从而优化设计。

UG 中干涉检验包括动态干涉检验和静态干涉检验。静态干涉检验主要对各个零部件的位置关系、公差配合等因素进行判断；而动态干涉检验是在装配部件运动时分析其运动部件在运动空间上是否有干涉的存在。通常所说的干涉检验是指静态干涉检验。在 UG 中，静态干涉检验就是对部件中的间隙进行检查，在检查时用户自定义间隙大小。

2. 干涉类型

干涉的类型可分为不干涉、接触干涉、硬干涉、软干涉和包容干涉。其中，不干涉是指两个对象间的距离大于间隙区域；接触干涉是指两个对象相互接触但是没有干涉，这时 UG 干涉系统会给出一个表示接触干涉的点；硬干涉是指两个对象相交，有公共的部分但是没有完全重合，这时系统会建立一个干涉实体，可以选择以高亮形式表示；软干涉是指两个对象的最小距离小于间隙区域，但不接触，这时系统会建立表示最小距离的一条线；包容干涉指一个实体被完全包容在另一个实体之内，这时系统会建立表示干涉被包容实体的拷贝。当出现硬干涉时，需要对装配部件进行修改或者修改装配关系，其他干涉类型则视具体情况而定。

（二）UG 间隙分析及其操作步骤

1. UG 间隙分析界面

在功能区的"装配"选项卡中有一个"间隙分析"面板，如图 8-15 所示。

2. UG 间隙分析操作步骤

（1）首先创建一个新的间隙集。单击"间隙分析"→"新建集"按钮 ，系统弹出"间隙分析"对话框，在"间隙集"选项组中指定间隙集名称，从"间隙介于"下拉列表框中选择"组件"或"体"，分别如图 8-16 和图 8-17 所示。接着设置"要分析的对象"集合，指定"异常"和"安全区域"等相关设置，然后单击"应用"或"确定"按钮。

（2）然后执行间隙分析。单击"间隙分析"→"执行分析"按钮 ，对当前的间隙集运

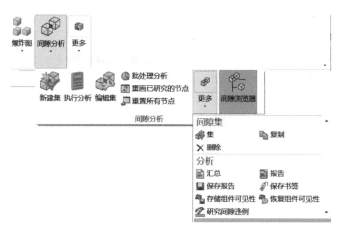

图 8-15 "装配"选项卡中的"间隙分析"面板

行间隙分析，系统将会弹出一个"间隙浏览器"窗口显示间隙分析结果，如图 8-18 和图 8-19 所示。

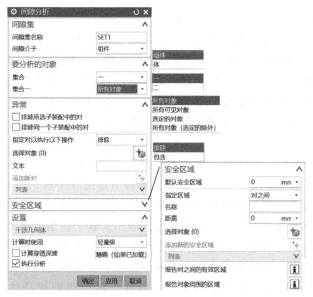

图 8-16 "间隙分析"对话框（1）

图 8-17 "间隙分析"对话框（2）

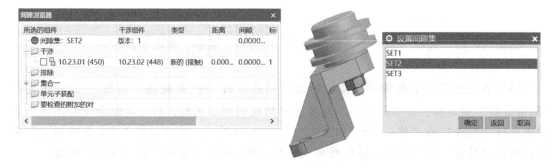

图 8-18 要分析对象为"选定的对象"时"间隙浏览器"示例（图中高亮为选定对象）

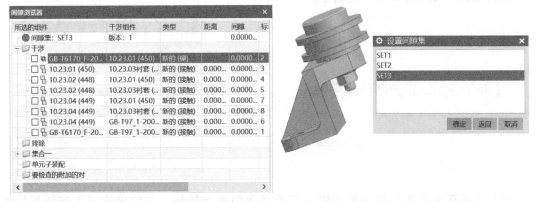

图 8-19　要分析对象为"所有对象"时"间隙浏览器"示例（图中高亮为硬干涉对象）

（3）在执行间隙分析时可以在间隙集中对间隙检查进行具体设置。如果先前创建有两个或多个间隙集，那么可以单击"间隙分析"→"更多"→"集"按钮 ，弹出"设置间隙集"对话框，从现有间隙集中选择一个，单击"确定"按钮，则使所选间隙集变为当前间隙集，此时"间隙浏览器"窗口显示该间隙集的间隙分析结果。图 8-18 和图 8-19 所示为分析某滑轮组件的间隙时分别选择要分析的对象为"选定的对象"和"所有对象"时对应间隙集的间隙分析结果，两个间隙集事先设置为 SET2 和 SET3。

四、爆炸视图

（一）爆炸视图及其操作步骤

爆炸视图是指将零部件或子装配部件从完成装配的装配体中拆开并形成特定状态和位置的视图，通常用来表达装配部件内部各组件之间的相互关系，指示安装工艺及产品结构等。

爆炸视图的操作工具命令基本上位于功能区"装配"选项卡的"爆炸图" 面板中。

1. 新建爆炸图

新建爆炸图的方法简述如下：

（1）在功能区"装配"选项卡中单击"爆炸图"→"新建爆炸图"按钮 ，或者在上边框条中单击"菜单"按钮 并选择"装配"→"爆炸图"→"新建爆炸图"命令，系统弹出图 8-20 所示"新建爆炸图"对话框。

（2）在"新建爆炸图"对话框中的"名称"文本框中输入新的名称，或者接受默认名称。

（3）在"新建爆炸图"对话框中单击"确定"按钮。

2. 编辑爆炸图

编辑爆炸图是指重编辑定位当前爆炸图中选定的组件。对组件位置编辑操作的方法如下：

（1）在功能区"装配"选项卡中单击"爆炸图"→"编辑爆炸图"按钮 ，或者在上边框条中单击"菜单"按钮 并选择"装配"→"爆炸图"→"编辑爆炸图"命令，系统弹出图 8-21 所示 "编辑爆炸图" 对话框。

图 8-20 "新建爆炸图" 对话框

图 8-21 "编辑爆炸图" 对话框

（2） "编辑爆炸图" 对话框提供了三个实用的单选按钮，可使用这三个按钮编辑爆炸图。

"选择对象"：选择该按钮，在装配部件中选择要编辑的爆炸位置的组件。

"移动对象"：选择要编辑的组件后，选择该按钮，使用鼠标拖动移动手柄，连组件对象一同移动，可使之向 X 轴、Y 轴或 Z 轴方向移动，并可设置指定方向下精确的移动距离。

"只移动手柄"：选择该按钮，使用鼠标拖动移动手柄，组件不移动。

（3） 编辑爆炸视图满意后，在 "编辑爆炸图" 对话框中单击 "应用" 或 "确定" 按钮。

在得到爆炸视图之后，可以对其进行保存。方法是在上边框条中单击 "菜单" 按钮并选择 "视图"→"操作"→"另存为" 命令，给该爆炸视图命名后单击 "确定" 或 "应用" 按钮，则该爆炸视图保存至硬盘中，在后续操作中可以调用。

3. 创建自动爆炸组件

自动爆炸组件是基于组件的装配约束重定位当前爆炸图中的组件。操作方法如下：

（1） 在功能区 "装配" 选项卡中单击 "爆炸图"→"自动爆炸组件" 按钮，或者在上边框条中单击 "菜单" 按钮并选择 "装配"→"爆炸图"→"自动爆炸组件" 命令，系统弹出 "类选择" 对话框。

（2） 选择组件并单击 "确定" 按钮后，弹出 "自动爆炸组件" 对话框。在该对话框的 "距离" 文本框中输入组件的自动爆炸位移值。

（3） 在 "自动爆炸组件" 对话框中单击 "确定" 按钮，完成创建。

以上内容如图 8-22 所示。选择的自动爆炸对象为四个螺栓，四个螺栓均自动爆炸偏离与之配合的盖状部件，距离为 30mm。

也可以先选择要自动爆炸的组件，接着按上述有关操作完成创建。

4. 取消爆炸组件

取消爆炸组件是指将组件恢复到先前的未爆炸位置，其操作方法和步骤如下：

（1） 选择要取消爆炸状态的组件。

（2） 在功能区 "装配" 选项卡中单击 "爆炸图"→"取消爆炸组件" 按钮，或者在上边框条中单击 "菜单" 按钮并选择 "装配"→"爆炸图"→"取消爆炸组件" 命令，则将所选组件恢复到先前的未爆炸位置（即原来的装配位置）。

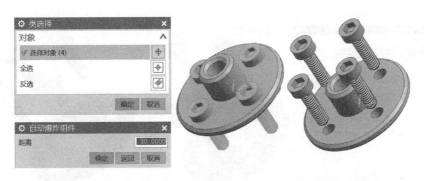

图 8-22　"类选择"对话框、"自动爆炸组件"对话框示例

也可以先执行"取消爆炸组件"命令，再选择要取消爆炸状态的组件。

5. 删除爆炸图

可以删除未显示在任何视图中的装配爆炸图。

在功能区"装配"选项卡中单击"爆炸图"→"删除爆炸图"按钮，或者在上边框条中单击"菜单"按钮 并选择"装配"→"爆炸图"→"删除爆炸图"命令，系统弹出"爆炸图"对话框。在该对话框的爆炸图列表中选择要删除的爆炸图名称，单击"确定"按钮。

当前窗口中显示的爆炸图不能直接删除。如果要删除它，先要将其复位，方可删除。

6. 切换爆炸图

在一个装配部件中可以建立多个爆炸图，每个爆炸图具有各自唯一的名称。

切换爆炸图的快捷方法是在功能区"装配"选项卡中打开"爆炸图"面板，接着从"工作视图爆炸"下拉列表框中选择所需要的爆炸图名称。如果选择"（无爆炸）"选项，则返回到无爆炸时的装配方位视图效果。

7. 创建追踪线

在爆炸图中创建组件的追踪线，有利于指示组件的装配位置和装配方式，尤其可以标示爆炸组件在装配或拆卸期间遵循的路径。

以图 8-23 中所示组件为例，在爆炸图中创建追踪线的方法步骤如下：

（1）在功能区"装配"选项卡中单击"爆炸图"→"创建追踪线"按钮，或者在上边框条中单击"菜单"按钮 并选择"装配"→"爆炸图"→"创建追踪线"命令，系统弹出图 8-23 中所示的"追踪线"对话框。

（2）在组件中选择起点。例如选择图示端面圆心，注意起始方向，选择"-ZC 轴"图标选项来定义起始方向矢量。

（3）再选择终止点。在"终止"选项组的"终止对象"下拉列表框中提供了"点"选项或"分量（组件）"选项。当选择"点"选项时，则指定另一点作为终点定义追踪线；如果很难选择终点，就选择后者，在装配区域中选择追踪线应在其中结束的组件，系统将使用组件的未爆炸位置来计算终点的位置。本例选择安装板对应圆心作为终点。

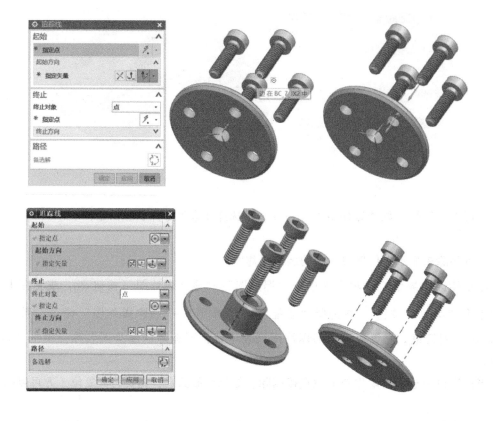

图 8-23 "创建追踪线"示例

（4）再单击"应用"或"确定"按钮，完成一条追踪线的绘制。用同样方法可以绘制多条追踪线。

（二）爆炸视图的其他操作

1. 隐藏和显示视图中的组件

在功能区"装配"选项卡中单击"爆炸图"→"隐藏视图中的组件"按钮▶💭，系统弹出"隐藏视图中的组件"对话框，接着在装配部件中选择要隐藏的组件，单击"应用"或者"确定"按钮，即可将所选部件隐藏。

在功能区"装配"选项卡中单击"爆炸图"→"显示视图中的组件"按钮▶💭，系统弹出"显示视图中的组件"对话框。在该对话框的"要显示的组件"列表框中选择要显示的组件，单击"应用"或者"确定"按钮，即可将所选的隐藏组件显示出来。

2. 装配爆炸图的显示和隐藏

可以根据设计情况隐藏或显示工作视图中的装配爆炸图。在上边框条中单击"菜单"按钮🖱并选择"装配"→"爆炸图"→"隐藏爆炸图"命令，则隐藏工作视图中的装配爆炸图，并返回到装配位置（状态）的模型视图。在上边框条中单击"菜单"按钮🖱并选择"装配"→"爆炸图"→"显示爆炸图"命令，则显示工作视图中的指定装配爆炸图。

项目实施

一、滑轮组件的装配过程

如图 8-24 所示，通过结构分析，选择托架 1 作为装配基准件，衬套 2、滑轮 3 和心轴 4 组成滑轮分组件进入装配，其余以零件形式进入装配。具体操作步骤如下。

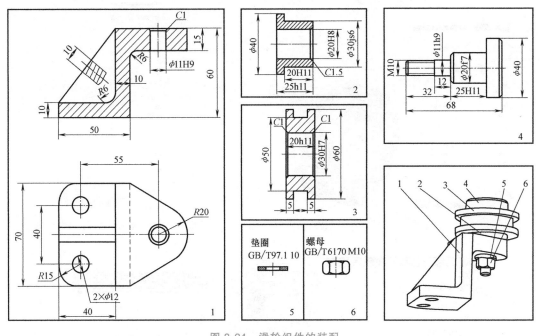

图 8-24　滑轮组件的装配

1—托架　2—衬套　3—滑轮　4—心轴　5—垫圈　6—螺母

先装配滑轮分组件。新建装配文件，设置文件名"hualunfenzujian.prt"及保存路径。

1. 添加母零件并定位

（1）单击"添加组件"按钮 ，系统弹出图 8-25 所示"添加组件"对话框。在该对话框中单击"打开"按钮 ，找到相关路径并加载"03hualun.prt"。

（2）零件加载后，在"放置"选项组中选择"定位"方式为"绝对原点"，其余参数按默认设置。单击"确定"按钮，完成对滑轮 3 零件的加载。

2. 装配衬套 2

（1）使用"添加组件"命令，在"添加组件"对话框的"放置"选项组中修改"定位"关系为"通过约束"，其余参数不变，如图 8-26 所示。单击"确定"按钮，加载"02chentao.prt"。

（2）在图 8-26 所示状态下单击"确定"按钮，系统弹出图 8-27 所示的"装配约束"对话框及"组件预览"窗口。"02chentao.prt"与"03hualun.prt"需设定两个位置约束关系后才能完全定位，具体操作如下：

如图 8-28 所示，在"装配约束"对话框的"类型"下拉列表框中选择"距离"，系统激活"要约束的几何体"选项组中的"选择两个对象"选项。根据选项提示，选择图示"03hualun. prt"上表面和"02chentao. prt"台阶上表面，并在"距离"文本框中设定"距离"为"20mm"，单击"应用"按钮，创建图示约束关系。

图 8-25 "母零件"的添加及定位

图 8-26 对"添加组件"对话框的设置

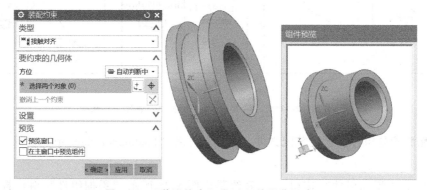

图 8-27 "装配约束"及"组件预览"窗口

图 8-28 以"距离"约束"02chentao. prt"与"03hualun. prt"

注意：设定"距离"约束时，应根据图中箭头方向设置距离值的正、负号。

如图8-29所示，在"装配约束"对话框的"类型"下拉列表框中选择"接触对齐"，在"方位"下拉列表框中选择"自动判断中心/轴"；在"选择两个对象"选项中选择图示"03hualun.prt"中心线和"02chentao.prt"中心线，单击"确定"按钮，完成衬套2的装配。

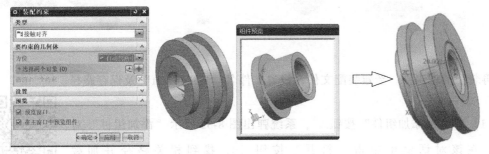

图8-29　以"接触对齐"中的"自动判断中心/轴"约束"02chentao.prt"与"03hualun.prt"

3. 装配心轴4

（1）使用"添加组件"命令，默认"定位"关系为"通过约束"，加载"04xinzhou.prt"。

（2）"04xinzhou.prt"与"03hualun.prt"之间的定位是由两个位置约束关系完全定位的，具体操作如下：

如图8-30所示，在"装配约束"对话框的"类型"下拉列表框中选择"接触对齐"，系统激活"要约束的几何体"选项组中的"方位"和"选择两个对象"选项。在"方位"下拉列表框中选择"首选接触"；根据"选择两个对象"选项提示，选择图示"03hualun.prt"上表面和"04xinzhou.prt"台阶下表面，单击"应用"按钮，创建图示约束关系。

图8-30　以"接触对齐"中的"首选接触"约束"04xinzhou.prt"与"03hualun.prt"

如图8-31所示，在"装配约束"对话框的"类型"下拉列表框中选择"接触对齐"，在"方位"下拉列表框中选择"自动判断中心/轴"；在"选择两个对象"选项中选择图示"03hualun.prt"中心线和"04xinzhou.prt"中心线，单击"确定"按钮，完成心轴4的装配。

注意：为方便定位，此处可先隐藏"02chentao.prt"。在"装配导航器"中选中"02chentao.prt"，单击鼠标右键，在弹出的快捷菜单中选择"隐藏"，即可隐藏该零件。

图 8-31　以"接触对齐"中的"自动判断中心/轴"约束"04xinzhou. prt"与"03hualun. prt"

再装配滑轮组件。新建装配文件，设置文件名"hualun. prt"及保存路径。

4. 添加母零件并定位

（1）单击"添加组件"按钮，系统弹出图 8-32 所示"添加组件"对话框。在该对话框中单击"打开"按钮，找到相关路径并加载"01tuojia. prt"。

31. 滑轮组件装配

（2）零件加载后，在"放置"选项组中选择"定位"方式为"绝对原点"，其余参数按默认设置。单击"确定"按钮，完成对托架 1 零件的加载。

5. 装配滑轮分组件

（1）使用"添加组件"命令，在"添加组件"对话框的"放置"选项组中修改"定位"关系为"通过约束"，如图 8-33 所示。单击"确定"按钮，加载"hualunfenzujian. prt"。

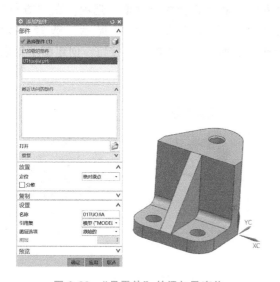

图 8-32　"母零件"的添加及定位　　　　图 8-33　对"添加组件"对话框的设置

（2）在图 8-33 所示状态下单击"确定"按钮，系统弹出图 8-34 所示的"装配约束"对话框及"组件预览"窗口。"hualunfenzujian. prt"与"01tuojia. prt"需设定两个位置约束关系后才能完全定位，具体操作如下：

如图 8-35 所示，在"装配约束"对话框的"类型"下拉列表框中选择"接触对齐"，系统激活"要约束的几何体"选项组中的"方位"和"选择两个对象"选项。在"方位"

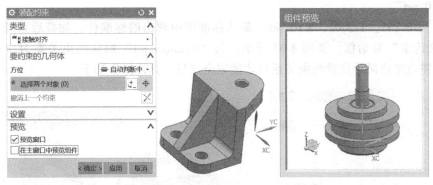

图 8-34　"装配约束"及"组件预览"窗口

下拉列表框中选择"首选接触";根据"选择两个对象"选项提示,选择图示"01tuojia.prt"上表面和"hualunfenzujian.prt"中衬套 2 的下表面,单击"应用"按钮,创建图示约束关系。

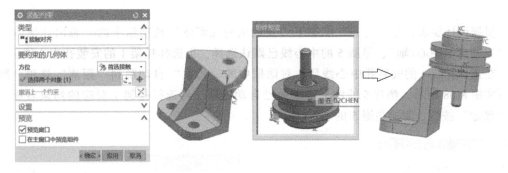

图 8-35　以"接触对齐"中的"首选接触"约束"hualunfenzujian. prt"与"01tuojia. prt"

　　如图 8-36 所示,在"装配约束"对话框的"类型"下拉列表框中选择"接触对齐",在"方位"下拉列表框中选择"自动判断中心/轴";在"选择两个对象"选项中选择图示"01tuojia. prt"中心线和"hualunfenzujian. prt"中心线,单击"确定"按钮,完成滑轮分组件的装配。

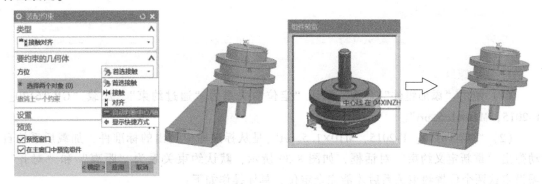

图 8-36　以"接触对齐"中的"自动判断中心/轴"约束"hualunfenzujian. prt"与"01tuojia. prt"

6. 装配垫圈 5

(1) 使用"添加组件"命令,默认"定位"关系为"通过约束",加载"GB-T97_ 1-

2002，M10．prt"。

（2）"GB-T97_ 1-2002，M10．prt"是从标准库中调出的标准件，加载后系统自动弹出"重新定义约束"对话框，如图 8-37 所示，与"01tuojia．prt"默认约束关系为"对齐"和"距离"，需设定这两个位置约束关系后才能完全定位，具体操作如下：

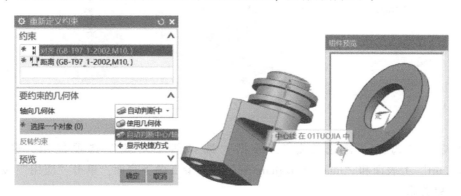

图 8-37　"重新定义约束"对话框及"对齐"约束"GB-T97_ 1-2002，M10．prt"与"01tuojia．prt"

根据设计要求，在"对齐"状态下"要约束的几何体"选项组中的"轴向几何体"选择"自动判断中心/轴"，垫圈 5 的中心线已默认选择，再选择托架 1 的安装孔中心线。

在选择托架 1 的安装孔中心线后，对话框中的"约束"自动跳到"距离"选项，默认界面如图 8-38 所示。垫片 5 的约束定义面已自动选择，再选择托架 1 对应的约束表面，单击"确定"按钮，完成垫圈 5 的装配。

图 8-38　"重新定义约束"对话框及"距离"约束"GB-T97-1-2002，M10．prt"与"01tuojia．prt"

7. 装配螺母 6

（1）使用"添加组件"命令，默认"定位"关系为"通过约束"，加载"GB-T6170_ F-2015，M10×1.5．prt"。

（2）"GB-T6170_ F-2015，M10×1.5．prt"是从标准库中调出的标准件，加载后系统自动弹出"重新定义约束"对话框，如图 8-39 所示，默认约束关系为"距离"和"对齐"，需设定这两个位置约束关系后才能完全定位，具体操作如下：

如图 8-39 所示，"距离"约束中的默认距离为 0，螺母 6 的约束定义面已自动选定，再选择垫圈 5 的对应约束面。

如图 8-40 所示，在选择垫圈 5 的对应约束面后，对话框中的"约束"自动跳到"对

图 8-39　"距离"约束"GB-T6170_ F-2015，M10×1.5. prt"与"GB-T97_1-2002，M10. prt"

齐"选项。根据设计要求，"要约束的几何体"选项组中的"轴向几何体"选择"自动判断中心/轴"，螺母 6 的中心线已默认选择，再选择托架 1 的安装孔中心线，单击"确定"按钮，完成螺母 6 的装配。

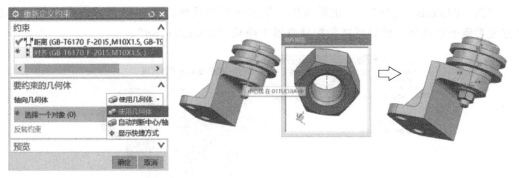

图 8-40　"重新定义约束"对话框及"对齐"约束"GB-T6170_F-2015，M10x1.5. prt"与"01tuojia. prt"

二、滑轮组件的干涉检验

对装配体的干涉检验，可以根据需要一个间隙集只分析一对配合件，也可以一个间隙集分析多对配合件。

首先以第一种方法来进行滑轮的干涉检验，建立多个间隙集。具体操作如下：

1. 打开需要分析的装配体文件

打开已经完成的滑轮分组件装配体文件"hualunfenzujian. prt"，进入装配界面。

2. 新建间隙集

在装配界面单击"间隙分析"→"新建集"按钮，系统弹出"间隙分析"对话框，在"间隙集"选项组中指定间隙集名称，如"滑轮与心轴"，从"间隙介于"下拉列表框中选择"体"，默认"异常"和"安全区域"等设置，如图 8-41 所示。

32. 滑轮组件简单干涉检查

图 8-41　新建间隙集"滑轮与心轴"并选择"要分析的对象"

3. 选择要分析的对象

接着设置"要分析的对象",如图 8-41 所示,选择心轴 4 和滑轮 3。

4. 单击"应用"按钮后单击"取消"按钮出现"间隙浏览器"对话框

选择要分析的对象后单击"应用"按钮,然后单击"取消"按钮,出现图 8-42 所示"间隙浏览器"对话框,可知滑轮与心轴之间有一处接触干涉,即间隙为 0 的干涉(无须处理)。

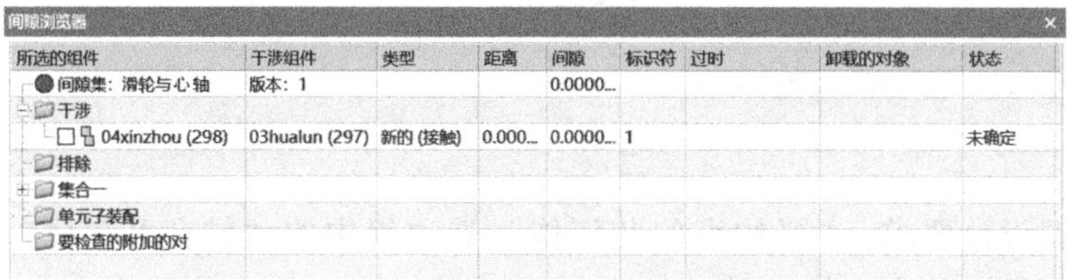

图 8-42 "滑轮与心轴"间隙集的"间隙浏览器"对话框

勾选"04xinzhou(298)"前的方框,显示该干涉区域为图 8-43 所示红色区域。注意:为方便看清干涉区域,此处可在装配导航器中隐藏"03hualun.prt"。

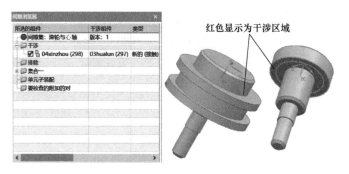

图 8-43 "滑轮与心轴"间隙集的干涉区域

用同样的操作方法可依次新建间隙集"衬套与滑轮""衬套与心轴""心轴与托架",对相关配合件进行干涉分析,结果如图 8-44~图 8-46 所示,均为接触干涉。

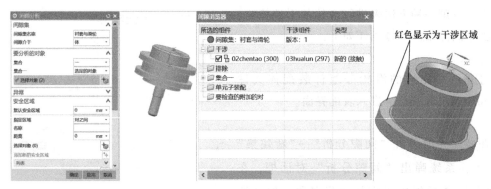

图 8-44 "衬套与滑轮"干涉分析

接下来介绍新建一个间隙集对所有配合件进行干涉检查。具体操作是:如图 8-47 所示,首先打开装配体"hualun.prt",单击"间隙分析"→"新建集"按钮 🔧 ,系统弹出"间隙分

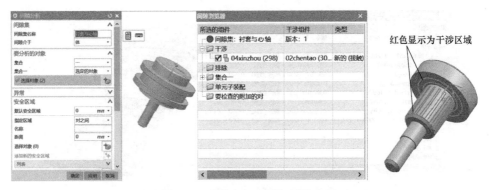

图 8-45　"衬套与心轴"干涉分析

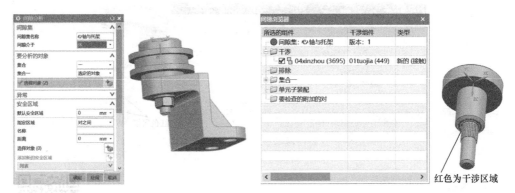

图 8-46　"心轴与托架"干涉分析

析"对话框，命名"滑轮组件间隙集"，"异常"及"安全区域"设置均按默认，然后选择托架为要分析的对象 1，再选择其他所有零件为对象，显示选择对象为 6 个，单击"应用"按钮。

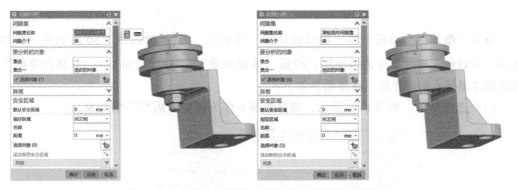

图 8-47　"滑轮组件间隙集"干涉分析步骤示例（1）

单击"应用"按钮后单击"取消"按钮，系统弹出图 8-48 所示"间隙浏览器"对话框，显示了所有有关的干涉检查结果，可勾选任意一个进行查看。

如勾选第一个，即对螺母与心轴间隙分析结果进行查看。如图 8-49 所示，其干涉类型为硬接触，干涉区域为螺母与心轴间的螺纹连接部分（图示红色区域），无须处理。

图 8-48　"滑轮组件间隙集"干涉分析步骤示例（2）

图 8-49　查看心轴与螺母间干涉检查结果示例

三、滑轮组件的爆炸视图

1. 新建爆炸视图

在"爆炸图"面板上单击"新建爆炸图"按钮，系统弹出"新建爆炸图"对话框，在对话框的"名称"文本框中设定爆炸图名称为"爆炸图1"，单击"确定"按钮。

33. 滑轮组件爆炸图制作

2. 创建螺母6 "GB-T6170_F-2015，M10×1.5.prt"爆炸位

单击"爆炸图"面板中的"编辑爆炸图"按钮，系统弹出图 8-50 所示的"编辑爆炸图"对话框。根据该对话框提示，按照"选择对象"→"移动对象"/"只移动手柄"的步骤创建螺母6的爆炸位。具体操作如下：

（1）选择对象。如图 8-50 所示，选择螺母6作为将要"爆炸"的对象。

图 8-50　"编辑爆炸图"对话框及选择"爆炸"对象操作示例

（2）移动对象。如图 8-51 所示，选中"移动对象"单选按钮，系统即在螺母 6 上产生一个动态手柄，选中该手柄并拖动对象至理想的爆炸位置后，单击"确定"按钮，得到图示效果。

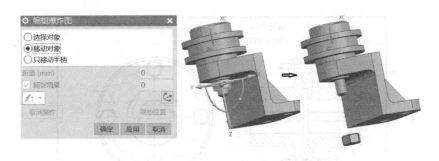

图 8-51　移动"爆炸"对象至爆炸位操作示例

3. 创建垫片 5"GB-T97_1-2002，M10. prt"爆炸位

同步骤 2，创建如图 8-52a 所示的垫片 5 的爆炸位。

4. 创建滑轮分组件"hualunfenzujian. prt"爆炸位

同步骤 2，创建如图 8-52b 所示的滑轮分组件的爆炸位。此时注意选择"爆炸"的对象是"hualunfenzujian. prt"。

此时，组件爆炸完毕。用同样的方法依次爆炸滑轮分组件的心轴 4、衬套 2，爆炸效果分别如图 8-52c、图 8-52d 所示。其中，图 8-52d 所示为全部零件爆炸后的效果图。

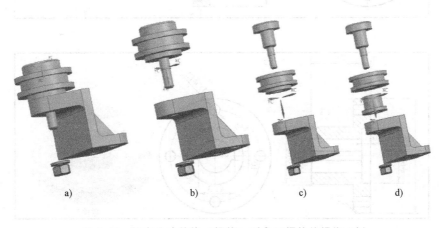

图 8-52　依次移动其他"爆炸"对象至爆炸位操作示例

⚡》项目作业

1. 对图 8-53 所示凸缘联轴器零件进行建模和装配。

2. 对上述已完成的凸缘联轴器装配体进行干涉检查并制作爆炸图。

3. 对图 8-54 所示钻模零件进行建模和装配。

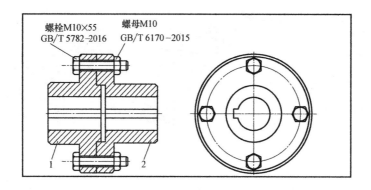

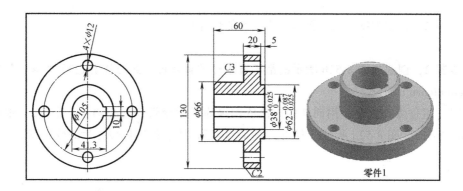

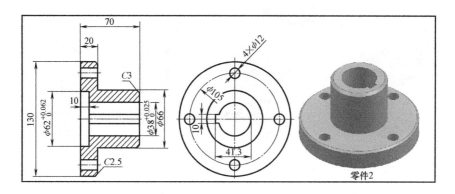

图 8-53 凸缘联轴器装配示意图及零件 1、2 的工程图

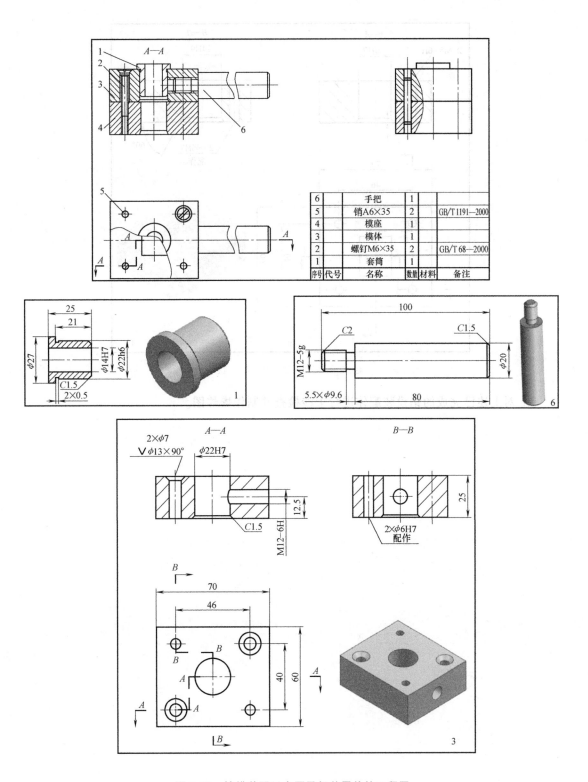

图 8-54 钻模装配示意图及相关零件的工程图

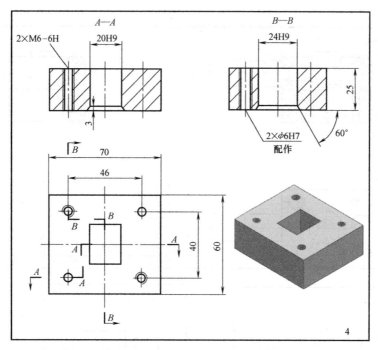

图 8-54　钻模装配示意图及相关零件的工程图（续）

4. 对上述已完成的钻模装配体进行干涉检查并制作爆炸图。

项目九

螺旋千斤顶虚拟装配

学习目标

（1）进一步理解虚拟装配方法及思路，能完成机械组件的虚拟装配。
（2）掌握拆装动画制作操作步骤，能完成装配体的拆装动画制作。
（3）掌握机械组件虚拟装配工程图的输出方法。

项目任务

（1）完成图 9-1 所示螺旋千斤顶的虚拟装配。
（2）完成图 9-1 所示螺旋千斤顶的拆装动画。
（3）完成图 9-1 所示螺旋千斤顶虚拟装配工程图输出。

图 9-1　螺旋千斤顶三维图

知识技能链接

一、使用装配导航与约束导航器

（一）装配导航器

UG NX 的装配导航器 位于主操作界面的资源条上，资源条默认放在绘图区域的左边，也可以根据用户个人习惯放在右边。单击装配导航器图标 就可打开装配导航器。使用装配导航器可以直观地查阅装配体中相关的装配约束信息，可以快速了解整个装配体的组件构成等信息。

图 9-2a 所示为某装配文件的装配导航器，在其装配树中以树节的形式显示了装配部件

内部使用的装配约束，装配约束子节点位于装配树的"约束"节点之下。

在设计中可以利用装配树来对已经存在的装配约束进行一些操作，如重新定义、反向、抑制、隐藏和删除等。例如，在某一个装配文件的装配导航器中，展开装配树的"约束"树节点，接着右键单击其中一个"对齐"约束，则弹出一个快捷菜单，从中可以选择"重新定义""反向""抑制""重命名""隐藏""删除""特定于布置""在布置中编辑"等命令之一进行相应操作，如图 9-2b 所示。

（二）约束导航器

UG NX 的约束导航器也位于主操作界面资源条上，单击约束导航器图标可打开约束导航器。如图 9-2c 所示，在约束导航器中也可使用右键快捷菜单来对所选约束进行相关操作。

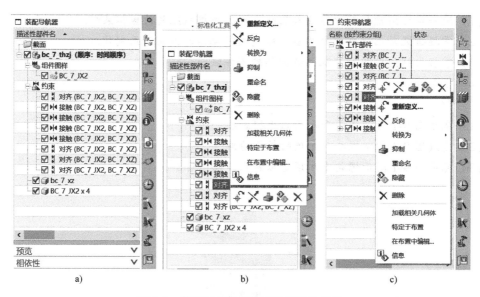

a)   b)   c)

图 9-2　装配导航器和约束导航器的应用

二、组件应用

（一）装配模式下的组件应用内容

在装配模式下的组件应用包括新建组件、添加组件、镜像装配、阵列组件、移动组件、替换组件、装配约束、显示自由度、显示和隐藏约束与记住约束等。

（二）组件应用操作

1. 新建组件

在一个装配文件中新建一个组件可按照以下步骤进行：

（1）在功能区"装配"选项卡的"组件"面板中单击"新建"按钮，系统弹出"新组件文件"对话框。

（2）在该对话框中指定模型模板，设置名称和文件夹等，然后单击"确定"按钮，弹出"新建组件"对话框。

（3）此时，可为新组件选择对象，也可根据实际情况或设计需要不做选择以创建空组件（如自顶向下装配设计中新建组件的操作）。接着在"新建组件"对话框的"设置"选项组中分别指定组件名、引用集、图层选项、组件原点等，如图9-3所示。

（4）在"新建组件"对话框中单击"确定"按钮。

2. 添加组件

设计好相关的零部件后，可在装配环境下通过"添加组件"方式并定义装配约束等来装配零部件。添加组件的典型操作方式如下：

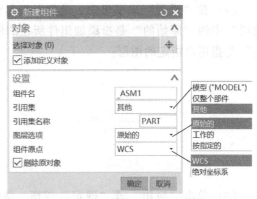

图9-3　"新建组件"对话框

（1）在功能区"装配"选项卡的"组件"面板中单击"添加"按钮，系统弹出如图9-4所示"添加组件"对话框。

（2）使用"部件"选项组来选择部件。可以从"已加载的部件"列表框中选择部件，也可以从"最近访问的部件"列表框中选择部件，还可以在"部件"选项组中单击"打开"按钮，接着利用弹出的"部件名"对话框选择所需要的部件文件。默认情况下，选择的部件将在单独的"组件预览"窗口中显示，如图9-5所示。

（3）在"放置"选项组中，从"定位"下拉列表框中选择要添加的组件定位方式选项，如图9-6所示。若在"定位"下拉列表框中选择"通过约束"选项，并单击"确定"按钮，系统将弹出"装配约束"对话框，由用户定义约束条件。

图9-4　"添加组件"对话框

图9-5　"组件预览"窗口

图9-6　选择定位方式

通常对在新装配文件中添加的第一个组件采用"绝对原点"或"选择原点"方式定位。

如果需要，可以在"复制"选项组中，从"多重添加"下拉列表框中选择"无""添加后重复"或"添加后创建阵列"选项，如图9-7所示。

（4）在"设置"选项组中，选择引用集和安放图层选项，如图9-8所示。其中，"图层选项"中的"原始的"是指添加组件所在的图层，"工作的"是指装配的操作层，"按指定的"是指用户指定的图层。

图9-7 设置多重添加选项

图9-8 选择引用集和安放的图层

（5）单击"应用"或"确定"按钮，继续操作直到完成装配。

3. 镜像装配

在装配设计模式下，可以创建整个装配或选定组件的镜像版本。

以下为某装配体（装配源文件名为 nc-7-jx-asm.prt）的镜像装配方法和步骤：

（1）单击"打开"按钮，系统弹出"打开"对话框，选择 nc-7-jx-asm.prt 文件，单击"OK"按钮。

（2）在功能区切换至"装配"选项卡，在"组件"面板中单击"镜像装配"按钮，系统弹出图9-9所示"镜像装配向导"对话框，在此对话框中单击"下一步"按钮。

（3）系统提示选择要镜像的组件。本例中选择已经装配到装配体中的第一个内六角螺栓，此时"镜像装配向导"对话框如图9-10所示。

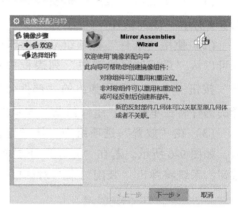

图9-9 "镜像装配向导"对话框（1）

图9-10 "镜像装配向导"对话框（2）

（4）在"镜像装配向导"对话框中单击"下一步"按钮。

（5）系统提示选择镜像平面。若没有所需的平面作为镜像平面，则单击图9-11所示的"创建基准平面"按钮，系统弹出"基准平面"对话框。在"类型"下拉列表框中选择

"YC-ZC 平面"，接着设置距离为 0，如图 9-12 所示，然后单击"确定"按钮，从而创建所需的基准平面。

图 9-11 单击"创建基准平面"按钮

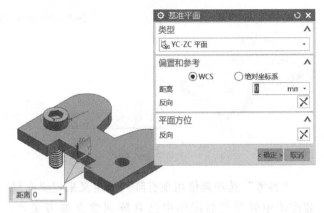

图 9-12 创建基准平面

（6）如图 9-13 所示，在"镜像装配向导"对话框中单击"下一步"按钮，进入"命名策略"设置页面，接受默认的命名规则和目录规则，单击"下一步"按钮，进入图 9-14 所示的"镜像设置"页面，同时系统提示选择要更改其初始操作的组件，本例直接单击"下一步"按钮。

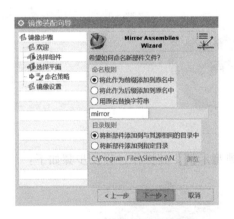

图 9-13 "命名策略"设置页面

图 9-14 "镜像设置"设置页面

（7）"镜像装配向导"对话框变为图 9-15 所示，同时系统给出一个镜像装配结果。如果需要，可单击"循环重定位解算方案"按钮，在几种镜像方案之间切换以获得满足设计要求的镜像装配效果。本例中直接单击"完成"按钮，获得的装配效果如图 9-16 所示。

4. 阵列组件

阵列组件是将一个组件复制到指定的阵列中。要阵列组件，在功能区"装配"选项卡的"组件"面板中单击"阵列组件"按钮，弹出"阵列组件"对话框，接着选择要形成阵列的组件，并进行相应的阵列定义和其他设置即可。阵列定义的布局主要有"参考""线性"和"圆形"三种。

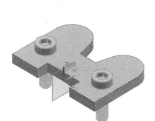

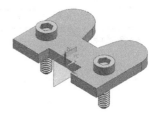

图 9-15 "镜像装配向导"对话框（镜像检查）　　　图 9-16 镜像装配结果

"参考"选项是使用现有阵列的定义来定义布局。对于要阵列的源组件，在将其组装到装配体中时要与装配体中已有阵列建立参考关系，才能使用"参考"布局来阵列组件。图 9-17 所示为一个典型的装配示例。首先在新装配中以"绝对原点"的方式组装第一个组件，该组件的 4 个孔是通过"圆形"阵列构建的，接着将一个螺栓组装到装配体的一个孔处（组装时参照了已有的圆形阵列），最后通过"阵列组件"的"参考"布局快速参照现有阵列的定义完成其他 3 个螺栓的组装。

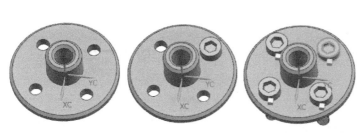

图 9-17 "阵列组件"布局"参考"示例

图 9-18 所示为通过"线性"阵列组装组件的典型示例。其操作过程及步骤如下：

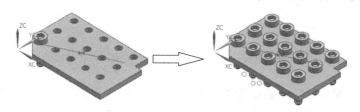

图 9-18 "阵列组件"布局"线性"示例

（1）打开模型文件 bc-cjzjzl-2. prt。在该装配文件里已将要阵列的组件添加到装配部件中，并建立其装配约束。在这里首先选中要阵列的组件。

（2）在功能区"装配"选项卡的"组件"面板中单击"阵列组件"按钮，弹出"阵列组件"对话框。

（3）在"阵列定义"选项组的"布局"下拉列表框中选择"线性"选项，接着在"方向 1"子选项组中选择"自动判断的矢量"图标选项 ，激活"指定矢量"收集器，选择一条边定义方向 1（注意正确设置其方向），其"间距"方式为"数量和节距"，"数量"为"5"，"节距"为"18mm"；接着在"方向 2"子选项组中勾选"使用方向 2"复选框，选择"自动判断的矢量"图标选项 ，在模型中选择所需的一条边定义方向 2，其"间距"方式为"数量和节距"，"数量"为"3"，"节距"为"20mm"，如图 9-19 所示。

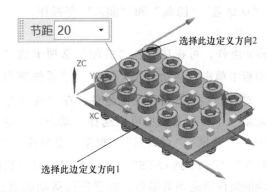

图 9-19　线性阵列定义

（4）在"设置"选项组中接受默认勾选"动态定位"复选框和"关联"复选框，单击"确定"按钮，完成阵列组件。

图 9-20 所示为通过"圆形"布局阵列组件的典型示例。其操作步骤如下：

（1）打开模型文件 bc-7-cjzjzl-3.prt。在该装配文件里已将要阵列的组件添加到装配部件中，并建立其装配约束。在这里首先选中螺栓作为要阵列的组件。

（2）在功能区"装配"选项卡的"组件"面板中单击"阵列组件"按钮，弹出"阵列组件"对话框。

（3）在"阵列定义"选项组的"布局"下拉列表框中选择"圆形"选项，接着在"旋转轴"子选项组的"指定矢量"下拉列表框中选择"曲线/轴矢量"图标选项 ，选择图示圆边以判断轴矢量。在"角度方向"子选项组的"间距"下拉列表框中选择"数量和节

图 9-20　圆形阵列定义

距"选项，将"数量"设为8，"节距角"设为45（deg），在"辐射"子选项组中确保取消勾选"创建同心成员"复选框。

（4）单击"确定"按钮，完成阵列组件。

如果要对组件阵列进行编辑，则在装配导航器中展开"组件图样"节点，从该节点下选择要编辑的组件阵列并单击鼠标右键，打开一个快捷菜单，如图9-21所示。利用该菜单可对该组件进行"选择阵列成员""编辑""抑制""重命名""隐藏"和"删除"等操作。

图9-21　编辑组件阵列

5. 移动组件

要移动组件，可在功能区"装配"选项卡的"组件位置"面板中单击"移动组件"按钮，系统弹出"移动组件"对话框。选择要移动的组件，在"变换"选项组的"运动"下拉列表框中可以选择"动态""通过约束""距离""角度""点到点""根据三点旋转""将轴与矢量对齐""CSYS到CSYS""增量XYZ"或"投影距离"定义移动组件的运动类型。选择要移动的组件和运动类型后，根据所选运动类型选项来定义移动参数，同时可以在"复制"选项组中设置复制模式为"不复制""复制"或"手动复制"，以及在"设置"选项组中设置是否仅移动选定的组件，是否动态定位，如何处理碰撞动作等。

如要将图9-20所示示例中的整个装配体绕YC轴旋转90°，其操作方法如下：

（1）在功能区"装配"选项卡的"组件位置"面板中单击"移动组件"按钮，弹出"移动组件"对话框。

（2）在绘图区选择整个装配体（共9个组件）。

（3）在"移动组件"对话框的"变换"选项组的"运动"下拉列表框中选择"角度"选项。

（4）在"变换"选项组的"指定矢量"最右侧的下拉列表框中选择"YC轴"图标，接着在"角度"文本框中设置角度为90°。

（5）在"复制"选项组和"设置"选项组中设置的选项如图9-22所示。

（6）单击"应用"或"确定"按钮。

6. 替换组件

可以将一个组件替换为另一个组件，如图9-23所示。操作步骤如下：

（1）单击"菜单"按钮，接着选择"装配"→"组件"→"替换组件"命令，系统弹出"替换组件"对话框。

（2）在绘图区选择要替换的组件。图中选中其中一个内六角螺栓。

（3）在"替换件"选项中单击"选择部件"按钮，选择替换部件。如果在"已加载的部件"列表中没有，则单击"预览"按钮，找到满足替换要求的部件。图中选择"BC-7-JX-d1.prt"短螺栓作为替换部件并单击"确定"按钮完成操作。

7. 装配约束

在"装配"选项卡的"组件位置"面板中单击"装配约束"按钮，或者单击"菜

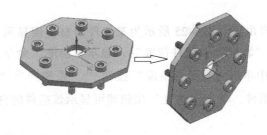

在图所示模型中，将9个组件旋转为90度。旋转时可指定各参数，单击"矢量"选用，并指定"运动""指定矢量""指定轴点""角度"等参数，实现组件位置旋转。在选择坐标方式，并指定此选项，在复制时选择不复制，及其他相应设置。

图 9-22 "移动组件"示例及"移动组件"对话框

要替换件 替换件

图 9-23 "替换组件"示例及"替换组件"对话框

单"按钮，并选择"装配"→"组件位置"→"装配约束"命令，系统弹出图 9-24 所示"装配约束"对话框。可以通过指定约束关系，相对于装配中的其他组件重定位组件。

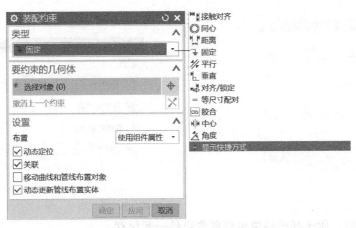

图 9-24 "装配约束"对话框

8. 显示自由度

可以显示装配组件的自由度。图 9-25 所示为某组件的自由度显示，其操作步骤是：单击"菜单"按钮，并选择"装配"→"组件位置"→"显示自由度"命令，或者在"装配"选项卡的"组件位置"面板中单击"显示自由度"按钮，系统弹出"组件选择"对话框。然后选择要显示自由度的组件，单击"确定"按钮即可显示该组件的自由度。

图 9-25 "组件选择"对话框及其示例

9. 显示和隐藏约束

单击"菜单"按钮，并选择"装配"→"组件位置"→"显示和隐藏约束"命令，或者在"装配"选项卡的"组件位置"面板中单击"显示和隐藏约束"按钮，系统弹出"显示和隐藏约束"对话框，如图 9-26 所示。

例如，在装配中选择一个约束符号，"可见约束"选项被设置为"约束之间"，并勾选"更改组件可见性"复选框，然后单击"应用"按钮，则只显示该约束控制的组件。又如，在装配中选择一个组件，设置其"可见约束"为"连接到组件"，并勾选"更改组件可见性"复选框，然后单击"应用"按钮，则显示所选组件及其约束（连接到）的组件。

10. 记住约束

"记住约束"用于记住部件中的装配约束，以便在其他组件中重用。

在"装配"选项卡的"组件位置"面板中单击"记住约束"按钮，系统弹出图 9-27 所示的"记住的约束"对话框，先选择要记住约束的组件，接着在选定组件上选择要记住的一个或多个约束，然后单击"应用"或"确定"按钮。

图 9-26 "显示和隐藏约束"对话框

图 9-27 "记住的约束"对话框

在保存组件时，所选择的约束也将随着组件一起保存。

三、拆装动画制作

(一)"装配序列"模块及其应用

在 UG NX 10.0 中提供了一个"装配序列"模块,该模块用于控制装配或拆卸的顺序,可以用来制作拆装动画。

在上边框条中单击"菜单"按钮,并选择"装配"→"序列"命令,或在功能区"装配"选项卡的"常规"面板中单击"序列"按钮 ⬚,"装配序列"任务环境界面如图 9-28 所示。

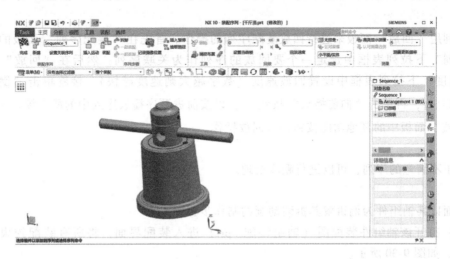

图 9-28 "装配序列"任务环境界面

"装配序列"应用的主要操作有"新建序列""插入运动""记录摄像位置""拆卸与装配""回放装配序列"及"删除序列"。

1. 新建序列

在"装配序列"任务环境中,在功能区"主页"选项卡的"装配序列"面板中单击"新建"按钮 ⬚,则创建一个新的序列,以默认名称显示在"设置关联序列"下拉列表框中。一个序列有一系列步骤,每个步骤代表装配或拆卸过程中的一个阶段。

2. 插入运动

该操作为组件插入运动步骤,使其可以形成动画。在"序列步骤"面板中单击"插入运动"按钮 ⬚,打开图 9-29 所示"录制组件运动"工具栏。利用该工具栏,结合设计要求和系统提示,可将组件拖动或旋转成特定状态,从而完成插入运动操作。

3. 记录摄像位置

该操作可以将当前视图方位和比例作为一个序列步

图 9-29 "录制组件运动"工具栏

骤进行捕捉。通常把视图调整到较佳的观察位置并进行适当放大,此时在"序列步骤"面板中单击"记录摄像位置"按钮 ⬚,从而完成记录摄像位置操作。

4. 拆卸与装配

在"序列步骤"面板中单击"拆卸"按钮，系统弹出"类选择"对话框。从装配中选择要拆卸的组件，单击"确定"按钮，完成一个拆卸步骤。如有需要，可继续使用同样的方法来创建其他的拆卸步骤。

装配步骤与拆卸步骤是相对的，两者的操作方法类似。要创建装配步骤，则在"序列步骤"面板中单击"装配"按钮，然后选择要装配的组件。

在单个序列装配中，可以进行一起拆卸和一起装配等操作。以一起拆卸为例，首先选择要一起拆卸的多个组件，然后单击"序列步骤"面板中的"一起拆卸"按钮即可。

5. 回放装配序列

可利用"回放"面板来进行回放装配序列的操作。首先在"装配序列"面板的"设置关联序列"下拉列表框中选定一个要回放的序列作为关联序列，然后在"回放"面板的"回放速度"下拉列表框中设置回放速度（数字越大则速度越快），接着单击"倒回到开始"按钮，再单击"向前播放"按钮，以按前进顺序播放序列中的所有帧。可灵活使用"回放"面板中的其他功能按钮进行回放操作。

6. 删除序列

对于不满意的序列，可以进行删除处理。

（二）拆装动画的制作步骤

下面以某轴组件为例讲解其拆装动画的制作步骤：

（1）打开该轴组件装配图（轴组装配.prt）进入装配界面，将所有装配约束设置为"抑制"，如图9-30所示。

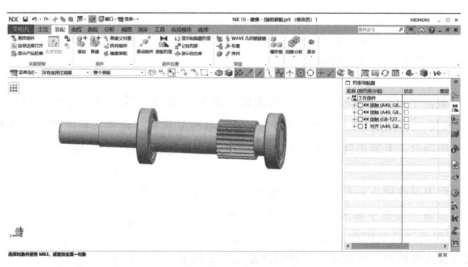

图9-30　轴组件拆装动画制作步骤（1）

（2）在功能区"装配"选项卡的"常规"面板中单击"序列"按钮，进入"装配序列"任务环境。在"装配序列"面板中单击"新建"按钮，创建一个新的序列（默认名称为"序列_1"），如图9-31所示。

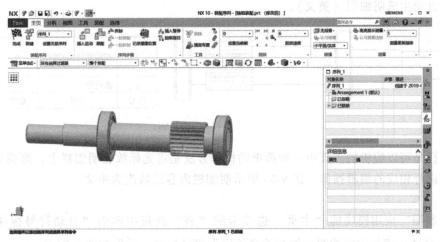

图 9-31　轴组件拆装动画制作步骤（2）

（3）在"序列步骤"面板中单击"插入运动"按钮，打开"录制组件运动"工具栏。首先单击"选择对象"按钮，选择右边轴承作为第一步拆卸对象，然后单击"移动对象"按钮，拖动轴承至适当位置（可在数据框中精确指定），单击"确定"按钮，完成序列_1 的拆卸步骤一。用同样的方法完成拆卸步骤二，即左边轴承的拆卸，如图 9-32 所示。

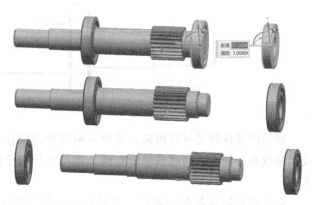

图 9-32　轴组件拆装动画制作步骤（3）

（4）设置回放速度，如"6"，单击播放按钮，即可完成图示轴组件的拆装动画。

（5）若要保存该拆装动画，则可单击录像按钮，将动画导出成 avi 格式。

四、装配工程图输出

完成了装配的三维模型之后，在 UG NX 10.0 的基本操作界面切换至"应用模块"选项卡，在该选项卡中单击"制图"按钮，即可快速切换到"制图"功能模块。在"制图"功能模块中可以通过新建图纸页、编辑图纸页、插入视图、编辑视图、修改剖面线、图样标注及注释等操作完成相应二维工程图的绘制。

装配图与零件图的视图表达方法相同，主要的不同在于需要绘制明细栏和标注零件序号。

1. 明细栏

明细栏用来表示用于装配的物料清单。

UG 可以自动创建明细栏。以轴组件（轴组装配 . prt）为例，在"制图"应用模块的"主页"选项卡的"表"面板中单击"明细栏"按钮，再在图纸页中指明新明细栏的位置，即可自动生成明细栏（英文）。

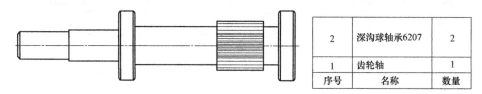

2	深沟球轴承6207	2
1	齿轮轴	1
序号	名称	数量

图 9-33　创建明细栏示例

明细栏是可以编辑的。其中一种简单的操作方法是将光标放在明细栏上，高亮后单击右键，即可进行相应的编辑操作。图 9-33 所示明细栏内容已修改为中文。

2. 标注零件序号

在"制图"应用模块的"主页"选项卡的"表"面板中单击"自动符号标注"按钮，即可自动生成与选定的明细栏相关联的圆形符号标注，示例如图 9-34 所示。

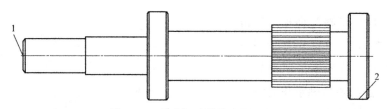

图 9-34　自动标注零件序号示例

标注的零件序号可以编辑。其中一种简单的操作方法是将光标放在序号上，高亮后单击右键，即可进行相应的编辑操作。

最后需要填写装配标题栏，它是利用表格注释完成的。在"制图"应用模块的"主页"选项卡的"表"面板中单击"表格注释"按钮，即弹出图 9-35 所示"表格注释"对话框。在制图时根据实际情况对表格进行编辑操作即可完成对应标题栏的填写。

 项目实施

34. 螺旋千斤顶装配

图 9-35　"表格注释"对话框

一、螺旋千斤顶的装配过程

如图 9-36 所示，通过结构分析，选择底座 1 作为装配基准件，螺套 2、螺钉 3、螺旋杆 4、顶垫 5、螺钉 6 及绞杠 7 以零件形式依次进入装配。具体操作步骤如下：

新建装配文件，设置文件名"luoxuanqianjinding. prt"及保存路径。

1. 添加母零件并定位

（1）单击"添加组件"按钮，系统弹出图 9-37 所示"添加组件"对话框。在该对话框中单击"打开"按钮，找到相关路径并加载"1dizuo（wuluodingkong）. prt"。

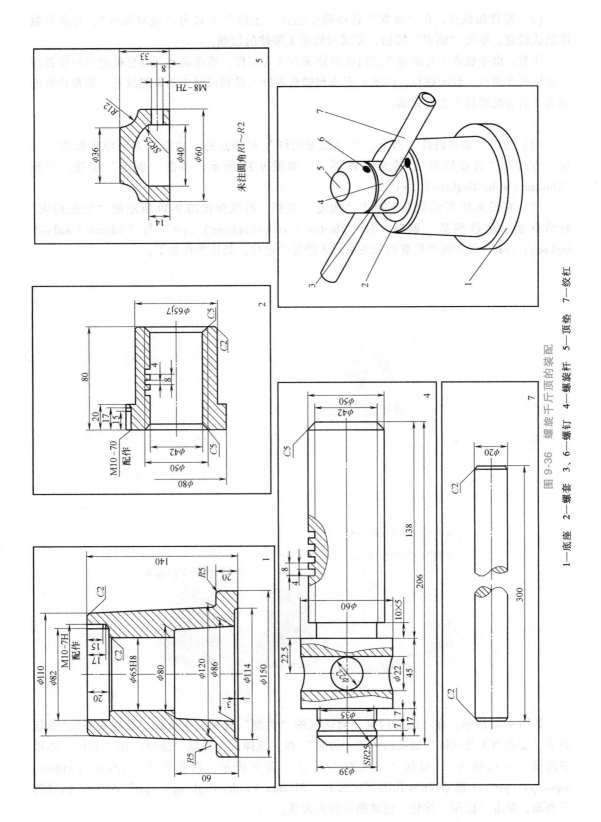

图 9-36　螺旋千斤顶的装配

1—底座　2—螺套　3、6—螺钉　4—螺旋杆　5—顶垫　7—绞杠

（2）零件加载后，在"放置"选项组中选择"定位"方式为"绝对原点"，其余参数按默认设置。单击"确定"按钮，完成对底座1零件的加载。

注意：由于底座1与螺套2之间的连接螺钉3为配作，即在底座与螺套确定装配位置后一起钻孔攻螺纹，装配螺钉，因此在底座和螺套零件三维建模时先不钻螺纹孔，而是在装配螺套2后装配螺钉3之前完成。

2. 装配螺套2

（1）使用"添加组件"命令，在"添加组件"对话框的"放置"选项组中修改"定位"方式为"通过约束"，其余参数不变，如图9-38所示。单击"确定"按钮，加载"2luotao（wuluodingkong）.prt"。

（2）在图9-38所示状态下单击"确定"按钮，系统弹出图9-39所示的"装配约束"对话框及"组件预览"窗口。对"2luotao（wuluodingkong）.prt"与"1dizuo（wuluodingkong）.prt"设定两个位置约束关系后才能完全定位，具体操作如下：

图9-37 "母零件"的添加及定位

图9-38 对"添加组件"对话框的设置

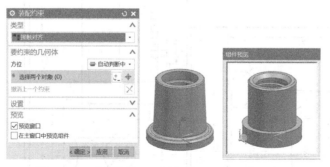

图9-39 "装配约束"对话框及"组件预览"窗口

如图9-40所示，在"装配约束"对话框的"类型"选项组中选择"接触对齐"，系统激活"要约束的几何体"选项组中的"方位"和"选择两个对象"选项。在"方位"选项中选择"首选接触"，根据"选择两个对象"选项提示，选择图示"1dizuo（wuluodingkong）.prt"上部φ82mm孔的下表面和"2luotao（wuluodingkong）.prt"φ80mm圆柱的下表面，单击"应用"按钮，创建图示约束关系。

图 9-40　以"首选接触"约束"2luotao（wuluodingkong）.prt"与"1dizuo（wuluodingkong）.prt"

如图 9-41 所示，在"装配约束"对话框的"类型"选项组中选择"接触对齐"，在"方位"选项中选择"自动判断中心/轴"，在"选择两个对象"选项中选择图示底座和螺套的中心线，单击"确定"按钮，完成螺套 2 的装配。

图 9-41　以"自动判断中心/轴"约束"2luotao（wuluodingkong）.prt"与"1dizuo（wuluodingkong）.prt"

3. 装配螺钉 3

装配螺钉 3 之前完成底座 1 和螺套 2 上的 M10-7H 螺纹孔建模。具体方法是在完成上述螺套 2 装配后单击装配树上的底座，单击鼠标右键，将底座 1 设为工作部件。此时底座 1 进入零件三维建模模式，在该模式下添加螺纹孔，孔中心坐标为（41，0，0），如图 9-42 所示。

图 9-42　将底座 1 设为工作部件并在底座 1 上添加螺纹孔

用同样的方法在螺套 2 上添加 M10-7H 螺纹孔，孔中心坐标与底座 1 上一样，为（41，0，0），如图 9-43 所示。应注意两螺纹孔的中心线应是重合的（可通过装配约束实现）。

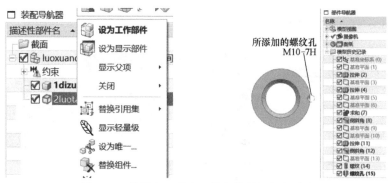

图 9-43　将螺套 2 设为工作部件并添加螺纹孔

然后完成螺钉 3 的装配，具体操作如下：

（1）使用"添加组件"命令，默认"定位"方式为"通过约束"，加载螺钉 3 "3luodingGB73-85，M10×12. prt"，如图 9-44 所示。

（2）对螺钉 3 与底座 1 需设定两个位置约束关系后才能完全定位，具体操作如下：

图 9-44　加载螺钉 3 "3luodingGB73-85，M10×12. prt"

在图 9-44 所示对话框中单击"确定"按钮，弹出"重新定义约束"对话框。选择底座 1 上对应螺纹孔的中心线，单击"确定"按钮，实现螺钉 3 与底座 1 的中心线对齐约束，如图 9-45 所示。

图 9-45　螺钉 3 与底座 1 中心线对齐约束

然后单击工具栏中的"装配约束"图标，系统弹出图 9-46 所示"装配约束"对话

图 9-46　以"接触对齐"约束中的"对齐"约束螺钉 3 与底座 1

框，"类型"选择"接触对齐"，在"方位"选项中选择"对齐"，根据"选择两个对象"选项提示，选择图示底座1上表面和螺钉3螺钉头的上表面，单击"确定"按钮，完成螺钉3的装配。

4. 装配螺旋杆4

（1）使用"添加组件"命令，默认"定位"方式为"通过约束"，加载螺旋杆4"4luoxuangan.prt"，如图9-47所示。

（2）对螺旋杆4需设定两个位置约束关系后才能完全定位，具体操作如下：

在图9-47所示对话框中单击"确定"按钮，弹出"装配约束"对话框，"类型"选择"接触对齐"，在"方位"选项中选择"首选接触"，根据"选择两个对象"选项

图9-47　加载螺旋杆4 "4luoxuangan. prt"

提示，选择螺套2上表面及螺旋杆4上与之接触的下表面，单击"应用"按钮，完成"首选接触"约束，如图9-48所示。

图9-48　以"接触对齐"中的"首选接触"约束螺旋杆4与螺套2

然后在"装配约束"对话框的"接触对齐"类型下，在"方位"选项中选择"自动判断中心线/轴"，根据"选择两个对象"选项提示，选择图示底座1中心线和螺旋杆4对应中心线，单击"确定"按钮，完成螺旋杆4的装配，如图9-49所示。

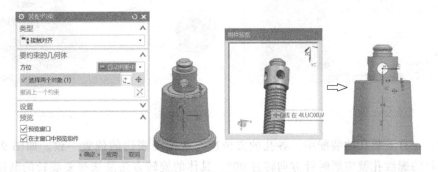

图9-49　以"接触对齐"中的"自动判断中心线/轴"约束螺旋杆4与底座1

5. 装配顶垫5

（1）使用"添加组件"命令，默认"定位"方式为"通过约束"，加载顶垫5

"5dingdian. prt", 如图 9-50 所示。

（2）对顶垫 5 需设定两个位置约束关系后才能完全定位，具体操作如下：

在图 9-50 所示对话框中单击"确定"按钮，弹出"装配约束"对话框，"类型"选择"接触对齐"，在"方位"选项中选择"首选接触"，根据"选择两个对象"选项提示，选择螺旋杆 *SR*25mm 球形外表面及顶垫 *SR*25mm 球形内表面，单击"应用"按钮，完成"首选接触"约束，如图 9-51 所示。

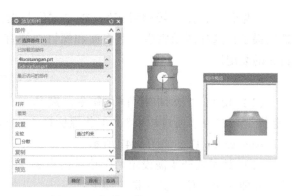

图 9-50　加载顶垫 5 "5dingdian. prt"

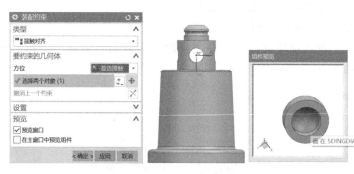

图 9-51　以"接触对齐"中的"首选接触"约束顶垫 5 与螺旋杆 4

然后在"装配约束"对话框的"接触对齐"类型下，在"方位"选项中选择"自动判断中心线/轴"，根据"选择两个对象"选项提示，选择图示螺旋杆 4 中心线和顶垫 5 对应中心线，单击"确定"按钮，完成顶垫 5 的装配，如图 9-52 所示。

图 9-52　以"接触对齐"中的"自动判断中心线/轴"约束顶垫 5 与螺旋杆 4

注意：在有安装孔的装配中，各孔的方位应与装配图表达的位置一致。如图 9-52 中顶垫与螺旋杆的螺纹孔就应顺时针方向转过 90°。具体的旋转方法是选择要旋转的装配体（如顶垫），单击右键，在下拉菜单中选择"移动"，系统弹出"移动组件"对话框，转动要旋转装配体（顶垫）上的手柄，顺时针方向转过 90°，即可达到要求的装配位置。操作如图 9-53 所示。

图 9-53　装配体安装位置的旋转操作示例

6. 装配螺钉 6

（1）使用"添加组件"命令，默认"定位"方式为"通过约束"，加载螺钉 6"6luodingGB75-85，M8×12.prt"。

（2）对螺钉 6 需设定两个位置约束关系后才能完全定位，具体操作如下：

添加螺钉 6 后，在"添加组件"对话框中单击"确定"按钮，系统弹出图 9-54 所示"重新定义约束"对话框，选择顶垫 5 上与螺钉 6 对应的安装孔中心线，单击"确定"按钮，完成螺钉 6 默认的"对齐"约束。

图 9-54　螺钉 6 与顶垫 5 的中心线"对齐"约束

然后约束螺钉 6 与螺旋杆 4 之间为"首选接触"，具体操作是：

首先隐藏顶垫 5，然后点击工具栏中的"装配约束"图标 ，系统弹出图 9-55 所示"装配约束"对话框，"类型"选择"接触对齐"，在"方位"选项中选择"首选接触"，分别选择螺旋杆 4 上与螺钉 6 接触的凹槽表面以及螺钉 6 上的圆弧表面，单击"确定"按钮，完成螺钉 6 的装配。效果如图 9-55 所示。

图 9-55　以"接触对齐"约束中的"首选接触"约束螺钉 6 与螺旋杆 4

7. 装配绞杠 7

（1）使用"添加组件"命令，默认"定位"方式为"通过约束"，加载绞杠 7 "7jiaogang. prt"。

（2）对绞杠 7 需设定两个位置约束关系后才能完全定位，具体操作如下：

在图 9-55 所示对话框中单击"确定"按钮，弹出"装配约束"对话框，"类型"选择 "接触对齐"，在"方位"选项中选择"自动判断中心线/轴"，然后分别选择螺旋杆 4 的绞杠安装孔中心线及绞杠 7 中心线，单击"应用"按钮，完成"自动判断中心/轴"约束，如图 9-56 所示。

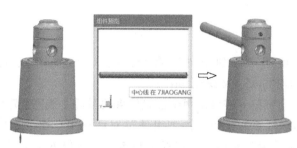

图 9-56　以"接触对齐"中的"自动判断中心线/轴"约束绞杠 7 与螺旋杆 4

绞杠 7 的轴向装配位置并没有具体的要求，可通过"移动组件"来实现。具体的操作是选中绞杠 7 后单击右键，在系统弹出的下拉菜单中选择"移动组件"，弹出"移动组件"对话框，沿着 YC 方向拉动手柄至适当位置，绞杠 7 装配完成，如图 9-57 所示。

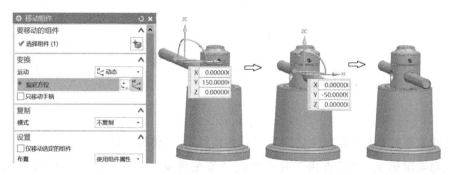

图 9-57　通过"移动组件"使绞杠 7 装配至适当轴向位置

二、螺旋千斤顶的爆炸视图

1. 新建爆炸视图

在"装配"选项卡中单击"爆炸图"→"新建爆炸图"按钮 ，系统弹出"新建爆炸图"对话框，在对话框的"名称"文本框中设定爆炸图名称为"爆炸图 1"，单击"确定"按钮。

2. 创建绞杠 7 "7jiaogang. prt" 爆炸位

在"装配"选项卡中单击"爆炸图"→"编辑爆炸图"按钮 ，系统弹出图 9-58 所示

35. 螺旋千斤顶爆炸图制作及输出为工作视图

的"编辑爆炸图"对话框。根据该对话框提示，按照"选择对象"→"移动对象""只移动手柄"的步骤创建绞杠 7 的爆炸位。具体操作如下：

（1）选择对象。如图 9-58 所示，选择绞杠 7 作为将要"爆炸"对象。

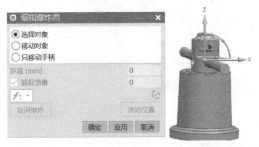

图 9-58　"编辑爆炸图"对话框及选择"爆炸"对象操作示例

（2）移动对象。如图 9-59 所示，选中"移动对象"单选按钮，系统即在绞杠 7 上产生一个动态手柄，选中该手柄的 Y 方向，在对话框中输入距离"200"，单击"确定"按钮，绞杠 7 即在 Y 的正方向上移动 200mm，得到图示爆炸效果。需要说明的是，也可以在 Y 方向上拖动手柄使绞杠 7 达到适当的爆炸位置。

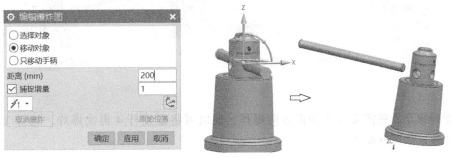

图 9-59　移动"爆炸"对象绞杠 7 至精确爆炸位

3. 创建螺钉 6 "6luodingGB75-85，M8×12. prt"爆炸位

同步骤 2，创建如图 9-60 所示的螺钉 6 的爆炸位。注意，此时输入的 Y 方向移动的距离为 -50mm，这是因为螺钉 6 的爆炸位置在 Y 的反方向。

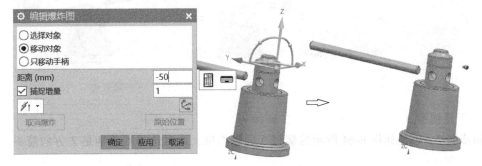

图 9-60　移动"爆炸"对象螺钉 6 至精确爆炸位

4. 创建顶垫 5 "5dingdian. prt"爆炸位

同步骤 2，创建如图 9-61 所示的顶垫 5 的爆炸位，此时选择的手柄是 Z 方向箭头。

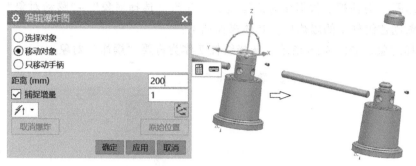

图 9-61　移动"爆炸"对象顶垫 5 至精确爆炸位

5. 创建螺旋杆 4 "4luoxuangan. prt" 爆炸位

同步骤 2，创建如图 9-62 所示的螺旋杆 4 的爆炸位，此时选择的手柄是 Z 方向箭头。

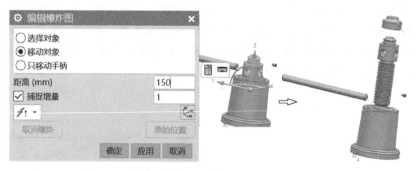

图 9-62　移动"爆炸"对象螺旋杆 4 至精确爆炸位

考虑到螺套 2 还需要往 Z 轴正方向爆炸，此时可将螺旋杆 4 再次爆炸，选择 Y 轴负方向。爆炸效果如图 9-63 所示。

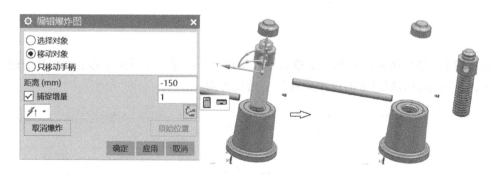

图 9-63　再次精确移动"爆炸"对象螺旋杆 4 至适当爆炸位

6. 创建螺钉 3 "3luodingGB73-85，M10×12. prt" 爆炸位

同步骤 2，创建如图 9-64 所示的螺钉 3 的爆炸位，此时选择的手柄是 Z 方向箭头。

7. 创建螺套 2 "2luotao. prt" 爆炸位

同步骤 2，创建如图 9-65 所示的螺套 2 的爆炸位，选择的手柄是 Z 方向箭头。

8. 爆炸视图出图

爆炸视图制作完毕，可将其另存为工作视图以便在工程图出图时调用，具体操作步骤

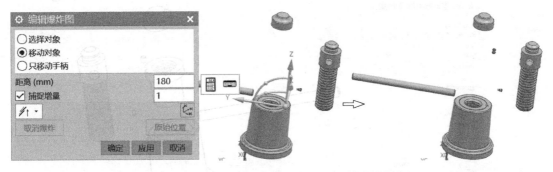

图 9-64　移动 "爆炸" 对象螺钉 3 至精确爆炸位

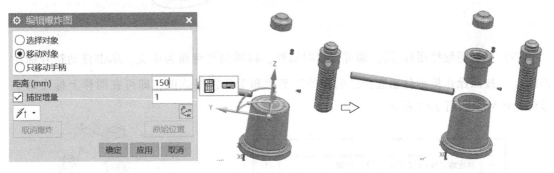

图 9-65　移动 "爆炸" 对象螺套 2 至精确爆炸位

如下：

（1）单击 "菜单" 按钮，接着选择 "视图" → "操作" → "另存为" 命令，系统弹出 "保存工作视图" 对话框，在对话框的 "名称" 处命名该爆炸视图为 "千斤顶爆炸图"，单击 "确定" 按钮，如图 9-66 所示。

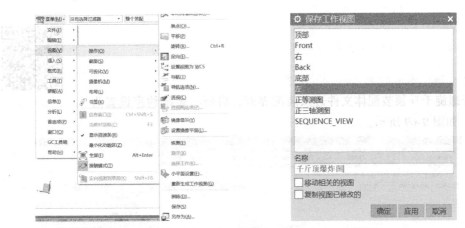

图 9-66　爆炸视图出图第一步——另存为工作视图

（2）单击 "应用模块" 进入 "制图" 应用模块，然后单击 "基本视图" 按钮，弹出 "基本视图" 对话框，在 "要使用的模型视图" 中选择 "千斤顶爆炸图"，在图纸适当位置放置该视图，如图 9-67 所示。

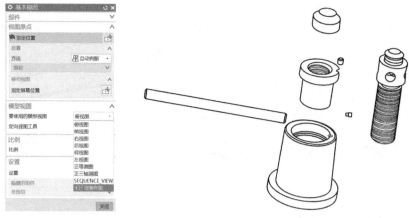

图 9-67　爆炸视图出图第二步——在图纸中插入爆炸视图

（3）单击明细栏图标 ▦，即可创建明细栏，将明细栏编辑为中文。单击自动符号标注图标 ⑦，按照操作提示分别选择已创建的明细栏和千斤顶爆炸图，即可在图样上标注每个零件的序号，如图 9-68 所示。

7	绞杠	1
6	紧定螺钉M8×12 GB/T 75—2018	1
5	顶垫	1
4	螺旋杆	1
3	紧定螺钉M10×12 GB/T 73—2017	1
2	螺套	1
1	底座	1
序号	名称	数量

图 9-68　爆炸视图出图第三步——在爆炸视图上标注零件序号

三、螺旋千斤顶的拆装动画

1. "抑制"装配约束

打开螺旋千斤顶装配体文件进入装配界面，将所有装配约束设置为"抑制"，如图 9-69 所示。

36. 螺旋千斤顶
拆装动画制作

图 9-69　螺旋千斤顶拆装动画制作步骤之"抑制"装配约束

2. "新建"装配序列

在功能区"装配"选项卡的"常规"面板中单击"序列"按钮 ，进入"装配序列"任务环境。在"装配序列"面板中单击"新建"按钮 ，创建一个新的序列，如图9-70所示。

图9-70　螺旋千斤顶拆装动画制作步骤之"新建"装配序列

3. 录制组件运动

根据拆卸顺序分析，首先拆卸绞杠7。在"序列步骤"面板中单击"插入运动"按钮 ，打开"录制组件运动"工具栏。单击"选择对象"按钮 ，选择绞杠7作为第一步拆卸对象，然后单击"移动对象"按钮 ，拖动绞杠至适当位置，也可在数据框中精确指定移动距离，如图9-71所示200mm，单击"确定"按钮 ，完成序列1的拆卸步骤一。

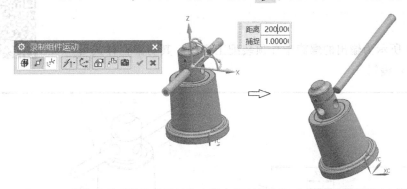

图9-71　螺旋千斤顶拆装动画制作步骤之录制组件运动1——拆卸绞杠7

然后拆卸螺钉6。操作步骤是：单击"选择对象"按钮 ，选择螺钉6作为第二步拆卸对象，然后单击"移动对象"按钮 ，拖动螺钉6至适当位置，也可在数据框中精确指定移动距离，如图9-72所示50mm，单击"确定"按钮 ，完成序列1的拆卸步骤二。

用同样的方法依次完成序列1的其他拆卸步骤，分别拆卸顶垫5、螺旋杆4、螺钉3及螺套2，拆卸方位及移动距离可自行拖动手柄或精确指定数据，最终得到如图9-73所示效果。

4. 播放组件运动

在图9-73所示页面上设置回放速度，如"5"。单击向前播放按钮 ，即可播放螺旋千斤顶的拆卸动画，单击向后播放按钮 ，即可播放螺旋千斤顶的装配动画。

图 9-72 螺旋千斤顶拆装动画制作步骤之录制组件运动 2——拆卸螺钉 6

图 9-73 螺旋千斤顶拆装动画制作步骤之录制组件运动 3~7——拆卸其他零部件

5. 拆装动画输出

在图 9-73 所示页面上单击录像按钮 ，给文件命名后将动画导出成 avi 格式并保存。

四、螺旋千斤顶的装配工程图输出

图 9-74 所示为输出的螺旋千斤顶装配工程图，其明细栏样式可根据要求重新编辑。

37. 螺旋千斤顶装配图物料
单及零件序号标注

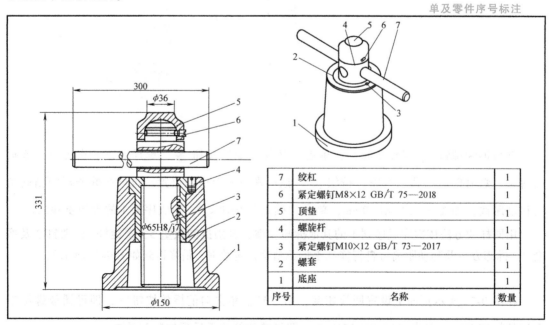

7	绞杠	1
6	紧定螺钉M8×12 GB/T 75—2018	1
5	顶垫	1
4	螺旋杆	1
3	紧定螺钉M10×12 GB/T 73—2017	1
2	螺套	1
1	底座	1
序号	名称	数量

图 9-74 螺旋千斤顶装配工程图

项目作业

1. 对图 8-53 所示凸缘联轴器装配体进行拆装动画制作及装配工程图输出。

2. 对图 8-54 所示钻模装配体进行拆装动画制作及装配工程图输出。

参 考 文 献

[1] 徐兵. 机械装配技术 [M]. 2版. 北京：中国轻工业出版社，2014.

[2] 吴先文. 机械设备维修技术 [M]. 3版. 北京：人民邮电出版社，2014.

[3] 黄涛勋. 钳工：中级 [M]. 北京：机械工业出版社，2006.

[4] 钟日铭. UG NX 10.0 完全自学手册 [M]. 3版. 北京：机械工业出版社，2015.

[5] 顾京. 现代机床设备 [M]. 2版. 北京：化学工业出版社，2009.

[6] 马喜法，王建，张健. 钳工实训与技能考核训练教程 [M]. 北京：机械工业出版社，2008.

[7] 刘峰善，杜伟. 钳工技能培训与技能鉴定考试用书：中级 [M]. 济南：山东科学技术出版社，2006.

[8] 黄志远，黄勇，杨存吉. 检修钳工 [M]. 2版. 北京：化学工业出版社，2008.

[9] 王丽芬，刘杰. 机械设备维修与安装 [M]. 2版. 北京：机械工业出版社，2019.

[10] 肖田元. 虚拟制造 [M]. 北京：清华大学出版社，2004.